中国地质大学(武汉)实验教学系列教材

CVT-PXA270-1 嵌入式系统实验教程
CVT-PXA270-1 QIANRUSHI XITONG SHIYAN JIAOCHENG

吴湘宁　编著

内容提要

本书是针对 CVT-PXA270-1 嵌入式系统教学实验平台的实验指导书,在说明 CVT-PXA270-1 教学实验平台的硬件结构、集成开发及仿真环境的基础上,由浅入深地分别介绍了在该平台下开展无操作系统的基础接口实验、Linux 等嵌入式操作系统下的实验,以及带有传感器模块的高级嵌入式应用实验的操作步骤。适合作为高等学校在 CVT-PXA270-1 平台上开展嵌入式实验时的指导用书。

图书在版编目(CIP)数据

CVT-PXA270-1 嵌入式系统实验教程/吴湘宁编著.—武汉:中国地质大学出版社,2015.1
　ISBN 978-7-5625-3555-3

Ⅰ.①C…
Ⅱ.①吴…
Ⅲ.①微处理器-系统设计-教材
Ⅳ.①TP332

中国版本图书馆 CIP 数据核字(2014)第 266053 号

CVT-PXA270-1 嵌入式系统实验教程				吴湘宁　编著
责任编辑:王　敏　张　琰				责任校对:周　旭

出版发行:中国地质大学出版社(武汉市洪山区鲁磨路388号)	邮编:430074
电　　话:(027)67883511　　传　　真:(027)67883580	E-mail:cbb@cug.edu.cn
经　　销:全国新华书店	Http://www.cugp.cug.edu.cn

开本:787 毫米×1 092 毫米　1/16		字数:470 千字	印张:18.25
版次:2015 年 1 月第 1 版		印次:2015 年 1 月第 1 次印刷	
印刷:荆州鸿盛印务有限公司		印数:1—1 000 册	
ISBN 978-7-5625-3555-3			定价:35.00 元

如有印装质量问题请与印刷厂联系调换

前　言

嵌入式系统一直在工业控制、网络通信、仪器仪表、信息家电、环境监控等领域中扮演着重要的角色。近年来，随着移动数字设备的普及，嵌入式系统已逐步渗入到人们生活的方方面面，被广泛使用在智能手机、个人数字助理 PDA、导航仪、MP3/MP4 等设备中。将来，在物联网技术的不断推动下，嵌入式系统必定具有更加广阔的应用前景。

伴随着嵌入式系统巨大的产能需求，社会对嵌入式系统产业人才的需求也日益增加。而嵌入式系统的开发需要技术人员能够将软件和硬件技术很好地结合，并具有较强的动手实践能力。为此，许多高等学校开设了嵌入式系统课程，目的就是希望能够通过理论讲解及实验环节，培养学生设计、开发嵌入式系统的实际动手能力，从而满足社会对嵌入式系统产业人才的需求。

本书是一本专门针对创维特公司生产的 CVT-PXA270-1 嵌入式系统实验平台的实验指导书，目的是通过一些实验过程，让学生能够由浅入深地逐步掌握嵌入式系统的基本开发过程。本书大致可以分为 3 个部分。第一部分介绍一些实验必备的基础知识，如设备的属性和参数、软硬件环境搭建、编译和调试过程等。第二部分着重介绍在无嵌入式操作系统环境下对各类设备接口的访问方法，以及引导程序的定制和裁剪。第三部分重点介绍嵌入式 Linux 操作系统的裁剪和加载，以及嵌入式 Linux 环境下对各类设备的访问和应用程序的开发方法，并通过简单的物联网实验说明嵌入式系统的实际应用案例。

本书的主要内容有：

第 1 章介绍嵌入式系统的基本概念，包括嵌入式系统的历史、特点、应用领域，并着重介绍 ARM 系列微处理器。

第 2 章简要介绍 Intel XScale ARM 微处理器，包括其内核特征、时钟、电源管理、存储器及外围控制模块。

第 3 章介绍 CVT-PXA270-1 嵌入式教学实验系统的组成、硬件资源，以及软件开发环境的建立过程。

第 4 章嵌入式系统的软件开发过程的实验，介绍 ARM 开发环境的设置、汇编语言编程，以及汇编语言与 C 语言混合编程编译、调试的步骤和方法。

第 5 章接口实验，介绍在无嵌入式操作系统的环境下，直接访问各类不同硬件设备接口的方法，这些设备接口不仅包括串口通信、中断、PWM（脉冲宽度调制）、I^2C 总线、A/D 转换（模拟/数字信号转换）、键盘、LCD（液晶显示器）、触摸屏、PS/2 键盘鼠标等通用 I/O 硬件接口，同时也包括 GPRS(General Packet Radio Service，通用分组无线服务)、GPS(Global Positioning System，全球定位系统)等相对比较复杂的扩展硬件接口。

第 6 章 BootLoader 实验，介绍定制嵌入式系统引导程序 BootLoader 程序的方法，包括在嵌入式系统的引导程序中加入各类设备接口驱动的步骤和方法。

第 7 章:嵌入式 Linux 操作系统实验,介绍嵌入式 Linux 内核的移植,以及嵌入式 Linux 环境下开发应用程序的过程和方法,包括嵌入式 Linux 下基本应用程序的开发、多线程应用程序的开发、驱动程序的制作和动态加载,以及嵌入式 Linux 下对串行端口、USB 口、网络等标准接口的访问。此外,介绍了嵌入式 Linux 下对定时器、步进电机、GPS、USB 摄像头等外部设备的控制方法。另外,还说明了嵌入式 Linux 下 Web 服务器、QT 界面的设计及实现方法。

本书需配合 CVT-PXA270-1 嵌入式实验箱使用,是高校学生学习嵌入式系统课程的实验用书,适用于嵌入式系统初学者。由于本书分别介绍了无操作系统和有操作系统的嵌入式系统的裁剪、定制和开发过程,因此也可作为相关嵌入式系统项目技术人员的参考用书。

本书由吴湘宁编著,武汉创维特信息技术有限公司的刘铁钢、杨磊、罗凯参与了教材的编写指导。硕士研究生周光旭、申艳芳、魏晓东参加了教材的校验和整理。在教材编写过程中,得到了武汉创维特信息技术有限公司的大力支持,在此表示感谢。

由于时间仓促,加之水平有限,书中难免会有错误和不妥之处,敬请读者批评指正。

吴湘宁

2014 年 12 月

目　录

第1章　嵌入式系统概述 …………………………………………………………………… (1)
- 1.1　嵌入式系统的发展历史 ………………………………………………………… (1)
- 1.2　嵌入式系统的特点与系统组成 ………………………………………………… (3)
- 1.3　嵌入式系统的应用领域 ………………………………………………………… (7)
- 1.4　现状及发展趋势 ………………………………………………………………… (8)
- 1.5　嵌入式微处理器 ………………………………………………………………… (11)
- 1.6　ARM(Advanced RISC Machines) ……………………………………………… (12)
- 1.7　ARM微处理器系列 ……………………………………………………………… (15)

第2章　Intel XScale ARM微处理器 ……………………………………………………… (19)
- 2.1　Intel XScale 微处理器 …………………………………………………………… (19)
- 2.2　Intel XScale 内核特征 …………………………………………………………… (19)
- 2.3　Intel PXA270 系统控制功能 …………………………………………………… (19)
- 2.4　Intel PXA270 时钟和电源管理 ………………………………………………… (20)
- 2.5　Intel PXA270 存储器控制模块 ………………………………………………… (20)
- 2.6　Intel PXA270 外围控制模块 …………………………………………………… (20)

第3章　CVT-PXA270 ARM嵌入式教学实验系统 ……………………………………… (22)
- 3.1　CVT-PXA270 ARM嵌入式教学实验系统介绍 ……………………………… (22)
- 3.2　CVT-PXA270 教学实验系统的组成 ………………………………………… (22)
- 3.3　CVT-PXA270 教学实验系统硬件资源 ……………………………………… (26)
- 3.4　CVT-PXA270 教学实验系统的软件安装 …………………………………… (28)
- 3.5　CVT-PXA270 教学实验系统编程实例 ……………………………………… (35)

第4章　嵌入式系统软件开发基础实验 ………………………………………………… (48)
- 4.1　ARM开发环境实验 …………………………………………………………… (48)
- 4.2　ARM汇编语言编程实验 ……………………………………………………… (57)
- 4.3　C语言与汇编语言编程实验 …………………………………………………… (62)

第5章　接口原理实验 …………………………………………………………………… (66)
- 5.1　串口通信实验 …………………………………………………………………… (66)
- 5.2　中断实验 ………………………………………………………………………… (73)
- 5.3　PWM实验 ……………………………………………………………………… (81)
- 5.4　I^2C 实验 ……………………………………………………………………… (86)
- 5.5　A/D实验 ………………………………………………………………………… (97)
- 5.6　键盘驱动实验 …………………………………………………………………… (102)

5.7 LCD 显示实验	(108)
5.8 触摸屏控制实验	(116)
5.9 PS/2 接口实验(键盘和鼠标)	(122)
5.10 GPRS 基础实验	(125)
5.11 GPRS 电话功能(主叫)实验	(131)
5.12 GPRS 电话功能(被叫)实验	(133)
5.13 GPRS 短消息发送实验	(136)
5.14 GPRS 短消息接收实验	(142)
5.15 GPS 实验	(144)
第 6 章 BootLoader 实验	**(152)**
6.1 u–boot 基础实验	(152)
6.2 u–boot 移植实验	(163)
第 7 章 嵌入式 Linux 操作系统实验	**(166)**
7.1 Linux 内核移植实验	(166)
7.2 Linux 基本应用程序编写实验	(171)
7.3 Linux 多线程应用程序设计实验	(175)
7.4 Linux 数码管程序编写实验	(179)
7.5 Linux 跑马灯程序编写实验	(184)
7.6 Linux 串口通信实验	(188)
7.7 Linux 下的定时器编程实验	(192)
7.8 Linux 下的以太网驱动实验	(196)
7.9 Linux 下的 SOCKET 通信实验	(200)
7.10 Linux 下显示驱动及应用实验	(211)
7.11 Linux 下 USB 接口实验	(218)
7.12 Linux 步进电机程序编写实验	(220)
7.13 Linux 下 Web 服务器的移植与建立实验	(225)
7.14 Linux 下 GPS 定位实验	(230)
7.15 Linux 下 USB 摄像头实验	(235)
7.16 Linux 下 QT 编程实验	(240)
附 录	**(252)**
附录 A 链接定位脚本	(252)
附录 B ANSI C 和 GCC 库文件的使用及设置	(254)
附录 C Linux 基本命令	(263)
附录 D minicom 使用指南	(268)
附录 E vi 编辑器	(271)
附录 F Linux 配置系统	(274)
参考文献	**(283)**

第1章 嵌入式系统概述

嵌入式系统(Embedded System),是一种"完全嵌入受控器件内部,为特定应用而设计的专用计算机系统",根据英国电器项目师协会(U.K.Institution of Electrical Engineer)的定义,嵌入式系统为控制、监视或辅助设备、机器或用于工厂运作的设备。

目前,国内普遍认同的嵌入式系统定义为:以应用为中心,以计算机技术为基础,软、硬件可裁剪,适应应用系统对功能、可靠性、成本、体积、功耗等严格要求的专用计算机系统。

嵌入式系统通常用于控制或者监视机器、装置、工厂等各类设备。但是事实上,所有带有数字接口的设备,如手表、冰箱、微波炉、录像机、汽车等,基本上都使用了嵌入式系统。

与个人计算机这样的通用计算机系统不同,嵌入式系统通常执行的是带有特定要求的预先定义的任务。由于嵌入式系统只针对一项特殊的任务,设计人员能够对它进行优化,减小系统的尺寸,并降低成本。嵌入式系统通常要进行大量生产,所以单个系统的成本节约,能够随着系统的产量增加而不断放大。

嵌入式系统的核心是由一个或几个预先编程好以用来执行少数几项任务的微处理器或单片机组成。与通用计算机能够运行用户选择的软件不同,嵌入式系统上的控制软件通常是固定不变的,被称为"固件",这些控制程序是嵌入式系统的核心,一般是一个只有几k到几十k的微内核,微内核存储在ROM中,其大小往往需要根据实际需求进行功能的扩展或者裁剪。而近年来,随着器件技术的发展,有些复杂一点的嵌入式系统的控制程序开始采用小型的操作系统(嵌入式操作系统),但在大多数情况下,嵌入式系统仍然还是由单个程序来实现整个系统的控制逻辑。

在嵌入式系统硬件设备中,嵌入式处理器是整个系统的核心部件,其性能好坏直接决定整个系统的运行效果。硬件架构以嵌入式处理器为中心,配置存储器、I/O设备、通信模块等必要的外部设备。软件部分以软件开发平台为核心,向上提供应用编程接口(Application Programming Interface,API),向下屏蔽具体硬件特性的板级支持包(Board Support Package,BSP)。

嵌入式系统的最大特点是其目的性和针对性,即每一套嵌入式系统的开发都有其特殊的应用场合与特定功能,这也是嵌入式系统与通用的计算机系统的最主要区别。此外,嵌入式技术与实时性有着天然的联系,由于嵌入式系统是为特定目的而设计的,常常受空间、成本、存储、带宽等的限制,因此,它必须最大限度地在硬件和软件上"量身定做"以提高资源的利用率,这也导致了嵌入式系统实时性的增强。

1.1 嵌入式系统的发展历史

20世纪70年代,随着微处理器的出现,计算机发生了历史性的变化。以微处理器为核心的微型计算机以其小型、价廉、高可靠性等特点,迅速走出机房;基于高速数值解算能力的微型机,表现出的智能化水平引起了控制专业人士的兴趣,要求将微型机嵌入到一个对象体系中,实现对象体系的智能化控制。例如,将微型计算机经电气加固、机械加固,并配置各种外围接口电路,安装到大型舰船中构成自动驾驶仪或轮机状态监测系统。这样一来,计算机便失去了原来的形态与通用的计算机功能。为了区别于原有的通用计算机系统,把嵌入到对象体系中,实现对象体系智能化控制的计算机,称作嵌入式计算机系统。因此,嵌入式系统诞生于微型机时代,嵌入式系统的嵌入性本质是将一个计算机嵌入到一个对象体系中去,这些是理解嵌入式系统的基本出发点。

嵌入式系统早期的应用可追溯到麻省理工学院仪器研究室的查尔斯·斯塔克·德雷珀开发的阿波罗导航计算机,他们在太空驾驶舱和月球登陆舱中使用的惯性导航系统被认为是最早的现代嵌入式系统。

第一批大批量生产的嵌入式系统是 1961 年发布的民兵 I 导弹上的 D-17 自动导航控制计算机。它是由独立的晶体管逻辑电路建造的,带有一个作为主内存的硬盘。当民兵 II 导弹在 1966 年开始生产的时候,D-17 由第一次使用大量集成电路的更新计算机所替代。

嵌入式系统起源于微型计算机时代,然而,微型计算机的体积、价位、可靠性都无法满足广大对象系统的嵌入式应用要求。因此,嵌入式系统必须走独立发展的道路,这条道路就是芯片化。将计算机做在一个芯片上,从而开创了嵌入式系统独立发展的单片机时代。单片机诞生于 20 世纪 70 年代末,经历了单片微型计算机(Single Chip Microcomputer,SCM)、微控制器(Micro Controller Unit,MCU)、片上系统(System on Chip,SoC)三大阶段。

单片机出现后,各式各样的嵌入式微处理器也相继出现,使得汽车、家电、工业机器、通信装置以及成千上万种产品可以通过内嵌电子装置来获得更佳的使用性能:更容易使用、更快、更便宜。这些装置已经初步具备了嵌入式的应用特点,但此时的应用只是使用 8 位的芯片,执行一些单线程的程序,还谈不上"系统"的概念。

从 20 世纪 80 年代早期开始,嵌入式系统的程序员开始使用商业级的"操作系统"编写嵌入式应用软件,以获取更短的开发周期、更低的开发资金和更高的开发效率,"嵌入式系统"真正出现了。确切地说,这个时候的操作系统是一个实时核,这个实时核包含了许多传统操作系统的特征,包括任务管理、任务间通信、同步与相互排斥、中断支持、内存管理等功能。

其中比较著名的有 Ready System 公司的 VRTX、Integrated System Incorporation(ISI)的 PSOS、IMG 的 VxWorks 和 QNX 公司的 QNX 等。这些嵌入式操作系统都具有嵌入式的典型特点:均采用占先式的调度,响应的时间很短,任务执行的时间可以确定;系统内核很小,具有可裁剪、可扩充和可移植性,可以移植到各种处理器上;较强的实时性和可靠性,适合嵌入式应用。这些嵌入式实时多任务操作系统的出现,使得应用开发人员得以从小范围的开发中解放出来,同时也促使嵌入式有了更为广阔的应用空间。

20 世纪 90 年代以后,随着对实时性要求的提高,软件规格不断上升,实时核逐渐发展为实时操作系统(Real Time Operating System,RTOS),并作为一种软件平台逐步成为目前国际嵌入式系统的主流。这时候,更多的公司看到了嵌入式系统的广阔发展前景,开始大力发展自己的嵌入式操作系统。除了上面的几家老牌公司以外,还出现了 Palm OS、WinCE、嵌入式 Linux、Lynx、Nucleus,以及国内的 Hopen、Delta Os 等嵌入式操作系统。随着嵌入式技术的发展前景日益广阔,相信会有更多的嵌入式操作系统软件出现。

1.2 嵌入式系统的特点与系统组成

1.2.1 嵌入式系统的特点

近年来,随着芯片技术的快速发展和各行各业应用的需要,嵌入式系统掀起了应用的热潮。相比以前,单个芯片的处理能力越来越强大,使得集成多种接口成为可能,嵌入式系统比纯硬件实现和通用计算机实现更能适应可靠性、成本、更新换代上的特殊要求,成为这些年的发展热点。

从嵌入式系统的定义上来看,嵌入式系统具有嵌入性、专用性、计算机系统3个特点。

嵌入式系统是嵌入到对象系统中,必须满足对象系统的环境要求,如物理环境(小型)、电气/气氛环境(可靠)、成本(价廉)等,这是系统的"嵌入性"特点;嵌入式系统能实现软、硬件的裁剪性,满足对象要求的最小软、硬件配置等,这是"专用性"特点;嵌入式系统必须是能满足对象系统控制要求的计算机系统,与上两个特点相呼应,这样的计算机必须配置有与对象系统相适应的接口电路,这是"计算机系统"特点。

从嵌入式系统在实际中的应用来看,嵌入式系统具有以下特点。

(1)面向特定应用。与通用型计算机处理器不同,嵌入式 CPU 大多工作在为特定用户群设计的系统中,通常都具有功耗低、体积小、集成度高等特点,能够把通用 CPU 中许多由板卡完成的任务集成在芯片内部,从而有利于嵌入式系统设计趋于小型化,移动能力大大增强,跟网络的耦合也越来越紧密。

(2)系统高度集成。嵌入式系统是将先进的计算机技术、半导体技术和电子技术与各个行业的具体应用相结合后的产物。这一点决定了它必然是一个技术密集、资金密集、高度分散、不断创新的知识集成系统。

(3)系统软、硬件高效。嵌入式系统的软件和硬件都必须高效率地设计,量体裁衣、去除冗余,力争在同样的硅片面积上实现更高的性能,这样才能在具体应用中对处理器的选择更具有竞争力。

(4)生命周期较长。嵌入式系统和具体应用有机地结合在一起,它的升级换代也是和具体产品同步进行,因此嵌入式系统产品一旦进入市场,即具有较长的生命周期。

(5)系统被固化在硬件中。为了提高执行速度和系统可靠性,嵌入式系统中的软件一般都固化在存储器芯片或单片机本身中,而不是存储于磁盘等载体中。

(6)无自举开发能力。嵌入式系统本身不具备自举开发能力,即使设计完成以后,用户通常不能对其中的程序功能进行修改,必须有一套开发工具和环境才能进行开发。

从嵌入式系统的功能设计上来看,具有以下特征。

(1)系统内核小。嵌入式系统一般应用在小型电子装置上,系统资源相对有限,所以内核较之传统的操作系统要小得多。

(2)专用性强。嵌入式系统的软、硬件结合十分紧密,个性化很强,一般要针对硬件进行系统的移植,即使在同一品牌、同一系列的产品中也需要根据系统硬件的变化和增减不断进行修改。同时针对不同的任务,往往需要对系统进行较大更改,程序的编译下载要和系统相结合,这种修改和通用软件的"升级"完全是两个不同的概念。

（3）系统精简。嵌入式系统一般没有系统软件和应用软件的明显区分，不要求其功能设计及实现上过于复杂，这样一方面利于控制系统成本，同时也利于实现系统安全。

（4）高实时性的系统软件（OS）是嵌入式软件的基本要求。而且软件要求固态存储，以提高速度。软件代码要求高质量和高可靠性。

（5）嵌入式软件开发要想走向标准化，就必须使用多任务的操作系统。嵌入式系统的应用程序可以没有操作系统而直接在芯片上运行，但是为了合理地调度多任务、利用系统资源、系统函数以及和专家库函数接口，用户必须自行选配实时操作系统开发平台，这样才能保证程序执行的实时性、可靠性，并减少开发时间，保障软件质量。

（6）嵌入式系统开发需要开发工具和环境。由于其本身不具备自举开发能力，即使设计完成以后，用户通常也是不能对其中的程序功能进行修改的，必须有一套开发工具和环境才能进行开发，这些工具和环境一般是基于通用计算机上的软、硬件设备以及各种逻辑分析仪、混合信号示波器等。开发时往往有主机和目标机的概念，主机用于程序的开发，目标机作为最后的执行机，开发时需要两者交替结合进行。

1.2.2 嵌入式系统组成

嵌入式系统一般由嵌入式计算机系统和执行装置组成，嵌入式计算机系统是整个嵌入式系统的核心，由硬件层、中间层、系统软件层和应用软件层组成。执行装置也称为被控对象，它可以接受嵌入式计算机系统发出的控制命令，执行所规定的操作或任务。执行装置可以很简单，如手机上的一个微小型的电机，当手机处于震动接收状态时打开；也可以很复杂，如 SONY 智能机器狗，上面集成了多个微小型控制电机和多种传感器，从而可以执行各种复杂的动作和感受各种状态信息。

1. 硬件层

硬件层中包含嵌入式微处理器、存储器（SDRAM、ROM、FLASH 等）、通用设备接口和 I/O 接口（A/D、D/A、I/O 等）。在一片嵌入式处理器基础上添通电源电路、时钟电路和存储器电路，就构成了一个嵌入式核心控制模块。其中操作系统和应用程序都可以固化在 ROM 中。

1）嵌入式微处理器

嵌入式系统硬件层的核心是嵌入式微处理器，嵌入式微处理器与通用 CPU 最大的不同在于嵌入式微处理器大多工作在为特定用户群所专用设计的系统中，它将通用 CPU 许多由板卡完成的任务集成在芯片内部，从而有利于嵌入式系统在设计时趋于小型化，同时还具有很高的效率和可靠性。

嵌入式微处理器的体系结构可以采用冯·诺依曼体系或哈佛体系结构，指令系统可以选用精简指令系统（Reduced Instruction Set Computer，RISC）和复杂指令系统（Complex Instruction Set Computer，CISC）。RISC 计算机在通道中只包含最有用的指令，确保数据通道快速执行每一条指令，从而提高了执行效率并使 CPU 硬件结构设计变得更为简单。

嵌入式微处理器有各种不同的体系，即使在同一体系中也可能具有不同的时钟频率和数据总线宽度，或集成了不同的外部设备和接口。据不完全统计，目前全世界嵌入式微处理器已经超过 1 000 多种，体系结构有 30 多个系列，其中主流的体系有 ARM、MIPS、PowerPC、X86 和

SH 等。但与全球 PC 市场不同的是，没有一种嵌入式微处理器可以主导市场，仅以 32 位的产品而言，就有 100 种以上的嵌入式微处理器。嵌入式微处理器的选择是根据具体的应用而决定的。

2) 存储器

嵌入式系统需要存储器来存放和执行代码。嵌入式系统的存储器包含 Cache、主存和辅助存储器。

(1) Cache。Cache 是一种容量小、速度快的存储器阵列，它位于主存和嵌入式微处理器内核之间，存放的是最近一段时间微处理器使用最多的程序代码和数据。在需要进行数据读取操作时，微处理器尽可能地从 Cache 中读取数据，而不是从主存中读取，这样就大大改善了系统的性能，提高了微处理器和主存之间的数据传输速率。Cache 的主要目标是减小存储器（如主存和辅助存储器）给微处理器内核造成的存储器访问瓶颈，使处理速度更快，实时性更强。

在嵌入式系统中 Cache 全部集成在嵌入式微处理器内，可分为数据 Cache、指令 Cache 或混合 Cache，Cache 的大小依不同处理器而定。一般中高档的嵌入式微处理器才会把 Cache 集成进去。

(2) 主存。主存是嵌入式微处理器能直接访问的寄存器，用来存放系统和用户的程序及数据。它可以位于微处理器的内部或外部，其容量为 256KB～1GB，根据具体的应用而定，一般片内存储器容量小、速度快，片外存储器容量大。

常用作主存的存储器有：① ROM 类：NOR FLASH、EPROM 和 PROM 等；② RAM 类：SRAM、DRAM 和 SDRAM 等。其中，NOR FLASH 凭借其可擦写次数多、存储速度快、存储容量大、价格便宜等优点，在嵌入式领域内得到了广泛应用。

(3) 辅助存储器。辅助存储器用来存放大数据量的程序代码或信息，它容量大，但读取速度与主存相比却慢很多，用来长期保存用户的信息。

嵌入式系统中常用的外部存储器有硬盘、NAND FLASH、CF 卡、MMC 和 SD 卡等。

3) 通用设备接口和 I/O 接口

嵌入式系统和外界交互需要一定形式的通用设备接口，如 A/D、D/A、I/O 等，通过和片外其他设备或传感器的连接来实现微处理器的输入/输出功能。每个外部设备通常都只有单一的功能，它可以在芯片外也可以内置芯片中。外部设备的种类很多，可从一个简单的串行通信设备到非常复杂的 802.11 无线设备。

目前嵌入式系统中常用的通用设备接口有 A/D（模/数转换接口）、D/A（数/模转换接口）。I/O 接口有 RS－232 接口（串行通信接口）、Ethernet（以太网接口）、USB（通用串行总线接口）、音频接口、VGA 视频输出接口、I^2C（现场总线）、SPI（串行外围设备接口）和 IrDA（红外线接口）等。

2. 中间层

硬件层与软件层之间为中间层，也称为硬件抽象层（Hardware Abstract Layer，HAL）或板级支持包（Board Support Package，BSP），它将系统上层软件与底层硬件分离开来，使系统的底层驱动程序与硬件无关，上层软件开发人员无需关心底层硬件的具体情况，根据 BSP 层提供的接口即可进行开发。该层一般包含相关底层硬件的初始化、数据的输入/输出操作和硬件设备的配置功能。BSP具有以下两个特点。①硬件相关性:因为嵌入式实时系统的硬件环境具有应用相关性,而作为上层软件与硬件平台之间的接口,BSP需要为操作系统提供操作和控制具体硬件的方法。②操作系统相关性:不同的操作系统具有各自的软件层次结构,因此,不同的操作系统具有特定的硬件接口形式。

实际上,BSP是一个介于操作系统和底层硬件之间的软件层次,包括了系统中大部分与硬件联系紧密的软件模块。设计一个完整的BSP需要完成两部分工作:嵌入式系统的硬件初始化以及BSP功能,设计硬件相关的设备驱动。

1)嵌入式系统硬件初始化

系统初始化过程可以分为3个主要环节,按照自底向上、从硬件到软件的次序依次为:片级初始化、板级初始化和系统级初始化。

(1)片级初始化。完成嵌入式微处理器的初始化,包括设置嵌入式微处理器的核心寄存器和控制寄存器、嵌入式微处理器核心工作模式和嵌入式微处理器的局部总线模式等。片级初始化把嵌入式微处理器从通电时的默认状态逐步设置成系统所要求的工作状态。这是一个纯硬件的初始化过程。

(2)板级初始化。完成嵌入式微处理器以外的其他硬件设备的初始化。另外,还需设置某些软件的数据结构和参数,为随后的系统级初始化和应用程序的运行建立硬件和软件环境。这是一个同时包含软、硬件两部分在内的初始化过程。

(3)系统初始化。该初始化过程以软件初始化为主,主要进行操作系统的初始化。BSP将对嵌入式微处理器的控制权转交给嵌入式操作系统,由操作系统完成余下的初始化操作,包含加载和初始化与硬件无关的设备驱动程序,建立系统内存区,加载并初始化其他系统软件模块,如网络系统、文件系统等。最后,操作系统创建应用程序环境,并将控制权交给应用程序的入口。

2)硬件相关的设备驱动程序

BSP的另一个主要功能是硬件相关的设备驱动。硬件相关的设备驱动程序的初始化通常是一个从高到低的过程。尽管BSP中包含硬件相关的设备驱动程序,但是这些设备驱动程序通常不直接由BSP使用,而是在系统初始化过程中由BSP将它们与操作系统中通用的设备驱动程序关联起来,并在随后的应用中由通用的设备驱动程序调用,实现对硬件设备的操作。与硬件相关的驱动程序是BSP设计与开发中另一个非常关键的环节。

3. 系统软件层

系统软件层由实时多任务操作系统(RTOS)、文件系统、图形用户接口(Graphic User Interface,GUI)、网络系统及通用组件模块组成,其中,RTOS是嵌入式应用软件的基础和开发平台。

嵌入式操作系统(Embedded Operation System,EOS)是一种用途广泛的系统软件,过去它主要应用于工业控制和国防系统领域。EOS负责嵌入系统的全部软、硬件资源的分配,任务调度,控制、协调并发活动。它必须体现其所在系统的特征,能够通过装卸某些模块来达到系统所要求的功能。目前,已推出一些应用比较成功的EOS产品系列。随着Internet技术的发展、信息家电的普及应用及EOS的微型化和专业化,EOS开始从单一的弱功能向高专业化的强功能方向发展。嵌入式操作系统在系统实时高效性、硬件的相关依赖性、软件固化以及应用的专用性等方面具有较为突出的特点。EOS是相对于一般操作系统而言的,它除具备了一般操作系统最基本的功能,如任务调度、同步机制、中断处理、文件功能等外,还有以下特点。

(1)可装卸性。开放性、可伸缩性的体系结构。

(2)强实时性。EOS实时性一般较强,可用于各种设备控制当中。

(3)统一的接口。提供各种设备驱动接口。

(4)操作方便、简单,提供友好的GUI,易学易用。

(5)提供强大的网络功能。支持TCP/IP协议及其他协议,提供CP/UDP/IP/PPP协议支持及统一的MAC访问层接口,为各种移动计算设备预留接口。

(6)强稳定性,弱交互性。嵌入式系统一旦开始运行就不需要用户过多的干预,这就要负责系统管理的EOS具有较强的稳定性。嵌入式操作系统的用户接口一般不提供操作命令,它通过系统调用命令向用户程序提供服务。

(7)固化代码。在嵌入系统中,嵌入式操作系统和应用软件被固化在嵌入式系统计算机的ROM中。辅助存储器在嵌入式系统中很少使用,因此,嵌入式操作系统的文件管理功能应该能够很容易地拆卸。

(8)更好的硬件适应性。也就是良好的移植性。

1.3 嵌入式系统的应用领域

嵌入式系统技术具有非常广阔的应用前景,涉及工业生产、日常生活、工业控制、航空航天等多个领域,而且随着电子技术和计算机软件技术的发展,不仅在这些领域中的应用越来越深入,在其他传统的非信息类设备中也逐渐显现出用武之地。在人们的日常生活中,从居家应用到计算机工业,嵌入式系统随处可见。

1.3.1 工业控制

基于嵌入式芯片的工业自动化设备将获得长足的发展,目前已经有大量的8位、16位、32位甚至是64位嵌入式微控制器在应用中。网络化是提高生产效率和产品质量、减少人力资源的主要途径,如工业过程控制、数字机床、电力系统、电网安全、电网设备监测、石油化工系统。就传统的工业控制产品而言,低端型采用的往往是8位单片机。但是随着技术的发展,32位、64位的处理器逐渐成为工业控制设备的核心,在未来必将获得长足的发展。

1.3.2 交通管理

在车辆导航、流量控制、信息监测与汽车服务方面,嵌入式系统技术已经获得了广泛的应用,内嵌GPS模块,GSM模块的移动定位终端已经在各种运输行业获得了成功的使用。目前,GPS设备已经从尖端产品进入了普通百姓的家庭,只需要几千元,就可以随时随地找到你的位置。

1.3.3 信息家电

这将成为嵌入式系统最大的应用领域,冰箱、空调等的网络化、智能化将引领人们的生活步入一个崭新的空间。即使你不在家里,也可以通过电话线、网络进行远程控制。在这些设备中,嵌入式系统将大有用武之地。

1.3.4 家庭智能管理系统

水、电、煤气表的远程自动抄表,安全防火、防盗系统,其中嵌有的专用控制芯片将代替传统的人工检查,并实现更快、更准确和更安全的性能。而在服务领域,如远程点菜器等已经体现了嵌入式系统的优势。

1.3.5 POS 网络及电子商务

公共交通无接触智能卡(Contactless SmartCard,CSC)发行系统、公共电话卡发行系统、自动售货机、各种智能 ATM 终端将全面走入人们的生活,到时手持一卡就可以行遍天下。

1.3.6 环境项目与自然监测

包括水文资料实时监测、防洪体系及水土质量监测、堤坝安全、地震监测网、实时气象信息网、水源和空气污染监测等。在很多环境恶劣、地况复杂的地区,嵌入式系统将实现无人监测。

1.3.7 机器人

嵌入式芯片的发展将使机器人在微型化、高智能方面的优势更加明显。同时,会大幅度降低机器人的价格,使其在工业领域和服务领域获得更广泛的应用。

1.4 现状及发展趋势

1.4.1 发展现状

随着信息化、智能化、网络化的发展,嵌入式系统技术也将获得广阔的发展空间。美国著名未来学家尼葛洛庞帝 1999 年 1 月访华时预言,4～5 年后嵌入式智能(电脑)工具将是 PC 和因特网之后最伟大的发明。我国著名嵌入式系统专家沈绪榜院士 1998 年 11 月在武汉全国第 11 次微机学术交流会上发表的"计算机的发展与技术"一文中,对未来 10 年以嵌入式芯片为基础的计算机工业进行了科学的阐述和展望。1999 年世界电子产品产值已超过 12 000 亿美元,2000 年达到 13 000 亿美元, 2005 年销售额已超过 18 000 亿美元。

进入 21 世纪以来,嵌入式技术全面展开,目前已成为通信和消费类产品的共同发展方向。在通信领域,数字技术正在全面取代模拟技术。在广播电视领域,美国已开始由模拟电视向数字电视转变,欧洲的 DVB(数字电视广播)技术已在全球大多数国家推广。数字音频广播(DAB)也已进入商品化试播阶段。而软件、集成电路和新型元器件在产业发展中的作用日益重要。所有上述产品中,都离不开嵌入式系统技术。例如前途无可计量的维纳斯计划生产机顶盒,核心技术就是采用 32 位以上芯片级的嵌入式技术。在个人领域中,嵌入式产品将主要是个人商用,作为个人移动的数据处理和通信软件。由于嵌入式设备具有自然的人机交互界面,GUI 屏幕为中心的多媒体界面给人很大的亲和力。手写文字输入、语音拨号上网、收发电子邮件以及彩色图形、图像已取得初步成效。

对于企业专用解决方案,如物流管理、条码扫描、移动信息采集等,这种小型手持嵌入式系统将发挥巨大的作用。自动控制领域,不仅可以用于 ATM 机、自动售货机、工业控制等专用设备,也可以和移动通信设备、GPS 设备相结合,同样可以发挥巨大的作用。长虹推出的 ADSL 产品结合网络、控制、信息,这种智能化、网络化将是家电发展的新趋势。

硬件方面,不仅有各大公司的微处理器芯片,还有用于学习和研发的各种配套开发包。目前,低层系统和硬件平台经过若干年的研究,已经相对比较成熟,实现各种功能的芯片应有尽有,而且巨大的市场需求给我们提供了学习研发的资金和技术力量。

从软件方面讲,也有相当部分的成熟软件系统。国外商品化的嵌入式实时操作系统,已进入我国市场的有 WindRiver、Microsoft、QNX 和 Nuclear 的产品。我国自主开发的嵌入式系统软件产品如科银(CoreTek)公司的嵌入式软件开发平台 DeltaSystem,中国科学院推出的 Hopen 嵌入式操作系统。同时,我们也可以在网上找到各种各样的免费资源,从各大厂商的开发文档到各种驱动、程序源代码,甚至很多厂商还提供微处理器的样片。这对于我们从事这方面的研发,提供了很多的资源。

时至今日,嵌入式系统带来的工业年产值已超过了 1 万亿美元。1997 年来自美国嵌入式系统大会(Embedded System Conference)的报告指出,未来 5 年仅基于嵌入式计算机系统的全数字电视产品,就将在美国产生一个每年 1 500 亿美元的新市场。美国汽车大王福特公司的高级经理也曾宣称"福特出售的'计算能力'已超过了 IBM",由此可以想象嵌入式计算机工业的规模和广度。据调查,目前国际上已有两百多种嵌入式操作系统,而各种各样的开发工具、应用于嵌入式开发的仪器设备更是不可胜数,嵌入式系统技术发展的空间无比广大。

1.4.2 发展趋势

信息时代、数字时代使得嵌入式产品获得了巨大的发展契机,为嵌入式市场展现了美好的前景,同时也对嵌入式生产厂商提出了新的挑战,从中我们可以看出未来嵌入式系统的几大发展趋势。

(1)嵌入式开发是一项系统项目,因此要求嵌入式系统厂商不仅要提供嵌入式软、硬件系统本身,同时还需要提供强大的硬件开发工具和软件包支持,这也是市场竞争的必然结果。目前很多厂商已经充分考虑到这一点,在主推系统的同时,将开发环境也作为重点推广。比如三星在推广 Arm7、Arm9 芯片的同时还提供开发板和板级支持包(BSP),而 WindowCE 在主推系统时也提供 Embedded VC++作为开发工具,还有 Vxworks 的 Tonado 开发环境、DeltaOS 的 Limda 编译环境等都是这一趋势的典型体现。

(2)网络化、信息化的要求随着因特网技术的成熟、带宽的提速日益提高,使得以往单一功能的设备如电话、手机、冰箱、微波炉等功能不再单一,结构更加复杂。这就要求芯片设计厂商在芯片上集成更多的功能,为了满足应用功能的升级,设计师们一方面采用更强大的嵌入式处理器如 32 位、64 位 RISC 芯片或信号处理器 DSP 增强处理能力,同时增加功能接口(如 USB),扩展总线类型(如 CAN BUS),加强对多媒体、图形等的处理,逐步实施片上系统(SOC)的概念。软件方面采用实时多任务编程技术和交叉开发工具技术来控制功能复杂性,简化应用程序设计、保障软件质量和缩短开发周期。

(3)网络互联成为必然趋势。未来的嵌入式设备为了适应网络发展的要求,必然要求硬件上提供各种网络通信接口。传统的单片机对于网络支持不足,而新一代的嵌入式处理器已经开始内嵌网络接口,除了支持 TCP/IP 协议,还有的支持 IEEE1394、USB、CAN、Bluetooth 或 IrDA 通信接口中的一种或者几种,同时也需要提供相应的通信组网协议软件和物理层驱动软件。软件方面系统内核支持网络模块,甚至可以在设备上嵌入 Web 浏览器,真正实现随时随地用各种设备上网。

(4)精简系统内核、算法,降低功耗和软、硬件成本。未来的嵌入式产品是软、硬件紧密结合的设备。为了降低功耗和成本,需要设计者尽量精简系统内核,只保留和系统功能紧密相关的软、硬件,利用最低的资源实现最适当的功能,这就要求设计者选用最佳的编程模型和不断改进算法,优化编译器性能。因此,既要软件人员有丰富的硬件知识,又需要发展先进嵌入式软件技术,如 Java、Web 和 WAP 等。

(5)提供友好的多媒体人机界面。嵌入式设备能与用户亲密接触,最重要的因素就是它能提供非常友好的用户界面。图像界面、灵活的控制方式,使得人们感觉嵌入式设备就像是一个熟悉的老朋友。这方面的要求使得嵌入式软件设计者要在图形界面和多媒体技术上多下功夫。

(6)物联网。物联网(The Internet of Things)可以简称为基于互联网的嵌入式系统,从专业角度讲,物联网就应该是嵌入式智能终端的网络化形式。嵌入式系统无所不在,有嵌入式系统的地方才会有物联网的应用,物联网的产生是嵌入式系统高速发展的必然产物,更多的嵌入式智能终端产品有了联网的需求,才催生了物联网这个概念的产生。

嵌入式系统技术是综合了计算机"软、硬件"、传感器技术、集成电路技术、电子应用技术为一体的复杂技术。如果把物联网用人体做一个简单比喻,传感器相当于人的眼睛、鼻子、皮肤等感官,网络就是神经系统,用来传递信息,嵌入式系统则是人的大脑,在接收到信息后要进行分类处理。

物联网是在互联网基础上的延伸和扩展的网络,通过射频识别(Radio Frequency Identification,RFID)、红外感应器、全球定位系统(GPS)、激光扫描器等信息传感设备,按约定的协议,把任何物体与互联网相连接,进行信息交换和通信,以实现对物体的智能化识别、定位、跟踪、监控和管理。

物联网正在成为继计算机、互联网和移动通信网之后全球信息产业的又一次科技与革命浪潮。近年来,美国、欧盟、日本等全力助推物联网发展,尤其在国际金融危机之后,更是加大了刺激措施,试图将物联网作为振兴经济、抢占未来国际竞争制高点的"法宝"。中国信息产业商会会长、中国 RFID 产业联盟理事长张琪指出,物联网一方面可以提高经济效益,大大节约成本,另一方面物联网的市场规模远远大于互联网,能为经济复苏提供强大动力。因此,美国、欧盟、日本等发达国家都投入巨资研究,鼓励发展。美国政府在 2008 年底,将 IBM 公司提出的"智慧的地球"计划作为美国信息化战略的重要内容,并将物联网列为"2025 年对美国利益潜在影响最大的关键技术"。美国总统奥巴马就职后,将"新能源"和"物联网"列为振兴经济的两大"武器"。未来几年,美国在"智能电网"方面将投资 110 亿美元,对卫生医疗信息技术应用投入 190 亿美元。张琪说,美国将"物联网"视为振兴经济、确立竞争优势的关键战略。在短期内,该战略要求政府投资于诸如智能铁路、智能高速公路、智能电网等基础设施,能够刺激短期经济增长,创造大量就业岗位;其次,新一代的智能基础设施将为未来的科技创新开拓巨大的空间,有利于增强国家的长期竞争力;另外,物联网的应用能够提高资源与环境的利用率。欧盟在物联网方面进行了大量研究,并开始推动物联网的主要技术 RFID(射频识别)在经济、社会、生活各领域的应用,着力解决安全和隐私、国际治理、无线频率和标准等问题。2009 年 6 月,《欧盟物联网行动计划报告》提出 14 项行动计划,试图夺取物联网发展主导地位。同年 10 月,欧盟推出"物联网战略研究路线图",力推物联网在航空航天、汽车、医疗、能源等 18 个主要领域应用,明确 12 项关键技术,首推智能汽车和智能建筑。日本在 2009 年 3 月提出"数字日本创新计划",在同年 7 月进一步提出"I-Japan 战略 2015",其中交通、医疗、智能家居、环境监测、物联网是重点。

物联网的应用和产业发展在欧美国家方兴未艾。目前,欧美国家已将 RFID 技术应用于交通、车辆管理、身份识别、生产线自动化控制、仓储管理及物资跟踪等领域。天津大学电子信息项目学院院长马建国说,RFID 已在欧美国家成为成熟的"产业链",如飞利浦、西门子等半导体厂商垄断了 RFID 芯片市场;IBM、惠普、微软等国际巨头抢占了 RFID 中间件、系统集成研究的有利位置;不少公司提供 RFID 标签、天线、读写器等产品和设备;沃尔玛、麦德龙等零售巨头和宝洁、宝马、大众等顶级制造商已把 RFID 技术应用于供应链管理。

1.5 嵌入式微处理器

嵌入式微处理器可分为两类:复杂指令系统计算机(CISC)和精简指令系统计算机(RISC),两类处理器的比较结果见表 1-1。

表 1-1 CISC 与 RISC 比较

分类比较	CISC	RISC
价格	硬件复杂,芯片成本高	硬件较简单,芯片成本低
性能	减少代码尺寸,增加指令的执行周期数	使用流水线降低指令的执行周期数,增加代码尺寸
指令集	大量的混杂型指令集,有专用指令完成特殊功能	简单的单周期指令,不常用的功能由组合指令完成
应用范围	通用机	专用机
功耗与面积	含有在写的电路单元,功能强、面积大、功耗大	处理器结构简单、面积小、功耗小
设计周期	长	短

目前主流的嵌入式微处理器主要有 PowerPC、MIPS、ARM 等系列。

1.5.1 PowerPC 处理器

自 1994 年第一个 PowerPC 处理器 PowerPC601 问世以来,已经有几十种 PowerPC 独立处理器与嵌入式微处理器投放市场,其主频范围从 32MHz 到 1GHz 不等。嵌入式的 PowerPC405

(主频最高为550MHz)处理器内核可以用于各种集成的系统芯片(System-on-a-chip,SOC)设备上,在电信、金融和其他许多行业具有广泛应用。

PowerPC架构的MPU有PowerPC 405GP、PowerPC MPC823e、PowerPC MPC7457和MPC7447、PowerPC 8260、MPC860 PowerQUICC等。

1.5.2 MIPS嵌入式微处理器

MIPS处理器由MIPS计算机公司研发,是一种高端嵌入式内核标准,MIPS即内部无互锁流水级微处理器。MIPS处理器最早由20世纪80年代初期斯坦福大学亨尼斯(Hennessy)教授领导的研究小组研制出来,MIPS公司的R系列处理器是在此基础上研究成功的RISC工业微处理器产品,1986—1997年先后出产了R2K、R3K、R4K、R8K、R10K、R12K共6个R系列的微处理器,其中R4K是世界上第一款64位商用微处理器。

1999年MIPS32和MIPS64架构标准发布,为后来MIPS处理器的开发奠定了基础。

1.5.3 ARM嵌入式微处理器

ARM是Advanced RISC Machines的缩写。ARM处理器具有三大特点:小体积、低功耗、低成本、高性能;16位/32位双指令集;全球众多的使用伙伴。

ARM处理器当前有6个产品系列:ARM7、ARM9、ARM10、ARM11、SecurCore和Cortex。前4个系列是通用处理器系列,SecurCore是第5个产品系列,是专门为安全设备而设计的。

Intel公司也生产嵌入式微处理器,购买了ARM的IP核,先后生产出两种嵌入式处理器:StrongARM和XScale。

1.6 ARM(Advanced RISC Machines)

ARM(Advanced RISC Machines)是英国一家公司的名称,但是渐渐演变成为一类微处理器技术的统称。1990年,ARM公司成立于英国剑桥,主要出售芯片设计技术的授权。

1.6.1 ARM的历史

1978年12月5日,物理学家赫尔曼·豪泽(Hermann Hauser)和项目师克里斯·科瑞(Chris Curry)在英国剑桥创办了CPU公司(Cambridge Processing Unit),主要业务是为当地市场供应电子设备。1979年,CPU公司改名为Acorn计算机公司。

起初,Acorn公司打算使用摩托罗拉公司的16位芯片,但是发现这种芯片太慢也太贵。"一台售价500英镑的机器,不可能使用价格100英镑的CPU!",他们转而向Intel公司索要80286芯片的设计资料,但是遭到拒绝,于是被迫自行研发。

1985年,Roger Wilson和Steve Furber设计了他们自己的第一代32位、6MHz的处理器,用它生产出了一台RISC指令集的计算机,简称ARM(Acorn RISC Machines)。这就是ARM这个名字的由来。

RISC的全称是"精简指令集计算机",它支持的指令比较简单,所以功耗小、价格便宜,特别合适移动设备。早期使用 ARM 芯片的典型设备，就是苹果公司的牛顿 PDA。20 世纪 80 年代后期，ARM 很快开发成 Acorn 的台式机产品。1990 年 11 月 27 日，Acorn 公司正式改组为 ARM 计算机公司。

20 世纪 90 年代，ARM 32 位嵌入式 RISC 处理器扩展到世界范围，占据了低功耗、低成本和高性能的嵌入式系统应用领域的领先地位。

目前，采用 ARM 技术知识产权（IP）核的微处理器，即通常所说的 ARM 微处理器，已遍及工业控制、消费类电子产品、通信系统、网络系统、无线系统、军用系统等各类产品市场，基于 ARM 技术的微处理器应用约占据了 32 位 RISC 微处理器 70% 以上的市场份额，ARM 技术正在逐步渗入到我们生活的各个方面。ARM 公司是专门从事基于 RISC 技术芯片设计开发的公司，作为知识产权供应商，本身不直接从事芯片生产，靠转让设计许可，由合作公司生产各具特色的芯片。世界各大半导体生产商从 ARM 公司购买其 ARM 微处理器核，根据各自不同的应用领域，加入适当的外围电路，从而形成自己的 ARM 微处理器芯片进入市场。目前，全世界有几十家大的半导体公司都使用 ARM 公司的授权，因此，既使得 ARM 技术获得更多的第三方工具、制造、软件的支持，也使得整个系统成本降低，其产品更容易进入市场并被消费者所接受，更具有竞争力。

1.6.2　ARM 微处理器的应用领域

到目前为止，ARM 微处理器及技术的应用几乎已经深入到各个领域。

（1）工业控制领域：作为 32 位的 RISC 架构，基于 ARM 核的微控制器芯片不但占据了高端微控制器市场的大部分市场份额，同时也逐渐向低端微控制器应用领域扩展，ARM 微控制器的低功耗、高性价比，向传统的 8 位/16 位微控制器提出了挑战。

（2）无线通信领域：目前已有超过 85% 的无线通信设备采用了 ARM 技术，ARM 以其高性能和低成本，在该领域的地位日益巩固。

（3）网络应用：随着宽带技术的推广，采用 ARM 技术的 ADSL 芯片正逐步获得竞争优势。此外，ARM 在语音及视频处理上进行了优化，并获得广泛的支持，也对 DSP 的应用领域提出了挑战。

（4）消费类电子产品：ARM 技术在目前流行的数字音频播放器、数字机顶盒和游戏机中得到广泛采用。

（5）成像和安全产品：现在流行的数码相机和打印机中绝大部分采用了 ARM 技术。手机中的 32 位 SIM 智能卡也采用了 ARM 技术。

除此之外，ARM 微处理器及技术还应用到许多不同的领域，并会在将来取得更广泛的应用。

1.6.3　ARM 的体系结构

传统的 CISC 结构有其固有的缺点，即随着计算机技术的发展而不断引入新的复杂指令集，为支持这些新增的指令，计算机的体系结构越来越复杂。然而，在 CISC 指令集的各种指令中，大约有 20% 的指令会被反复使用，使用频率占整个程序代码的 80%。而余下 80% 的指令却不经常使用，在程序中使用频率只占 20%，显然，CISC 结构是不太合理的。

因此，1979 年美国加州大学伯克利分校提出了 RISC 的概念，RISC 并非只是简单地减少指令，而是把着眼点放在了如何使计算机的结构更加简单、合理地提高运算速度上。RISC 结构优先选取使用频率最高的简单指令，避免复杂指令；将指令长度固定，指令格式和寻址方式种类减少；以控制逻辑为主。

ARM 正是采用了 RISC 体系结构，RISC 体系结构具有如下特点。

（1）采用固定长度的指令格式，指令归整、简单，基本寻址方式有 2～3 种。
（2）使用单周期指令，便于流水线操作执行。
（3）大量使用寄存器，数据处理指令只对寄存器进行操作，只有加载/存储指令可以访问存储器，以提高指令的执行效率。
（4）所有的指令都可根据前面的执行结果决定是否被执行，从而提高指令的执行效率。
（5）可用加载/存储指令批量传输数据，以提高数据的传输效率。
（6）可在一条数据处理指令中同时完成逻辑处理和移位处理。
（7）在循环处理中使用地址的自动增减来提高运行效率。

除此之外，ARM 体系结构还采用了一些特别的技术，在保证高性能的前提下，尽量缩小芯片的面积并降低功耗。

当然，和 CISC 架构相比较，尽管 RISC 架构有上述的优点，但决不能认为 RISC 架构就可以取代 CISC 架构。事实上，RISC 和 CISC 各有优势，而且界限并不那么明显。现代的 CPU 往往采用 CISC 的外围，内部加入了 RISC 的特性，如超长指令集 CPU 就是融合了 RISC 和 CISC 的优势，成为未来的 CPU 发展方向之一。

1.6.4　ARM 微处理器的特点

ARM 处理器的三大特点是：耗电少功能强、16 位/32 位双指令集和合作伙伴众多。由于 ARM 采用 RISC 架构，因此，ARM 微处理器具有如下特点。

（1）体积小、低功耗、低成本、高性能。
（2）支持 Thumb（16 位）/ARM（32 位）双指令集，能很好地兼容 8/16 位器件。
（3）大量使用寄存器，指令执行速度更快。
（4）大多数数据操作都在寄存器中完成。
（5）寻址方式灵活、简单，执行效率高。
（6）指令长度固定。

ARM 微处理器支持两种指令集：ARM 指令集和 Thumb 指令集。其中，ARM 指令为 32 位长度，Thumb 指令为 16 位长度。Thumb 指令集为 ARM 指令集的功能子集，但与等价的 ARM 代码相比较，可节省 30%～40% 以上的存储空间，同时具备 32 位代码的所有优点。

ARM 处理器共有 37 个寄存器，被分为若干个组，这些寄存器包括：

（1）31 个通用寄存器，包括程序计数器（PC 指针），均为 32 位的寄存器。
（2）6 个状态寄存器，用以标识 CPU 的工作状态及程序的运行状态，均为 32 位，目前只使用了其中的一部分。

同时，ARM 处理器又有七种不同的处理器模式，在每一种处理器模式下均有一组相应的寄存器与之对应，即在任意一种处理器模式下，可访问的寄存器包括 15 个通用寄存器（R0～R14）、1～2 个状态寄存器和程序计数器。在所有的寄存器中，有些是在七种处理器模式下共用的同一个物理寄存器,而有些寄存器则是在不同的处理器模式下有不同的物理寄存器。

ARM 具有以下处理器模式。

用户模式(usr):ARM 处理器正常的程序执行状态。

系统模式(sys):运行具有特权的操作系统任务。

快中断模式(fiq):支持高速数据传输或通道处理。

管理模式(svc):操作系统保护模式。

数据访问终止模式(abt):用于虚拟存储器及存储器保护。

中断模式(irq):用于通用的中断处理。

未定义指令终止模式(und):支持硬件协处理器的软件仿真。

除用户模式外,其余六种模式称为非用户模式或特权模式;用户模式和系统模式之外的五种模式称为异常模式。ARM 处理器的运行模式可以通过软件改变,也可以通过外部中断或异常处理改变。

由于 ARM 微处理器的众多优点,随着国内外嵌入式应用领域的逐步发展,ARM 微处理器应用获得了广泛的重视。然而,由于 ARM 微处理器有多达十几种的内核结构,几十个芯片生产厂家,以及千变万化的内部功能配置组合,给开发人员在选择方案时带来一定的困难。

ARM 微处理器包含一系列的内核结构以适应不同的应用领域,如果希望使用 WinCE 或标准 Linux 等操作系统,就需要选择 ARM720T 以上带有 MMU(Memory Management Unit)功能的 ARM 芯片,ARM720T、ARM920T、ARM922T、ARM946T、Strong-ARM 都带有 MMU 功能。而 ARM7TDMI 则没有 MMU,不支持 Windows CE 和标准 Linux,但目前有 UCLinux 以及 UC/OS-II 等不需要 MMU 支持的操作系统可运行于 ARM7TDMI 硬件平台之上。事实上,UCLinux 已经成功移植到多种不带 MMU 的微处理器平台上,并在稳定性和其他方面都有上佳表现。

1.7 ARM 微处理器系列

ARM 微处理器目前包括 ARM7、ARM9、ARM9E、ARM10E、SecurCore,以及 Intel 的 Strong-ARM、XScale 等多个系列,除了具有 ARM 体系结构的共同特点以外,每一个系列的 ARM 微处理器都有各自的特点和应用领域。

其中,ARM7、ARM9、ARM9E 和 ARM10 为 4 个通用处理器系列,每一个系列提供一套相对独特的性能来满足不同应用领域的需求。SecurCore 系列专门为安全要求较高的应用而设计。ARM 公司在经典处理器 ARM11 以后的产品改用 Cortex 命名,并分成 A、R 和 M 三类,旨在为各种不同的市场提供服务。

1.7.1 ARM7 微处理器系列

ARM7 系列微处理器为低功耗的 32 位 RISC 处理器,最适合用于对价位和功耗要求比较严格的消费类应用。ARM7 微处理器系列具有如下特点。

(1)具有嵌入式 ICE-RT 逻辑,调试开发方便。

(2)极低的功耗,适合对功耗要求严格的应用,如便携式产品。

(3)能够提供 0.9MIPS/MHz 的 3 级流水线结构。
(4)代码密度高并兼容 16 位的 Thumb 指令集。
(5)对操作系统的支持广泛,包括 Windows CE、Linux、Palm OS 等。
(6)指令系统与 ARM9、ARM9E 和 ARM10E 系列兼容,便于用户的产品升级换代。
(7)主频最高可达 130MIPS,高速的运算处理能力能胜任绝大多数的复杂应用。

ARM7 系列微处理器的主要应用领域为工业控制、Internet 设备、网络和调制解调器设备、移动电话等多种多媒体和嵌入式应用。

ARM7 系列微处理器包括如下几种类型的核:ARM7TDMI、ARM7TDMI - S、ARM720T、ARM7EJ。其中,ARM7TMDI 是目前使用最广泛的 32 位嵌入式 RISC 处理器,属低端 ARM 处理器核。TDMI 的基本含义如下所示。

T:支持 16 位压缩指令集 Thumb。
D:支持片上 Debug。
M:内嵌硬件乘法器(Multiplier)。
I:嵌入式 ICE,支持片上断点和调试点。

1.7.2　ARM9 微处理器系列

ARM9 系列微处理器在高性能和低功耗特性方面提供最佳的性能。具有以下特点。
(1)提供 1.1MIPS/MHz 5 级流水线结构。
(2)支持 32 位 ARM 指令集和 16 位 Thumb 指令集。
(3)支持 32 位的高速 AMBA 总线接口。
(4)全性能 MMU,支持 Windows CE、Linux、Palm OS 等主流嵌入式操作系统。
(5)MPU 支持实时操作系统。
(6)支持数据 Cache 和指令 Cache,具有更高的指令和数据处理能力。

ARM9 系列微处理器主要应用于无线设备、仪器仪表、安全系统、机顶盒、高端打印机、数字照相机和数字摄像机等。它包含 ARM920T、ARM922T 和 ARM940T 三种类型。

1.7.3　ARM9E 微处理器系列

ARM9E 系列微处理器为可综合处理器,使用单一的处理器内核提供了微控制器、DSP、Java 应用系统的解决方案,极大地减少了芯片的面积和系统的复杂程度。ARM9E 系列微处理器提供了增强的 DSP 处理能力,很适合于那些需要同时使用 DSP 和微控制器的应用场合。

ARM9E 系列微处理器的主要特点如下。
(1)支持 DSP 指令集,适合于需要高速数字信号处理的场合。
(2)5 级整数流水线,指令执行效率更高。
(3)支持 32 位 ARM 指令集和 16 位 Thumb 指令集。
(4)支持 32 位的高速 AMBA 总线接口。
(5)支持 VFP9 浮点处理协处理器。
(6)全性能 MMU,支持 Windows CE、Linux、Palm OS 等主流嵌入式操作系统。
(7)MPU 支持实时操作系统。

(8) 支持数据 Cache 和指令 Cache,具有更高的指令和数据处理能力。

(9) 主频最高可达 300MIPS。

ARM9E 系列微处理器主要应用于下一代无线设备、数字消费品、成像设备、工业控制、存储设备和网络设备等领域。它包含 ARM926EJ‐S、ARM946E‐S 和 ARM966E‐S 三种类型。

1.7.4 ARM10E 微处理器系列

ARM10E 系列微处理器具有高性能、低功耗的特点,由于采用了新的体系结构,与同等的 ARM9 器件相比较,在同样的时钟频率下,性能提高了近 50%,同时,ARM10E 系列微处理器采用了两种先进的节能方式,使其功耗极低。

ARM10E 系列微处理器的主要特点如下。

(1) 支持 DSP 指令集,适合于需要高速数字信号处理的场合。

(2) 6 级整数流水线,指令执行效率更高。

(3) 支持 32 位 ARM 指令集和 16 位 Thumb 指令集。

(4) 支持 32 位的高速 AMBA 总线接口。

(5) 支持 VFP10 浮点处理协处理器。

(6) 全性能 MMU,支持 Windows CE、Linux、Palm OS 等主流嵌入式操作系统。

(7) 支持数据 Cache 和指令 Cache,具有更高的指令和数据处理能力。

(8) 主频最高可达 400MIPS。

(9) 内嵌并行读/写操作部件。

ARM10E 系列微处理器主要应用于下一代无线设备、数字消费品、成像设备、工业控制、通信和信息系统等领域。它包含 ARM1020E、ARM1022E 和 ARM1026EJ‐S 三种类型。

1.7.5 SecurCore 微处理器系列

SecurCore 系列微处理器专为安全需要而设计,提供了完善的 32 位 RISC 技术的安全解决方案。因此,它除了具有 ARM 体系结构的低功耗、高性能的特点外,还具有其独特的优势,即提供了对安全解决方案的支持。SecurCore 系列微处理器在系统安全方面具有如下特点。

(1) 带有灵活的保护单元,确保操作系统和应用数据的安全。

(2) 采用软内核技术,防止外部对其进行扫描探测。

(3) 可集成用户自己的安全特性和其他协处理器。

SecurCore 系列微处理器主要应用于一些对安全性要求较高的应用产品及应用系统,如电子商务、电子政务、电子银行业务、网络和认证系统等领域。它包含 SecurCore SC100、Secur‐Core SC110、SecurCore SC200 和 SecurCore SC210 四种类型。

1.7.6 StrongARM 微处理器系列

Intel StrongARM SA‐1100 以及 Intel StrongARM SA‐1110 处理器是采用 ARM 体系结构、高度集成的 32 位 RISC 微处理器,融合了 Intel 公司的设计和处理技术以及 ARM 体系结构的电源效率,采用在软件上兼容 ARMv4 体系结构,同时采用具有 Intel 技术优点的体系结构。Intel StrongARM 处理器是便携式通信产品和消费类电子产品的理想选择,已成功应用于多家公司的掌上电脑系列产品。

1.7.7 XScale 处理器

　　XScale 处理器是基于 ARMv5TE 体系结构的解决方案，是一款全性能、高性价比、低功耗的处理器。它支持 16 位的 Thumb 指令和 DSP 指令集，已使用在数字移动电话、个人数字助理和网络产品等场合。XScale 处理器是 Intel 主要推广的一款 ARM 微处理器。

第 2 章　Intel XScale ARM 微处理器

2.1　Intel XScale 微处理器

　　Intel XScale 微处理器是一种高性价比、低功耗且基于 ARMv5TE 体系结构的解决方案,它支持 16 位 Thumb 指令和 DSP 扩充指令。基于 XScale 技术开发的微处理器,可用于手机、便携式终端(PDA)、网络存储设备、骨干网(BackBone)路由器等。Intel PXA270 微处理器芯片就是一款集成了 32 位 Intel XScale 处理器核、多通信信道、LCD 控制器、增强型存储控制器和 PCMCIA/CF 控制器以及通用 I/O 口的高度集成的应用处理器。
　　XScale 微处理器架构经过专门设计,核心采用了英特尔先进的 $0.18\mu m$ 工艺技术制造,具备低功耗特性,适用范围从 0.1mW～1.6W。同时,它的时钟工作频率接近 1GHz。超低功率与高性能的组合使 Intel XScale 适用于广泛的互联网接入设备,在因特网的各个环节中,从手持互联网设备到互联网基础设施产品,Intel XScale 都表现出了令人满意的处理性能。

2.2　Intel XScale 内核特征

　　(1) Intel XScale 兼容 ARMv5TE ISA 指令集(不支持浮点指令集),支持 ARM Thumb 指令集,支持 ARM DSP 扩充指令集。
　　(2) 低功耗和高性能。
　　(3) 32KB 数据 Cache。
　　(4) 32KB 指令 Cache。
　　(5) 2KB 微小数据 Cache。
　　(6) 2KB 微小指令 Cache。
　　(7) 支持指令和数据内存管理单元。
　　(8) JTAG 调试功能。

2.3　Intel PXA270 系统控制功能

　　PXA270 的系统控制模块提供了实时时钟、看门狗及间隔定时器、功率管理控制器、中断控制器、复位控制器和两个片上振荡器。该系统定时器支持源自 SA－11x0 处理器的定时器单元,OS 定时器使用 3.686 4MHz 振荡器,包含了 4 个定时匹配寄存器(OSMR)、1 个定时状态寄存器(OSSR)和 1 个定时中断使能寄存器(OIER)。看门狗定时中断可以通过激活 OS 定时看门狗使能寄存器(OWER)来实现。

中断控制器处理的所有中断源,有两种中断类型:中断请求(IRQ)和快速中断请求(FIQ)。中断控制器可以根据掩码寄存器的值,允许CPU被中断或保持预中断。中断控制器中的每一个寄存器都是1bit映射,并且每一bit均被预先分配给不同的中断源。

2.4 Intel PXA270时钟和电源管理

为了达到处理性能和能量消耗之间比例的最优化,用时钟和电源管理器来控制不同模块的时钟频率并处理不同能量管理操作模式之间的转化。时钟和电源管理器为每一个外部设备提供了固定的时钟,并且为LCD控制器、存储器控制器和CPU提供了可编程的频率时钟,这些时钟均来自内部锁相环时钟源。时钟管理器还可通过关闭不用设备的时钟来减少功率损耗。

电源管理提供了四种工作模式:Turbo模式、运行模式、空闲模式和睡眠模式。Turbo模式下,CPU核运行在峰值频率,为避免内核对外部存储器的等待时间,在该模式下,很少对外部存储器进行存取;运行模式下,CPU核运行于正常标准频率,可以假定内核不断地对外部存储器进行存取,运行速率的减慢对于性能与功耗的最佳平衡是有利的;在空闲模式下,暂停到CPU的时钟,但是使能到外围器件的时钟;睡眠模式下,整个系统将处于最低功耗状态,要唤醒睡眠状态必须重新启动系统。

2.5 Intel PXA270存储器控制模块

PXA270处理器的存储器控制器提供对多种类型存储器芯片的控制。存储器的类型以及时序均可通过编程改变。

PXA270支持3个SDRAM分区;6个静态片选信号用于控制SRAM、SSRAM、FLASH、ROM、SROM等;支持两个PCMCIA或者Compact FLASH插座。

2.6 Intel PXA270外围控制模块

PXA270处理器定义了16个通道的DMA控制器。它可响应内部设备和外部设备的请求,完成数据从主存储器中读出与写入。DMAC用于外围设备与存储系统之间的数据传输。

LCD控制器提供了支持双扫描无源阵列彩显(DSTN,俗称伪彩)屏或有源阵列彩显(TFT,俗称真彩)屏的接口,并支持单色和多色素格式。它拥有自己独立的双通道DMA控制器,两路通道分别用于单面板和双面板显示。最大支持显示分辨率为1 024×1 024像素,推荐最高分辨率为800×600像素。在无源单色模式下,最高支持256级灰度。对于彩色显示,不管有源还是无源模式,最高均支持65 536种颜色。LCD控制器将帧缓存中的像素编码值,对应于16位宽的256个入口的调色板RAM,根据数据宽度决定彩色的数量。

PXA270处理器支持的串口包括:①基于通用串行总线1.1版本的USB客户服务模块接口,它最高支持16个端点外挂,并提供了1个48MHz的内部时钟;②3个通用异步收发口

(UART)，最高速率 230kbps 的全功能 UART（完备的握手信号），最高速率 921kbps 的蓝牙 UART 和标准 UART；③高速红外通信口（FICP）半双工，速率 4Mbps，执行 4PPM 标准；④AC97 控制器支持 AC97 2.0 修订版本的多媒体数字信号编解码器，AC97 控制器对于立体 PCM 输入输出，modem 输入输出和单一的麦克风输入都提供了单独的 16 位通道；⑤I2S 控制器为数字立体声标准 I2S 多媒体数字信号编解码器提供了串行连接，复用 AC97 控制器引脚；⑥I^2C 总线接口提供了两个引脚的通用串行通信端口，两个引脚分别用于数据地址和时钟；⑦另外，提供了两个支持 MMC 或 SPI 协议，高达 20Mbps 串行数据传输的 MMC 卡接口和一个 SSP 接口。SSP 逻辑接口支持 National Microwire 协议、Texas Instruments 协议、同步串行协议（SSP）和 Motorola SPI 协议，所有这些协议都用于 A/D 转换、音频和电信多媒体数字信号编解码器和其他满足串行数据传输协议的设备。

第3章　CVT-PXA270 ARM嵌入式教学实验系统

3.1　CVT-PXA270 ARM嵌入式教学实验系统介绍

CVT-PXA270教学实验系统是一套硬件、软件集成的，基于ARM的完整的教学实验系统，系统包含丰富的硬件资源、完善的调试手段和详尽的教学实验教程。

CVT-PXA270目标处理器采用Intel的PXA270处理器，开发平台采用ADT开发工具套装（ARM Developer Suite，ADS），嵌入式开发的所有过程都可以在该环境下完成。ADS IDE具有以下特点。

(1) 使用方便。ADS IDE采用了一个通用的界面，可以非常方便地进行项目管理、编辑、编译、链接和调试，可快速开展实验。

(2) 接口丰富。含多种外部设备接口：LED输出、7段码输出、LCD输出、触摸屏、4×4键盘输入、外部中断输入、RS232/RS485串行接口、A/D和D/A转换接口、CAN总线、步进电机接口、网络接口、USB接口、标准计算机打印机口（并口）、I^2C总线接口、IIS数字音频接口、IDE接口、CF/SD/MMC卡接口、PS/2键盘和鼠标接口、GPRS模块和GPS模块、100M以太网接口扩展板、ARM与DSP接口扩展板等。

(3) 扩充性好。采用模块化设计，便于硬件升级换代，并提供丰富的扩展槽以便扩充外部接口。

(4) 实验丰富。专门为嵌入式系统教学进行订制，设计了多个实验，包括嵌入式软件开发基础实验、基本接口实验、BootLoader实验、嵌入式Linux操作系统实验、嵌入式Linux图形用户界面实验和高级接口实验，内容由浅入深，涵盖面广，适合不同学习层次人员的学习和教学，并可以方便地进行实验扩展。

3.2　CVT-PXA270教学实验系统的组成

(1) ADS IDE(Integrated Development Enviroment)集成开发环境。
(2) ADS Emulator for ARM JTAG仿真器。
(3) CVT-PXA270系列教学实验箱：CVT-PXA270-1、CVT-PXA270-2、CVT-PXA270-3。
(4) 各种连接线、电源适配器以及实验指导书等。
(5) 教学实验系统配套光盘。

第3章 CVT-PXA270 ARM 嵌入式教学实验系统

CVT-PXA270 ARM 教学实验系统基本实验模型如图 3-1 所示。

图 3-1 实验模型示意图

3.2.1 ADS IDE 集成开发环境

1. ADS IDE 简介

ADS IDE 是一套应用于嵌入式软件开发的新一代集成开发环境。它提供高效、清晰、可视化的嵌入式软件开发平台,包括一整套完备的面向嵌入式系统的开发和调试工具:编辑器、编译器、链接器、项目管理器以及调试器等。ADS IDE 运行于 Windows NT、95、98、2000 及 XP,采用类似 Visual Stdio 界面风格,其界面如图 3-2 所示。

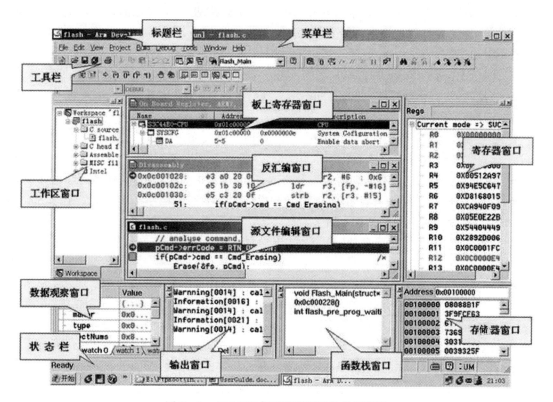

图 3-2 ADS IDE 集成开发环境软件界面图

2. ADS IDE 主要特性

(1)中文、英文版本支持。

(2)操作系统支持。支持 Vxworks、Linux、Nucleus 等操作系统的开发和调试。

(3)可视化的源码编辑和项目管理功能。

★ 界面友好,使用方便:类似 MS Visual Studio 的用户界面,支持打印功能,支持文件内查找功能和 Find in Files 功能。

★ 项目管理器:ADS IDE 提供图形化的项目管理工具,以 Project 为单位向用户提供应用源程序的文件组织和管理,管理用户的应用程序,编译链接选项以及调试参数等。

★ 源码编辑器:支持标准的文本编辑功能,支持 C 语言、汇编语言语法高亮显示。

★ 辅助编辑工具:提供多剪贴板工具、代码模板工具、头文件和源文件切换工具、注释工具、符号配对书写工具等多种辅助编辑工具。

(4)交叉编译功能。

★ 支持开发语言:ANSI C、Embedded C++、汇编语言。

★ 编译工具:使用著名优秀自由软件 GNU 的 GCC 交叉编译工具,并经过优化和严格测试,支持 C 语言、汇编语言等。

★ 编译参数设置:完全图形界面方式的编译参数设置,提供可视化的设置功能。支持项目级/文件目录级/文件级编译参数设置。

(5)强大的源代码级调试功能。

★ 调试方式:图形和命令行两种。

★ 断点功能:支持软件断点和硬件断点,实现断点设置、断点屏蔽、断点取消、断点列表。

★ 程序的单步执行。

★ 变量监视功能:随程序运行同步更新变量,即时修改变量值,可设置自动刷新方式、十进制/十六进制显示。

★ ARM 各种模式的寄存器即时查看与修改,当前模式指示,寄存器值修改时红色突显。

★ 存储器查看与修改,可设置自动刷新方式、字节/双字节/四字节显示、大/小端方式显示,存储器值修改时红色突显。

★ 函数堆栈显示,可设置自动刷新方式、十进制/十六进制显示、参数值显示、参数类型显示。

★ 支持源程序、反汇编程序和混合窗口显示,支持 ARM/Thumb 方式显示。

★ 具有与 MS Visual Studio 类似的调试菜单功能:Go、Stop、Reset、Step into、Step over、Step out、Run to Cursor 等。

★ 支持程序下载。

★ 板上寄存器(On Board Register)的查看和修改,可以查看支持 CPU 的所有板上寄存器的具体意义、当前值、各个位的意义,可设置自动刷新方式、二进制/十进制/十六进制显示、大/小端方式显示,支持十进制/十六进制方式修改寄存器值,寄存器值修改时红色突显。

★ 存储区下载和上载功能。

★ 项目级调试参数的保存。

★ 提供 Simulator 模拟器,支持脱机模拟调试。

★ 集成 Elf to Bin 及反汇编常用工具。
★ 丰富的程序。
（6）FLASH Memory 在线编程。
★ 支持对多种 FLASH 芯片的实时检查、擦除、编程、校验等操作。
★ 支持 8/16/32 位 FLASH 访问宽度，支持多片 FLASH 同时编程，无需劈分文件。
★ 高速编程，编程速度约为 80kbytes/s。
★ 提供统一的 FLASH 编程接口，用户可灵活地添加配置 FLASH 编程方案。

3.2.2　ADS Emulator for ARM JTAG 仿真器

ADS Emulator for ARM JTAG 仿真器外观如图 3-3 所示，它具有以下特点。
（1）支持 ADT IDE For ARM 集成开发环境；完全兼容 ADS 集成开发环境。
（2）支持 GDB 调试（Linux/Windows/UC-OS 等操作系统下）。
（3）支持 ARM 系列 CPU 内核：ARM7、ARM7DI、ARM7TDMI、ARM7TDMI-S、ARM710T、ARM720T、ARM726FZ、ARM9、ARM9TDMI、ARM940T、ARM920T、ARM922T、ARM9E-S、ARM966E-S、Intel XScale、Securcore……
（4）支持 Windows 98/NT/2000/XP。
（5）2.5V/3V/5V 兼容电平接口。
（6）支持标准的 14/20 针 JTAG 接口。
（7）支持汇编级调试，支持 ARM、Thumb 及指令集交叉调试。
（8）下载速度大于 120kbytes/s。
（9）支持标准 C 语言程序调试。
（10）非插入式调试，不占用板上任何资源。
（11）支持外接电源供电。
（12）支持 FLASH 在线编程。
（13）采用标准并口技术，无须选择 ECP、EPP。
（14）LED 指示运行状态。
（15）通过软件升级方式支持更高版本的 ARM 核处理器。
（16）支持硬件断点与不限个数的软件断点。

图 3-3　ADT Emulator for ARM JTAG 仿真器

3.2.3　CVT-PXA270 系列教学实验箱

CVT-PXA270 系列教学实验箱是实验系统的主要硬件平台，它包含 CVT-PXA270-1、CVT-PXA270-2、CVT-PXA270-3 等一系列嵌入式教学实验方案。

CVT-PXA270-1 包含如下接口：RS232/RS485 串行接口、以太网接口、USB 接口、CF 卡接口、IDE 接口、MMC/SD 卡接口、IIS 接口、I²C 接口、CAN 总线、A/D 或 D/A 转换接口标准计算机打印口、彩色 LCD 显示器加触摸屏、4×4 键盘、PS/2 键盘和鼠标接口等；CVT-PXA270-2 在 CVT-PXA270-1 的基础上添加 GPRS 无线通信模块，可以进行通话和短信等高级实验；CVT-PXA270-3 在 CVT-PXA270-2 的基础上又添加了 GPS 全球定位模块。且 CVT-PXA270-

1、CVT-PXA270-2、CVT-PXA270-3采用模块化设计,可任意选配和升级高级模块(ARM核心板、GPRS模块和GPS模块)。CVT-PXA270-3所包含的接口如图3-4所示。

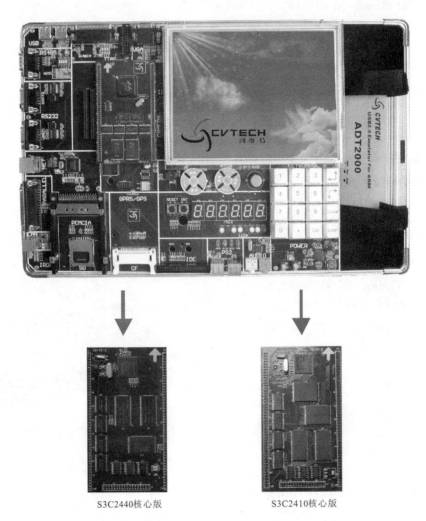

S3C2440核心版　　　　　　　　S3C2410核心版

图3-4　CVT-PXA270-3教学实验箱(标配PXA270处理器,选配S3C2410/2440处理器)

3.3　CVT-PXA270教学实验系统硬件资源

CVT-PXA270教学实验系统的硬件部分包括基本模块、调试模块、通信模块、人机交互模块、"A/D、D/A模块"、工业控制模块、IDE/CF/SD/MMC接口模块、GPRS模块、GPS模块。

1. 基本模块

(1)SDRAM存储器:主板包含64MB SDRAM。由两片16位数据宽度的SDRAM存储器组成,地址从0xa0000000～0xafffffff。

(2)FLASH存储器:主板包含32MB NOR FLASH存储器和8MB NAND FLASH,NOR

FLASH 内部存放启动代码 BootLoader、Linux 内核映象、IIS 测试声音文件等。其数据宽度为 32 位,地址从 0x00000000～0x01ffffff；NAND FLASH 中包含一个 Cramfs 文件系统,在 Linux 中使用。

(3)串行通信口：主板包含 3 个 UART 接口,UART0 和 UART1 用作 RS232 串行接口,UART2 用作 RS485 接口。UART0 在 BootLoader、演示程序、Linux 和多个实验中用于人机交互(通过超级终端)以及文件传输。

(4)IIS 录放音接口：主板有一个可以基于 DMA 操作的 IIS 总线接口,可进行立体声录放音。

(5)I^2C 总线接口：与 24C08 芯片接口,可以存放一些固定的配置数据。

(6)4 个 LED 跑马灯：可独立软件编程。

(7)6 个七段数码管：6 个共阳七段数码管。

(8)外部中断测试：一个按键用于外部中断 0 的测试。

(9)复位按键：按键用于 CPU 复位。

(10)两通道通用 DMA,两通道具有外部请求引脚的外部设备 DMA。

(11)5 个 PWM 定时器和一个内部定时器。

(12)看门狗定时器。

(13)8 通道 10bit ADC。

2. 调试模块

(1)标准 JTAG 接口：20 针标准 JTAG 接口,该接口用于高速仿真调试。

(2)简易 JTAG 调试接口：直连标准计算机并口,调试接口,该接口用于简易仿真调试。

3. 通信模块

(1)以太网通信接口：100M 以太网卡。

(2)USB 接口：一个 USB HOST 接口,可以挂接 U 盘、USB 鼠标、USB 摄像头等 USB 设备。遵循 USB1.1 标准。

(3)标准计算机打印口(并口)。

4. 人机交互模块

(1)显示器/触摸屏：8 英寸,640×480 TFT 16 位真彩 LCD 显示器。

(2)按键：4×4 按键。

(3)PS/2 键盘和鼠标接口。

(4)USB 鼠标和键盘接口。

5. A/D、D/A 模块

10bit A/D、D/A 模块。

6. IDE/CF/SD/MMC 接口模块

(1)标准 IDE 硬盘接口。

(2)标准 CF 卡接口。

(3) SD/MMC 卡接口。

7. GPRS 模块

GPRS 无线通信模块。

8. GPS 模块

GPS 全球定位系统模块。

9. 扩展模块

(1) 100M 以太网卡扩展板。
(2) DSP 接口扩展板。

10. 标准红外接口

3.4 CVT-PXA270 教学实验系统的软件安装

ADS 1.2 的安装过程如下。
(1) 运行 ADS 光盘中的 Setup.exe 程序，出现如图 3-5 所示"提示安装"界面，点击 Next 按钮。

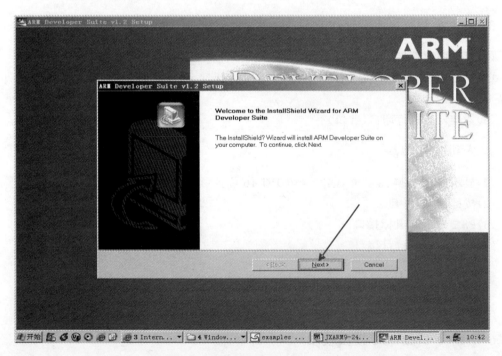

图 3-5　启动安装 ARM Developer Suite

(2) 出现如图 3-6 所示"许可证条款"对话框,点击 Yes 按钮。

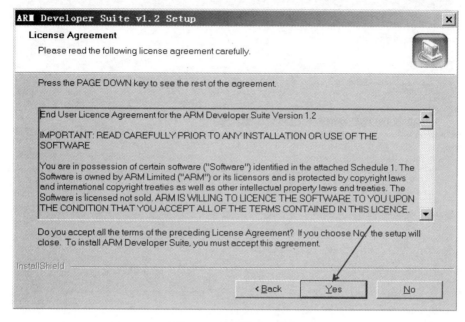

图 3-6 阅读许可证条款

(3) 出现如图 3-7 所示对话框,在 Destination Folder(目标文件夹)中点击 Browse 按钮选择 ADS 1.2 的安装路径,此处选择缺省安装路径,然后选择 Next 按钮。

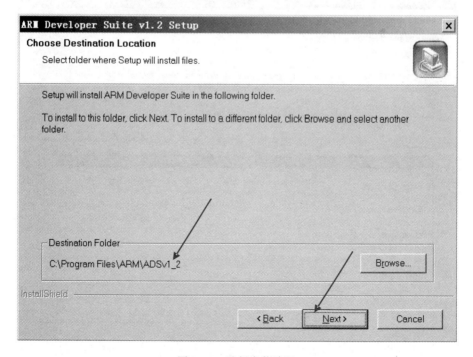

图 3-7 选择安装路径

（4）如图 3-8 所示，选择安装类型，这里选择 Typical（典型安装），然后点击 Next 按钮。

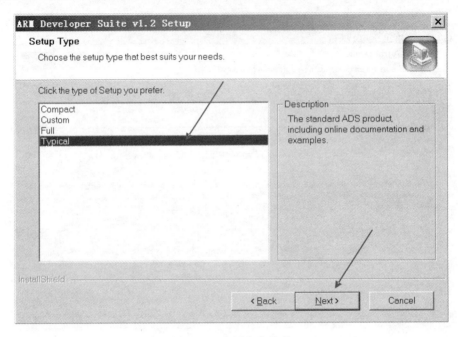

图 3-8　选择安装类型

（5）如图 3-9 所示，选择启动程序的文件夹，点击 Next 按钮。

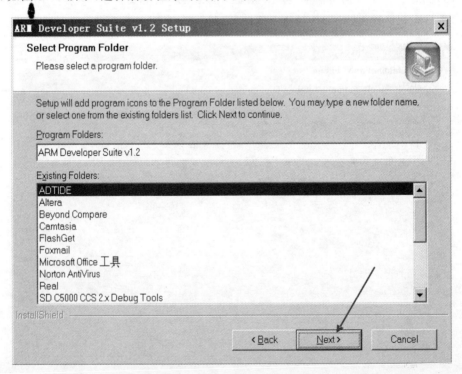

图 3-9　选择启动程序的文件夹

(6) 如图 3-10 所示，选择与 CodeWarrior 关联的文件扩展名，然后点击 Next 按钮。

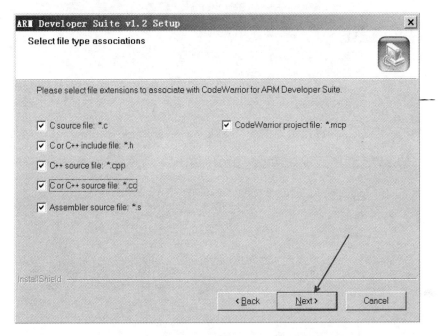

图 3-10　选择与 CodeWarrior 关联的文件扩展名

(7) 如图 3-11 所示，浏览当前所做的安装配置参数，确定无误后，选择 Next 按钮。

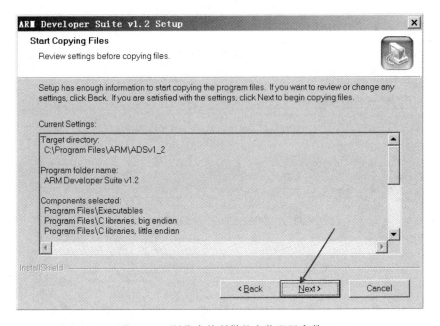

图 3-11　浏览当前所做的安装配置参数

(8) 开始安装，如图 3-12 所示。

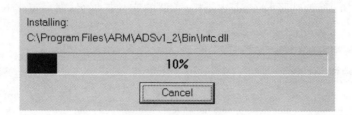

图 3-12　安装进度条

(9)程序安装完成之后,将提示如图 3-13 所示对话框,安装许可证。

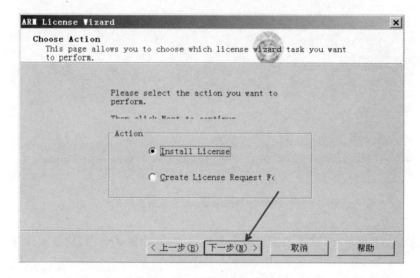

图 3-13　安装许可证提示

(10)点击"下一步",将提示如图 3-14 所示许可证安装方式选择对话框,可选择直接输入许可证码,也可选择使用许可证文件,这里选择后一种方式。

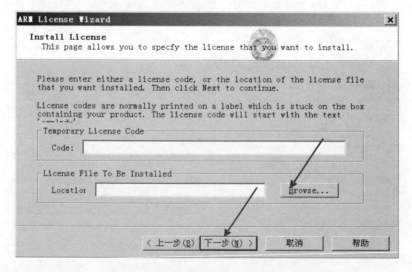

图 3-14　选择许可证安装方式

(11)如图 3-15 所示,在 License File Installation 中点击 Browse 按钮选择 License 文件位置,然后点击"下一步"。

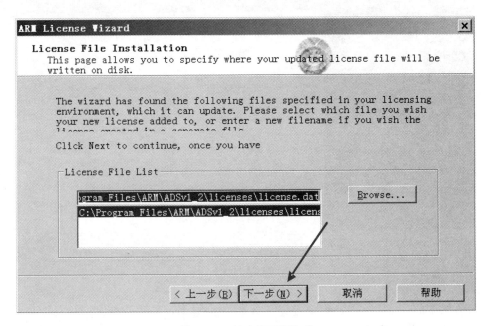

图 3-15 选定许可证文件

(12)如图 3-16 所示,许可证已安装完成,点击"完成"。

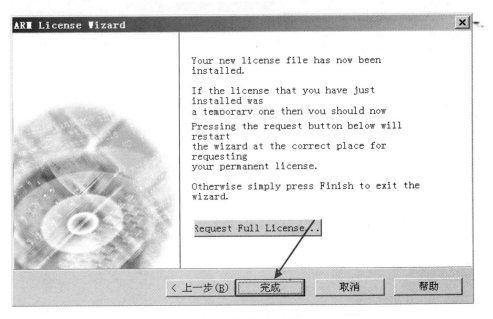

图 3-16 许可证安装完成

(13) 如图 3-17 所示，ADS 已安装完成，点击 Finish 按钮。

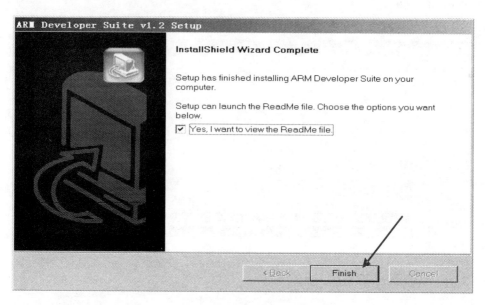

图 3-17　ADS 安装完成

(14) 至此，安装完成，如图 3-18 所示，从开始菜单中选择运行 ADS。

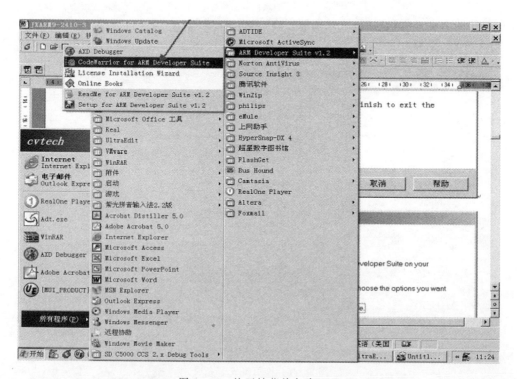

图 3-18　从开始菜单启动 ADS

(15)ADS 运行界面如图 3-19 所示。

图 3-19 ADS 的运行界面

3.5 CVT-PXA270 教学实验系统编程实例

3.5.1 项目文件的建立

(1)安装完 ADS 后,就可以开始创建项目。运行"CodeWarrior for ARM Developer Suite",然后点击 File -> New 菜单,出现如图 3-20 所示的新建项目界面。

(2)创建一个新的项目。如图 3-20 所示,建立一个新的项目,保存在 d:\tmp\leddemo 目录下,项目名称为 leddemo,项目的类型为 ARM Executable Image。最后点击"确定"按钮,将生成 leddemo 项目。

(3)建立一个新的代码文件,输入实验代码并存盘。选择 File 菜单的 New,并选择 File 子页面,如图 3-21 所示。输入保存的文件名称,并选择 Add to project 复选框。

将下面的实验代码输入到该文件中,并点击保存。

实验代码(不断设置跑马灯的值,使其连续变化)如下:

unsigned char led_status=0x00;
void delay(int count)
{

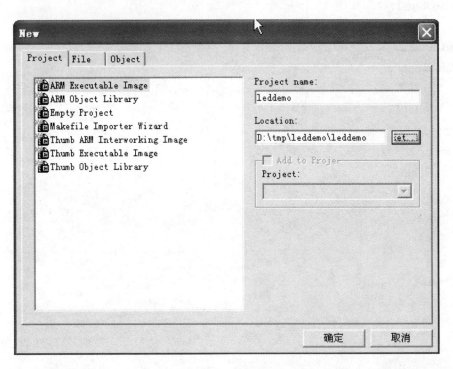

图 3-20 新建项目

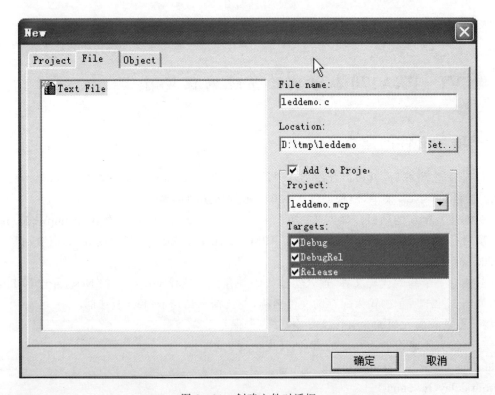

图 3-21 创建文件对话框

```
            while(count --);
}
/*主函数*/
int Main(int argc,char*argv[ ])
{
    while(1)
    {
        *((unsigned char*)0x04005000)=led_status;
        delay(0xffffff);
        led_status++;
    }
return 0;
}
```

(4)添加启动代码。上面的 C 代码正确运行之前必须进行一定的初始化,这部分工作通常由一段汇编代码完成,叫作启动代码,启动代码在实验箱配套光盘的 examples\asm 目录下,请将 examples 目录下的 asm 目录直接拷贝到 d:\tmp\leddemo 目录下,如图 3-22 所示。

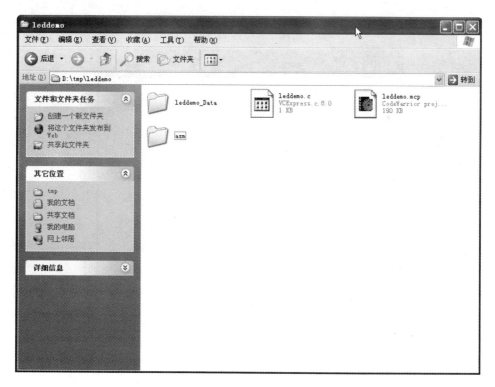

图 3-22 拷贝了 asm 目录(启动代码)以后的项目文件夹

然后选择菜单 Project 的 Add Files,通过文件选择对话框将 D:\tmp\leddemo\asm\start.S 和 D:\tmp\leddemo\asm\xlli_LowLev_Init.s 两个文件选择并加入到项目中,如图 3-23、图 3-24

所示。

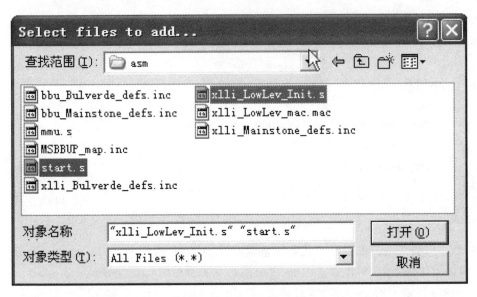

图 3-23 将启动文件添加进项目

图 3-24 选择添加文件的目标

添加 C 文件和启动代码后的项目结构如图 3-25 所示。

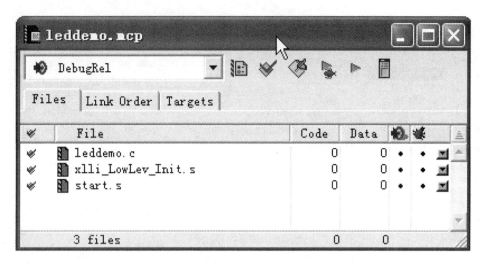

图 3-25　添加 C 语言源文件和启动代码后的项目结构

3.5.2　项目环境配置

由于嵌入式系统的可订制性，使得嵌入式系统软件的设置变得比较复杂，通过设置，我们可以明确地定义软件的代码组织、数据组织、规定程序入口等。

在项目窗口点击 DebugRel Settings 按钮，如图 3-26 所示。

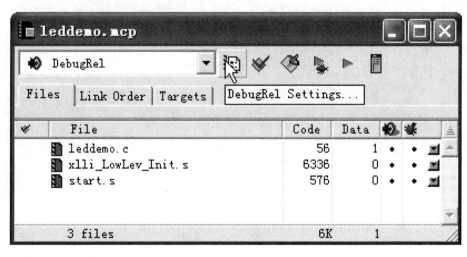

图 3-26　项目设置按钮

将打开图 3-27 的目标设置对话框。

此处必须正确设置程序运行的地址，选择左边的 ARM Linker 选项，在 Output 选项卡的 RO Base 属性中输入 0xa0000000。然后点击 OK 按钮（图 3-28）。

再选择 ARM Linker 页的 Layout 选项卡，在 Object/Symbol 属性中输入 start.o，在 Section

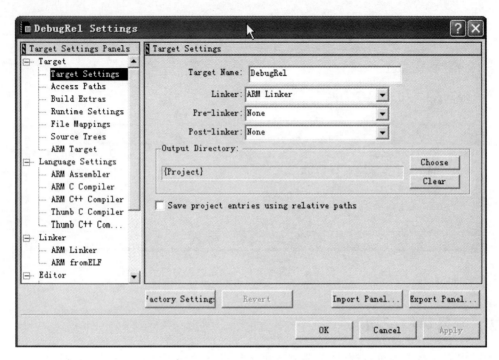

图 3-27 目标设置对话框

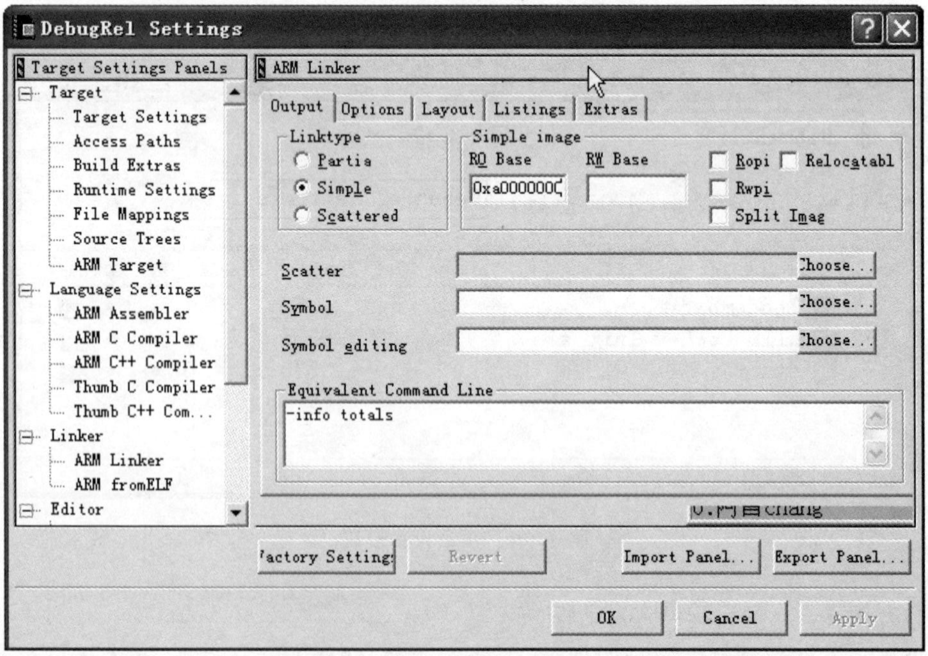

图 3-28 设置 ARM Linker->Output 选项卡中 RO Base 属性

属性中输入 text。然后点击 OK 按钮保存对项目的设置(图 3－29)。

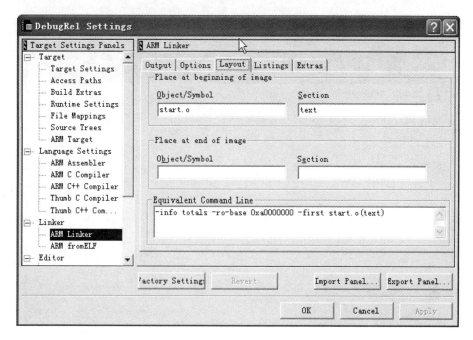

图 3－29　设置 ARM Linker－>Layout 选项卡中的 Object/Symbol 及 Section 属性

3.5.3　项目编译

在项目窗口中点击 Make 按钮(图 3－30)。

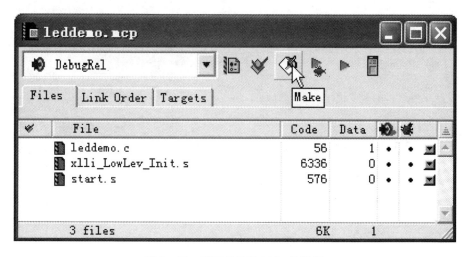

图 3－30　对项目进行 Make 的按钮

如果 Make 成功,将出现已经编译成功的信息提示(图 3－31)。

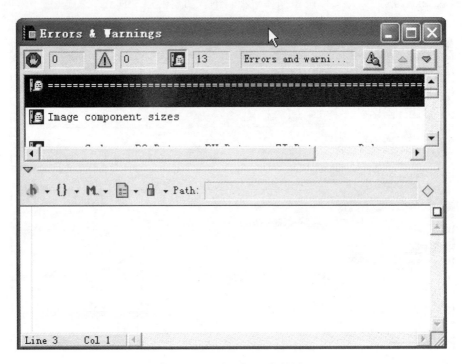

图 3-31　项目 Make 的结果

3.5.4　项目调试

在 leddemo 的项目窗口点击 Debug 按钮(图 3-32)。

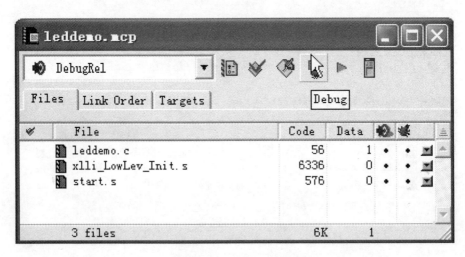

图 3-32　项目调试(Debug)按钮

将打开 AXD 调试器,如图 3-33 所示。

选择 options -->Configure Target...菜单,对目标调试器进行配置(图 3-34)。

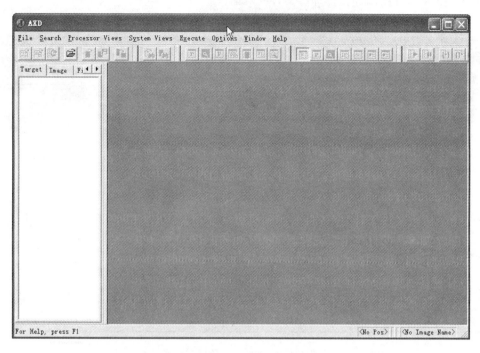

图 3-33 AXD(调试器)窗口

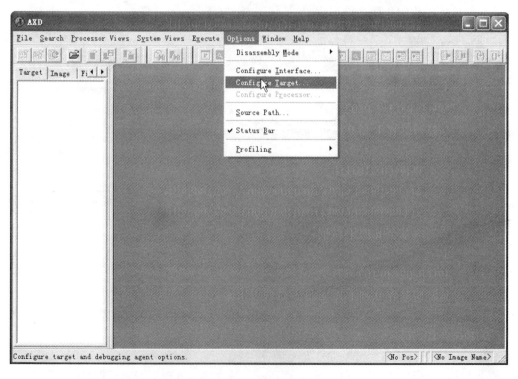

图 3-34 配置目标调试器

图 3-35 是打开的添加目标环境文件的对话框。

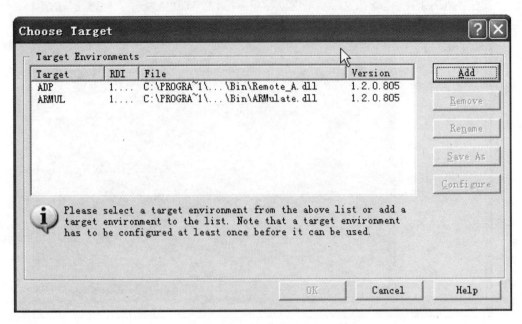

图 3-35 添加目标环境对话框

点击 Add 按钮,选择 C:\adtide\PlugIn\adtrdi.dll 文件,此时的目标就是实验箱,而添加的文件就是访问目标的驱动程序。添加后,界面如图 3-36 所示。

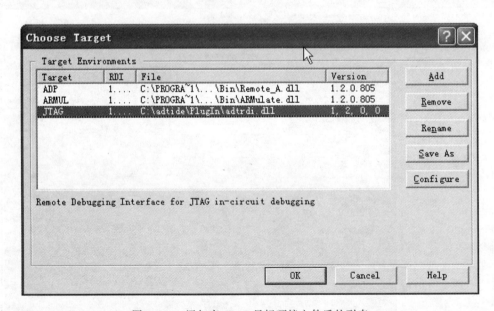

图 3-36 添加完 JTAG 目标环境文件后的列表

选中 JTAG 目标环境,然后点击右边的 Configure 按钮,出现配置对话框(图 3-37)。

图 3-37　目标环境的配置对话框

此处必须正确设置硬件调试方式,处理器要选择 XScale,并选择目标字节序(Target Endian)为 Little,对于其他的选项则请按照不同的硬件连接方式进行选择,下面分别说明。

(1)使用标准并口仿真器连接。计算机并口连接到标准并口仿真器,然后标准并口仿真器又通过 20 针 JTAG 线连接到实验箱的 JTAG 接口,此时实验箱左上方的拨动开关的 3 和 4 必须拨动到 OFF 状态。

如果使用这种方式则此处对话框的 Emulate 处需选择 Standard,Port 则选择正确的计算机并行端口,一般设置为 LPT1。

(2)使用简易并口仿真器连接。计算机并口直接连接到实验箱的 Simple JTAG 接口,此时实验箱左上方的拨动开关的 3 和 4 必须拨动到 ON 状态。

如果使用这种方式则此处对话框的 Emulate 处需选择 Simple,Port 则选择正确的计算机并行端口,一般设置为 LPT1。

(3)使用 USB 仿真器连接。计算机并口连接到标准 USB 仿真器,标准 USB 仿真器然后通过 20 针 JTAG 线连接到实验箱的 JTAG 接口,此时实验箱左上方的拨动开关的 3 和 4 必须拨动到 OFF 状态。

如果使用这种方式,则此处对话框的 Emulate 处请选择 USB,Port 则不用设置。

设置完毕,点击 OK 退出。

然后再点击 OK 退出配置窗口。此时,将自动连接实验箱(在此之前必须将实验箱和仿真器通电),如果以上配置都是正确的,将提示图 3-38 所示的信息。

如果出现这个提示,表示目标系统正确,接下来可以加载程序到目标环境中去,加载程序有两种方式。

(1)方式一:点击 File 菜单的 Load Image...选项并选择 D:\tmp\leddemo\leddemo_Data\DebugRel\led.axf 文件(图 3-39)。

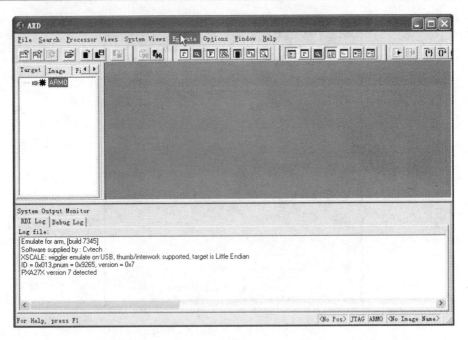

图 3-38 正确设置并连接目标环境后的提示信息

图 3-39 选择加载程序文件

点击"打开"按钮,将打开 AXD 窗口,将自动下载前面编译的 leddemo 程序,如图 3-40 所示。

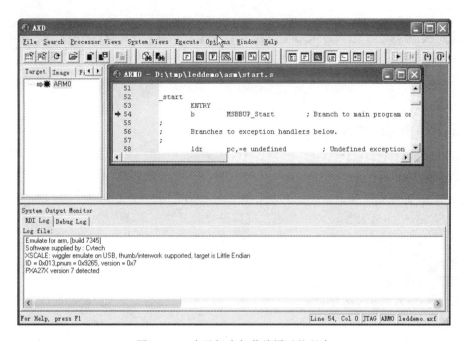

图 3-40　在目标中加载编译过的程序

此时,点击 Execute 菜单的 Go 子菜单两次,将会在目标上运行程序,程序的运行效果为实验箱的 4 个跑马灯交替闪烁。

(2)方式二:不打开 AXD(调试器)窗口,而是直接在 leddemo 的项目窗口点击 Debug 按钮,如图 3-41 所示。在前面配置正确的前提下,将自动下载 leddemo 程序,然后点击 Execute 菜单的 Go 子菜单两次来运行程序,程序的运行效果为实验箱的 4 个跑马灯交替闪烁。

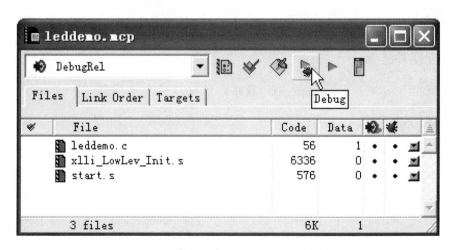

图 3-41　不通过 AXD(调试器)窗口,直接在项目窗口调试和运行程序

第4章　嵌入式系统软件开发基础实验

4.1　ARM开发环境实验

【实验目的】
(1) 了解 ADS 开发环境。
(2) 掌握 ADS ARM 开发环境中基本的项目设置以及程序编译方法。
(3) 掌握 ADS ARM 开发环境中基本的程序调试方法。

【实验内容】
(1) 熟悉 ADS ARM 开发环境。
(2) 建立一个基本的 seg 项目。
(3) 设置并编译 seg 项目。
(4) 调试 seg 项目。

【预备知识】
(1) C 语言的基础知识。
(2) 程序调试的基础知识和方法。

【实验设备】
(1) 硬件：CVT-PXA270 教学实验箱、PC 机。
(2) 软件：PC 机操作系统 Windows 98(2000、XP)+ADS 开发环境。

【基础知识】
本章将以 seg 程序为例讲述在 ADS 集成开发环境下，怎样编写、编译和调试程序。

1. 检查硬件连接

检查实验箱配件是否齐全，包括主板、核心板和 LCD 等。

2. 连接调试器

(1) 当使用 CVT-PXA270 内置简易调试模块时，请将计算机并口与实验箱左上角的 SIMPLE JTAG 并口，通过并口延长线实现连接，红色拨码开关全部打到 ON 位置(向上)。

(2) 当使用 ADS 高级仿真器时，请使用 USB 线，连接计算机 USB 口与仿真器，然后通过 20Pin 的 JTAG 对连线与 CVT-PXA270 的 JTAG 口实现连接，红色拨码开关全部打到 OFF 位置(向下)。

3. 编辑、编译、调试

（1）建立项目。打开 ADS，点击 File ->New 菜单，弹出 New 对话框，如图 4-1 所示。选择 Project 选项卡，在 Project 选项卡中选择调试设备，选择 ARM Executable Image，在 Project name 和 Location 输入框中输入项目名称和路径，请注意路径和项目名中不能包含空格。

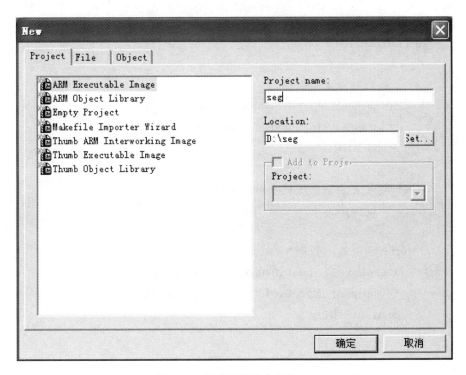

图 4-1　新建项目并命名为 seg

（2）新建一个文件并保存为 d:\seg\seg.c，编辑该文件，添加如下代码：

```
unsigned char seg7table[16]=
{
    /*0       1       2       3       4       5       6       7*/
    0xc0,   0xf9,   0xa4,   0xb0,   0x99,   0x92,   0x82,   0xf8,

    /*8       9       A       B       C       D       E       F*/
    0x80,   0x90,   0x88,   0x83,   0xc6,   0xa1,   0x86,   0x8e,
};

void delay(int count)
{
    while(count --);
}
```

```c
int Main(int argc,char*argv[ ])
{
    int i;
    for( ;; )
    {
        /*数码管从 0 到 F 依次将字符显示出来*/
        for(i=0;i<0x10;i++)
        {
            /*查表并输出数据*/
            *((unsigned char*)0x04006000)=seg7table[i];
            *((unsigned char*)0x04007000)=seg7table[i];
            delay(0xffffff);
        }
        /*数码管从 F 到 0 依次将字符显示出来*/
        for(i=0xf;i>=0x0;i--)
        {
            /*查表并输出数据*/
            *((unsigned char*)0x04006000)=seg7table[i];
            *((unsigned char*)0x04007000)=seg7table[i];
            delay(0xffffff);
        }
    }
    return 0;
}
```

(3)将 seg.c 文件加入到项目 seg 中(图 4-2),在空白区域点击右键,选择菜单 Add Files...。将弹出文件选择对话框,选择 d:\seg\seg.c 文件,并点击"打开"按钮(图 4-3)。

(4)添加启动代码。拷贝 E:\cvtech\pxa270 光盘\examples\asm 文件夹下的 start.s 和 xlli_LowLev_Init.s 到 d:\seg\目录下。然后将 start.s 和 xlli_LowLev_Init.s 文件加入到项目 seg 中。

start.s 为程序入口文件,该文件必须通过第 5 步设置 ARM Linker 页面的 Layout 选项卡 Place at beginning of image 才有效。

(5)在工作区窗口中的工具栏中点击 按钮(Debug Settings——调试设置)。弹出调试设置对话框,在 Target -> Target Settings 页的 Post-linker 选项中选择 ARM fromELF(图 4-4),表明产生一个可执行文件。

在左边 Language Settings 中的 5 个子选项卡中选择 ARM 芯片类型及配置。本例中,在 Language Settings -> ARM Assembler(ARM 汇编器)页的 Target 选项卡中,在 Archtecture or Processor 选项中选择 ARM10TDMI,其余选项保持默认值(图 4-5)。

在 Language Setting -> ARM C Complier 页中也做同样配置。

在 Linker -> ARM Linker 页的 Output 选项卡中,RO Base 设置用来指定代码在 SDRAM 的

第 4 章 嵌入式系统软件开发基础实验 · 51 ·

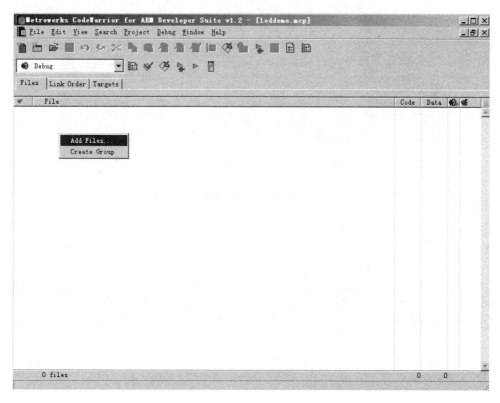

图 4-2 加入 seg.c 源文件到 seg 项目

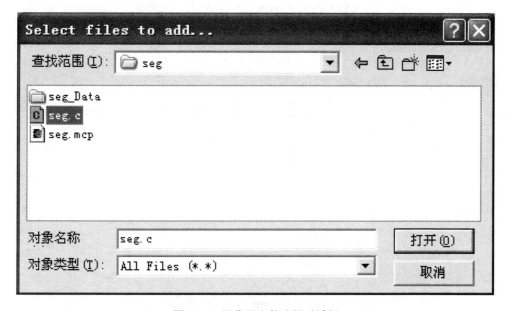

图 4-3 源代码文件选择对话框

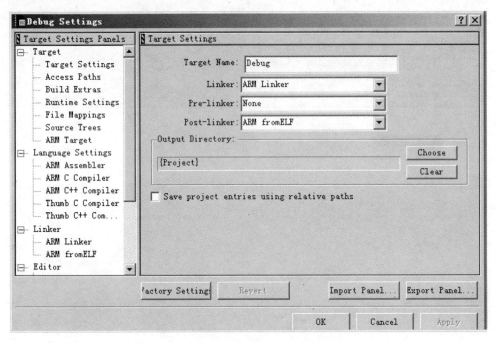

图 4-4 Target 设置

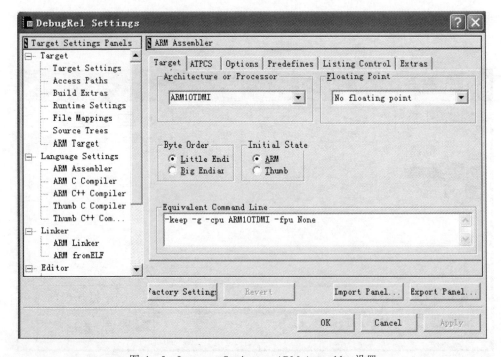

图 4-5 Language Settings -> ARM Assembler 设置

位置,由于试验箱 SDRAM 的起始地址为 0xA0000000,因此,这里 RO Base 设置为 0xA0000000(保证在 SDRAM 的范围内)(图 4-6)。

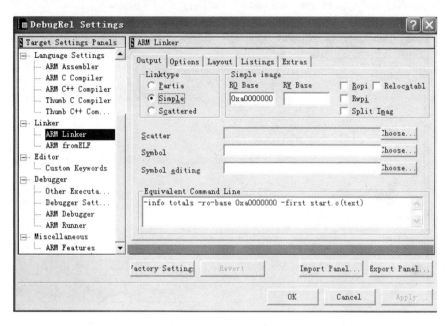

图 4-6　Linker -> ARM Linker -> Output 中的 RO Base 设置

Linker -> ARM Linker 页的 Options 选项卡中也要做一些相应的设置(图 4-7)。

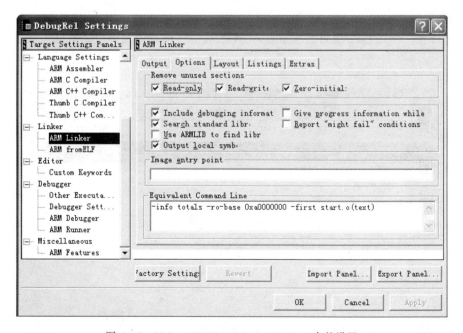

图 4-7　Linker -> ARM Linker -> Options 中的设置

Linker->ARM Linker 页的 Layout 选项卡的 Place at beginning of image 设置程序的入口模块,指定在生成的代码中,程序从哪一段代码开始执行,这里 Object/Symbol 设置为 start.o,Section 设置为 text。也就是说,程序从目标文件 start.o 的 text 段开始执行(图 4-8)。

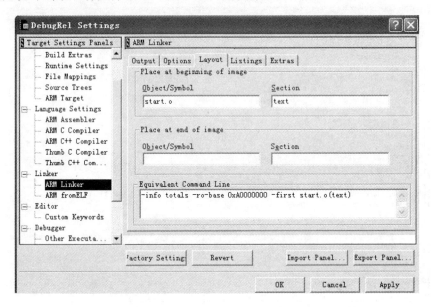

图 4-8 Linker->ARM Linker->Layout 中设置入口文件

项目设置完成后,点击 OK 保存配置。

(6)拷贝 E:\cvtech\pxa270 光盘\examples\asm 文件夹中所有*.inc 文件以及*.mac 文件到 D:\seg 文件夹下。

在工作区窗口中的 seg 项目菜单上点击 工具编译项目。编译成功后结果如图 4-9 所示。

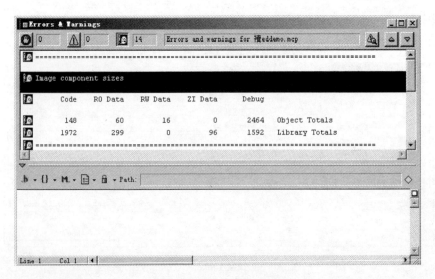

图 4-9 seg 项目的编译结果

（7）连接仿真器到 CVT-PXA270 JTAG 连接。并将调试器和 CVT-PXA270 通电，然后点击 工具进行连接。此时 ADS 自动切换为 AXD，进入调试状态。

选择 AXD 菜单栏 Options 中的 Configure Target 选项。

单击"ADD"，选择 C:\adtide\PlugIn 下的 adtrdi.dll 文件，添加成功后，出现 JATG 选项。选择 JATG，然后在对话框中单击 Configure，出现如图 4-10 所示的对话框。

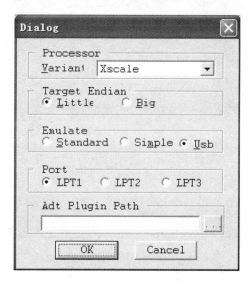

图 4-10 连接方式设置

正常连接结果如图 4-11 所示。

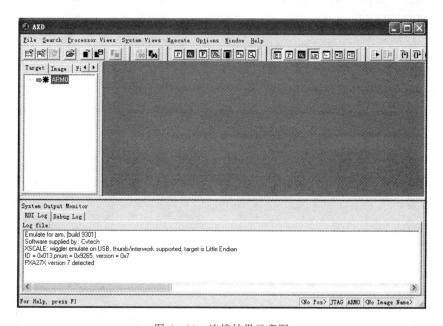

图 4-11 连接结果示意图

(8)点击 File -> Load Image,下载程序到 SDRAM 中,如图 4-12 所示。

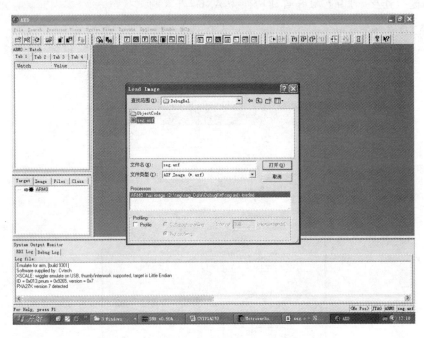

图 4-12 选择程序下载到 SDRAM 中

下载成功后,将显示入口点的源代码,如图 4-13 所示。

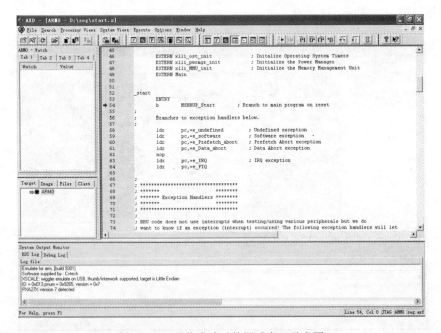

图 4-13 下载成功后的调试窗口示意图

第 4 章 嵌入式系统软件开发基础实验

(9)运行程序。点击两次 Execute -> Go 菜单项,运行该程序,如果运行正常,CVT-PXA270 上数码管依次点亮,如图 4-14 所示。

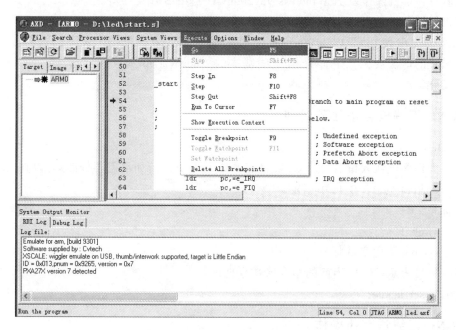

图 4-14 运行程序

(10)点击 Execute -> Stop 停止程序运行。

【实验步骤】
(1)认真阅读上节内容,并按照提示动手做一个 seg 项目。
(2)编译 seg 项目。
(3)调试 seg 项目,并学习使用 step into、step over、step out 等调试功能。

【实验报告要求】
(1)简述在 ADS 集成开发环境下编写 seg 的基本过程。
(2)简述 ARM 仿真器包括哪些基本的调试手段?

4.2 ARM 汇编语言编程实验

【实验目的】
掌握基本的 ARM 汇编语言编程方法。

【实验内容】
用汇编语言编写一个程序实现如下目的:从源地址拷贝 num 个字(num×4 个字节)的数据到目的地址 dst 中。

【预备知识】
(1)ARM 汇编语言基础知识。
(2)CVT-PXA270 中编译和调试程序的方法。

【实验设备】

(1)硬件:CVT-PXA270教学实验箱、PC机。

(2)软件:PC机操作系统 Windows 98(2000、XP)+ADS 开发环境。

【基础知识】

ADS/SDT IDE 使用了 CodeWarrior 公司的编译器。在 ADS 中编写的程序必须符合 CodeWarrior 的语法规则。下面介绍一些基本的 CodeWarrior 汇编知识以及本实验用到的 ARM 汇编指令。

1. GNU 汇编语言语法及规则

(1)_start。

_start 为程序默认入口点,代码段默认起始地址为 0x800,如果需要修改,可以在 ARM Linker 选项卡 Output 页 RO Base 中指定。

(2)标号。

语法:symbol

symbol 为定义的标号。

说明:标号表示程序中当前的指令或数据地址。

示例:ResetHandler。

2. GNU 汇编语言伪操作

(1)EQU 伪操作符。

语法:Symbol EQU expr。Symbol 为指定的标识符,它可以是前面定义过的符号。Expr 为数字常量(如寄存器地址值、32 位的地址常量或位的常量)或程序中的标号。

说明:EQU 伪操作符的作用是为数字常量、基于寄存器的值和程序中的标号定义一个字符名称,相当于 C 语言中的宏定义。

示例:USERMODE   EQU   0x10。

(2)EXPORT 伪操作符。

语法:EXPORT symbol。Symbol 为声明的符号的名称,它是区分大小写的。

说明:该操作符声明一个可以被其他文件引用的全局符号,相当于 C 语言中的全局变量。

示例:EXPORT   Main。

(3)AREA 伪操作符。

语法:AREA 段名 属性 1,属性 2……

说明:AREA 伪指令用于定义一个代码段或数据段。其中,段名若以数字开头,则该段名需用"|"括起来,如|1_test|。

属性字段表示该代码段(或数据段)的相关属性,多个属性用逗号分隔。常用的属性如下:

——CODE 属性:用于定义代码段,默认为 READONLY。

——DATA 属性:用于定义数据段,默认为 READWRITE。

——READONLY 属性:指定本段为只读,代码段默认为 READONLY。

——READWRITE 属性:指定本段为可读可写,数据段的默认属性为 READWRITE。

——ALIGN 属性:使用方式为 ALIGN 表达式。在默认时,ELF(可执行连接文件)的代码段和数据段是按字对齐的,表达式的取值范围为 0~31,若表达式记为 n,则相应的对齐方式为 2^n。

——COMMON 属性:该属性定义一个通用的段,不包含任何的用户代码和数据。各源文件中同名的 COMMON 段共享同一段存储单元。

一个汇编语言程序至少要包含一个段。

示例:AREA Init,CODE,READONLY。

该伪指令定义了一个代码段,段名为 Init,属性为只读。

(4)END 伪操作符。

语法:END。

说明:该操作符标记当前汇编文件的结束行,即标号后的代码不作处理。

示例:END。

(5)ENTRY 伪操作符。

语法:ENTRY。

说明:ENTRY 伪指令用于指定汇编程序的入口点。

示例:ENTRY。

3. 存储器访问指令

(1)LDR 和 STR 指令。

说明:LDR/STR 指令用于加载寄存器和存储寄存器。它们的使用比较复杂,本实验仅仅列举了本实验用到的一些使用方法。

示例:

LDR　　r3,[r0],#4　　/*从 r0 表示的地址中读取数据保存到 r3 中,然后将 r0 加 4*/
STR　　r3,[r1],#4　　/*将 r3 中的数据保存到 r1 表示的地址中,然后将 r1 加 4*/

(2)LDMIA 和 STMIA 指令。

说明:LDM/STM 指令用于加载多个寄存器和存储多个寄存器。它们的使用比较复杂,本实验仅仅列举了本实验用到的一些使用方法。

示例:

LDMIA r0!,{r4-r11}/*从 r0 表示的地址中取出 8 个字数据分别存放到 r4-r11 中*/
STMIA r1!,{r4-r11}/*将 r4-r11 中的数据设置到 r1 表示的地址中*/

4. 程序分支指令

B 指令:为 ARM 分支指令,将引起处理器转移到指定标号处执行。

示例:B　　　Label　　/*处理器转移到 Label 标号处执行*/
　　　BEQ　　stop　　　/*Z 标记置位则跳转到 stop 标号处执行,否则继续下一条指令*/
　　　BNE　　octcopy　/*Z 标记清零则跳转到 octcopy 标号处执行,否则继续下一条指令*/

5. 其他指令

(1)SUBS 指令。

说明:该指令由 SUB 指令加上 S 后缀组成,S 后缀标志根据执行结果更新条件标志码。

示例:SUBS　　r3,r3,#1　　　/*如果 r3 等于 0,则 Z 位清零*/
(2)MOVS 指令。
说明:该指令由 MOV 指令加上 S 后缀组成,S 后缀标志根据执行结果更新条件标志码。
示例:MOVS　　r3,r2,LSR#3　　/*将 r2 右移 3 位即除以 8,然后赋值给 r3*/
【实验步骤】
(1)参照"4.1ARM 开发环境实验"内容,动手做一个 asse1 项目。
(2)设置项目。依照实验一设置,不同的是 ARM Linker -> Output -> Object/Symbol 项和 ARM Linker -> Output -> Section 项中分别为 asse1.o 和 Block,这是因为该例中入口程序为 asse1.o 文件,Block 为该文件中 AREA 指定的代码段,如图 4-15 所示。

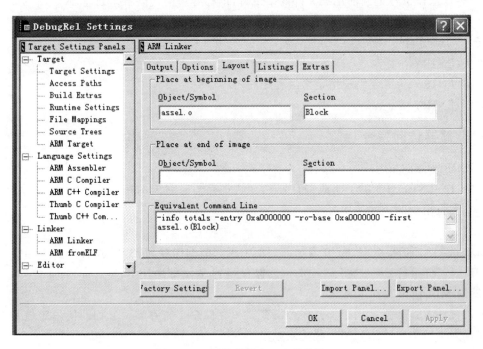

图 4-15　汇编程序入口文件设置

(3)新建 asse1.S 文件,并参考如下代码编辑该文件。
;/*
;*汇编语言编写实验
;*该程序实现从源地址拷贝 num 个字数据即 num×4 个字节的内容到目的地址 dst 中
;*/

　　　AREA Block,CODE,READONLY

num EQU 20
　　　ENTRY;程序入口地址,传递参数并设置堆栈
_start

```
        LDR     r0,=src         ;r0=源数据块地址
        LDR     r1,=dst         ;r1=目的数据块地址
        MOV     r2,#num         ;r2=拷贝字数量
        MOV     sp,#0xa3000000  ;建立栈指针(r13)
;/*
;*块拷贝:以32个字节(8个字)为单位进行拷贝
;*使用指令:LDMIA,STMIA
;*/
blockcopy
        MOVS    r3,r2,LSR#3;    /*r3=r2/8=2(num=20)*/
        BEQ     copywords  ;    /*少于8个字则跳转到copywords处理*/

        STMFD   sp!,{r4-r11};   /*保存工作寄存器*/
octcopy
        LDMIA   r0!,{r4-r11};   /*从源地址取出8个字数据分别存放到r4~r11中*/
        STMIA   r1!,{r4-r11};   /*将r4~r11中的数据设置到目的数据块地址*/
        SUBS    r3,r3,#1   ;    /*计数器累加*/
        BNE     octcopy    ;    /*重复拷贝*/

        LDMFD   sp!,{r4-r11};   /*回复工作寄存器*/

;/*
;*字拷贝:以4个字节(1个字)为单位进行拷贝
;*使用指令:LDR,STR
;*/
copywords
        ANDS    r2,r2,#7   ;    /*最多拷贝7个,多余8个先使用blockcopy然后使用
                                  copywords拷贝*/
        BEQ     stop       ;    /*是否拷贝完毕,拷贝完毕则跳转到stop*/
wordcopy
        LDR     r3,[r0],#4 ;    /*从源地址取出1个字数据存放到r3中*/
        STR     r3,[r1],#4 ;    /*将r3中的数据设置到目的数据地址*/
        SUBS    r2,r2,#1   ;    /*计数器累加*/
        BNE     wordcopy   ;    /*重复拷贝*/

stop
        B       stop       ;    /*死循环,程序结束*/

;/*
```

```
;*文字池:定义源地址数据以及目标地址
;*/

src
    DCB    1,2,3,4,5,6,7,8,1,2,3,4,5,6,7,8,1,2,3,4
dst
    DCB    0,0,0,0,0,0,0,0,0,0,0,0,0,0,0,0,0,0,0,0

    END
```

(4)将 asse1.S 文件加入到项目 asse1 中。

(5)编译 asse1 项目。

(6)调试 asse1 项目,下载程序后,单步执行程序,执行过程中打开寄存器观察窗口和存储器观察窗口观察寄存器 r0、r1 所对应地址的存储器的变化,并理解各条汇编指令。

【实验报告要求】

(1)在 CVT-PXA270 教学实验箱中调试该程序。

(2)编写程序分别实现 C 语言中 memset 和 memcmp 的功能。

4.3 C语言与汇编语言编程实验

【实验目的】

(1)掌握在 ADS 中编写汇编和 C 语言混合编程程序。

(2)掌握 C 语言和汇编语言相互调用的过程。

(3)掌握 C 中内嵌汇编语言的编程方法。

【实验内容】

编写程序实现如下目的:从汇编语言切换到 C 语言代码,然后在 C 代码中分别使用内嵌汇编语言和汇编子函数的方法实现同一功能。

【预备知识】

(1)ARM 汇编语言基础知识。

(2)C 语言基础知识。

(3)程序调试的基础知识和方法。

【实验设备】

(1)硬件:CVT-PXA270 教学实验箱、PC 机。

(2)软件:PC 机操作系统 Windows 98(2000、XP)+ADS 开发环境。

【基础知识】

在 ARM 编程中,一个程序往往采用汇编语言和 C 语言混合编程。本实验的目的就是为了讲解 ARM 中 C 语言和汇编语言混合编程的方法。

1. 汇编语言切换到 C 语言的方法

C 语言中定义的函数名在汇编语言中可以作为标号使用,因此,在汇编语言中可以使用程序分支指令直接转移到 C 语言中定义的标号（函数）中。如下代码实现从汇编语言跳转到 C 语言的 Main 函数中。

汇编代码：
_start:
    MOV   sp,#0xa3000000   /*建立栈指针(r13)*/
    B   Main   /*跳转到 C 语言程序*/

C 代码：
void Main() {   }

2. 汇编语言中函数的实现

ARM 编程中不同语言的程序只要遵守 ATPCS 规则就可以实现不同语言间的相互调用。程序间的相互调用最主要的是解决参数传递问题。应用程序之间使用中间寄存器及数据栈来传递参数，其中，第 1～4 个参数使用 r0～r3 传递，多于 4 个参数则使用数据栈进行传递。输出参数由 r0 传递。下面的代码就是用汇编语言写的一个简单函数。

asse_add:
    ADD   r0,r0,r1   /*r0=r0+r1*/
    MOV   pc,lr   /*函数返回*/

它相当于如下声明的 C 语言函数：int asse_add(int x,int y);在汇编语言中可以使用 BL asse_add 指令调用该函数。输入时,r0 为 x 参数,r1 为 y 参数,输出 r0,该函数实现功能很简单，返回参数 x 与 y 的和。

3. C 语言调用汇编文件中的函数

以上面的 asse_add 函数为例,在 C 语言中声明该函数在别的文件中实现：
extern int asse_add(int x,int y);
然后就可以像调用 C 函数一样调用该函数：
x=asse_add(10,20);

4. C 语言中内嵌汇编语言

GCC 支持大部分基本的内嵌汇编语言。如下示例为 C 语言中采用内嵌汇编语言的方式实现 asse_add 相同的功能。

int embed_add(int x,int y)
  { __asm("add r0,r0,r1"); }

【实验步骤】
(1)新建一个项目 asse2。
(2)新建 asse2.S 文件,并参考如下代码编辑该文件。
;/*
;*汇编语言编写实验
;*该程序演示 C 语言和汇编语言的相互调用方法
;*/

```
        IMPORT    Main
        EXPORT    asse_add
        AREA      Block,CODE,READONLY
```

```
;/*
;*程序入口地址,传递参数并设置堆栈
;*/
        ENTRY
_start
        LDR    sp,=0xa3000000      ;    /*建立栈指针(r13)*/
        B      Main                ;    /*跳转到C语言程序*/
;/*
;*int asse_add(int x,int y);
;*/
asse_add
        ADD    r0,r0,r1            ;    /*r0=r0+r1*/
        MOV    pc,lr               ;    /*函数返回*/
        END
```

(3)新建 main.c 文件,并参考如下代码编辑该文件。

```c
/*
*C语言演示程序
*/
extern int asse_add(int x,int y);
int embed_add(int x,int y);
void Main(int argc,char*argv[ ])
{
    int x;
    int y;
    while(1)
    {   /*调用汇编函数 asse_add*/
        x=asse_add(10,20);
        y=embed_add(10,20);
    }
}
int embed_add(int x,int y)
{
    int a;
    __asm
        {
```

```
        ADD   r0,r0,r1
        MOV   a,r0
    }
    return a;
}
```

(4) 将 asse2.S 和 main.c 文件加入项目 asse2。

(5) 设置项目:依照实验一设置,不同的是 ARM Linker -> Output -> Object/Symbol 项和 ARM Linker -> Output -> Section 项中分别为 asse2.o 和 Block,这是因为该例中入口程序为 asse2.o 文件,Block 为该文件中 AREA 指定的代码段(图 4-16)。

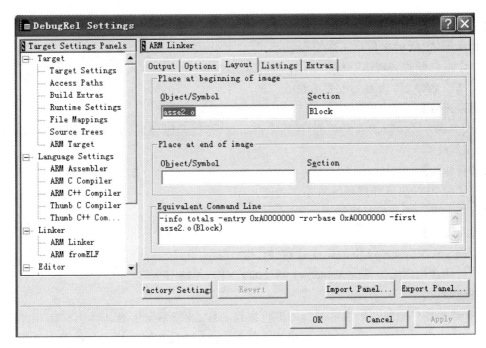

图 4-16 C 和汇编混合编程入口文件设置

(6) 编译 asse2 项目。

(7) 调试 asse2 项目,下载程序后,单步执行程序,执行过程中打开寄存器观察窗口和变量观察窗口观察 Main 函数中 x、y 值的变化。

【实验报告要求】

在 CVT-PXA270 教学实验箱中调试该程序。

第 5 章　接口原理实验

5.1　串口通信实验

【实验目的】
(1)掌握 ARM 的串行口工作原理。
(2)学习并编程实现 ARM 的 UART 通信。
(3)掌握 PXA270 寄存器配置方法。

【实验内容】
实现查询方式串口的收发功能,接收来自串口(通过超级终端)的字符并将接收到的字符发送到超级终端。

【预备知识】
(1)了解 ADS 集成开发环境的基本功能。
(2)学习串口通信的基本知识。

【实验设备】
(1)硬件:CVT-PXA270 教学实验箱、PC 机。
(2)软件:PC 机操作系统 Windows 98(2000、XP)+ADS 开发环境。

【基础知识】
串行通信接口电路一般由可编程的串行接口芯片、波特率发生器、EIA 与 TTL 电平转换器以及地址译码电路组成。采用的通信协议有两类:异步协议和同步协议。随着大规模集成电路技术的发展,通用的同步(USRT)和异步(UART)接口芯片种类越来越多,它们的基本功能是类似的。采用这些芯片作为串行通信接口电路的核心芯片,会使电路结构比较简单。下面介绍了异步串行通信的基本原理、串行接口的物理层标准以及 PXA270 串行口控制器。

1. 异步串行通信

异步串行方式是将传输数据的每个字符一位接一位(例如先低位、后高位)地传送。数据的各不同位可以分时使用同一传输通道,因此串行 I/O 可以减少信号连线,最少用一对线即可进行。接收方对于同一根线上一连串的数字信号,首先要分割成位,再按位组成字符。为了恢复发送的信息,双方必须协调工作。在微型计算机中大量使用异步串行 I/O 方式,双方使用各自的时钟信号,而且允许时钟频率有一定误差,因此实现较容易。但是由于每个字符都要独立确定起始和结束(即每个字符都要重新同步),字符和字符间还可能有长度不定的空闲时间,因此效率较低。

图 5-1 给出异步串行通信中一个字符的传送格式。开始前,线路处于空闲状态,送出连续"1"。传送开始时首先发一个"0"作为起始位,然后出现在通信线上的是字符的二进制编码

数据。每个字符的数据位长可以约定为 5 位、6 位、7 位或 8 位,一般采用 ASCII 编码。后面是奇偶校验位,根据约定,用奇偶校验位将所传字符中为"1"的位数凑成奇数个或偶数个;也可以约定不要奇偶校验,这样就取消奇偶校验位。最后是表示停止位的"1"信号,这个停止位可以约定持续 1 位、1.5 位或 2 位的时间宽度。至此,一个字符传送完毕,线路又进入空闲,持续为"1"。经过一段随机的时间后,下一个字符开始传送才又发出起始位。每一个数据位的宽度等于传送波特率的倒数。微机异步串行通信中,常用的波特率为 110、150、300、600、1 200、2 400、4 800、9 600 等。

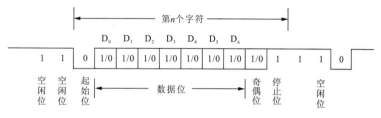

图 5-1 串行通信字符格式

2. 串行接口的物理层标准

通用的串行 I/O 接口有许多种,现就最常见的两种标准作简单介绍。

(1)EIA RS-232C。这是美国电子工业协会推荐的一种标准(Electronic Industries Association Recoil-mended Standard)。它在一种 25 针接插件(DB-25)上定义了串行通信的有关信号。这个标准后来被世界各国所接受并使用到计算机的 I/O 接口中。

在实际异步串行通信中,并不要求用全部的 RS-232C 信号,许多 PC/XT 兼容机仅用 15 针接插件(DB-15)来引出其异步串行 I/O 信号,而 PC 中更是大量采用 9 针接插件(DB-9)来担当此任。图 5-2 分别给出了 DB-25 和 DB-9 的引脚定义,表 5-1 列出了引脚的名称以及简要说明。

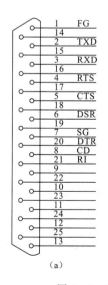
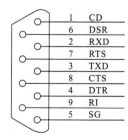

(a)   (b)

图 5-2 DB-25(a)和 DB-9(b)引脚定义

表 5-1 引脚说明

引脚名称	全称	说明
FG	Frame Ground	连到机器的接地线
TXD	Transmitted Data	数据输出线
RXD	Received Data	数据输入线
RTS	Request to Send	要求发送数据
CTS	Clear to Send	回应对方发送的 RTS 的发送许可,告诉对方可以发送
DSR	Data Set Ready	告知本机在待命状态
DTR	Data Terminal Ready	告知数据终端处于待命状态
CD	Carrier Detect	载波检出,用以确认是否收到 Modem 的载波
SG	Signal Ground	信号线的接地线(严格地说是信号线的零标准线)
RI	Ring Indicator	振铃指示

图 5-3 给出了两台微机利用 RS-232C 接口通信的两种基本连接方式。

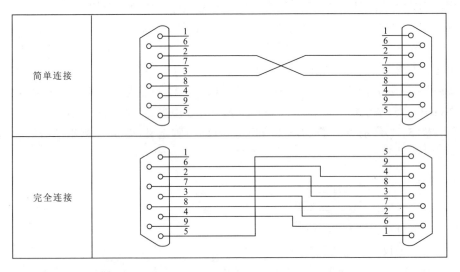

图 5-3 RS-232 连线图

(2)信号电平规定。RS-232C 规定了双极性的信号逻辑电平,它是一套负逻辑定义:-3V 到-25V 之间的电平表示逻辑 1;+3V 到+25V 之间的电平表示逻辑 0。

以上标准称为 EIA 电平。PC/XT 系列使用的信号电平是-12V 和+12V,符合 EIA 标准,但在计算机内部流动的信号都是 TTL 电平,因此,这中间需要用电平转换电路。常用专门的 RS-232 接口芯片,如 SP3232、SP3220 等,在 TTL 电平和 EIA 电平之间实现相互转换。PC/XT 系列以这种方式进行串行通信时,在波特率不高于 9 600bps 的情况下,理论上通信线的长度限制为 15m。

3. PXA270 串行口控制器

PXA270 提供 4 个异步串行口控制器：全功能 UART(FFUART)、蓝牙 UART(BTUART)、标准 UART(STUART)以及硬件 UART(HWUART)。每个控制器有 64 字节的发送 FIFO(先入先出寄存器)和 64 字节的接收 FIFO。

每个串口包括一个 UART 和一个慢速红外传输编码器和接收解码器，兼容红外串口物理层连接规范。每个 UART 将从外部设备或者 Modem 中接收的数据进行串—并转换，而将从处理器接收的数据进行并—串转换。在操作过程中，处理器可以读每个 UART 的状态信息，这些信息包括传送操作的类型和条件、错误条件。

PXA270 的串口可以使用 FIFO 模式或者非 FIFO 模式操作。在 FIFO 模式，64 字节的发送 FIFO 保持从处理器来的数据，直到这些数据发送到串行线路；而 64 字节的接收 FIFO 保存从串行线路接收的数据直到这些数据被处理器读出。在非 FIFO 模式，发送 FIFO 和接收 FIFO 均无效。

每个 UART 包括一个可编程的波特率产生器。它可以获取固定的 14.745 6MHz 输入时钟并将其分频，分频因子从 1 到 $(2^{16}-1)$。对于 FFUART 和 STUART，分频因子从 4 到 $(2^{16}-1)$。波特率产生器输出频率 16 倍于波特率。分频因子保存于两个 8bit 特殊功能寄存器中。在使用串口之前必须对该寄存器进行初始化。

波特率的大小由下面的公式决定：

$$波特率 = 14.745\ 6MHz/(16 \times 分频因子)$$

例如：如果分频因子为 24，则波特率为 38 400bps 时：

$$波特率 = 14.745\ 6MHz/(16 \times 24) = 38\ 400bps$$

与 UART 有关的寄存器主要有以下几个，关于寄存器的详细说明请参考 PXA270 的数据手册。

(1)接收缓冲寄存器 RBR。该寄存器为只读寄存器。在非 FIFO 模式，该寄存器存放接收到的数据。在 FIFO 模式，该寄存器存放 FIFO 头部的数据。

(2)传输保持寄存器 THR。该寄存器为只写寄存器。在非 FIFO 模式，该寄存器保持将被传输的数据，当传输状态寄存器为空时，该数据被发送。在 FIFO 模式，对该寄存器的写操作将数据加入到 FIFO 中，当传输状态寄存器为空时，FIFO 头部的数据被发送。

(3)分频因子设置寄存器 DLL 和 DLH。这两个 8 位寄存器分别用于设置分频因子的低 8 位和高 8 位数据。

(4)中断使能寄存器 IER。

(5)中断标识寄存器 IIR。

(6)FIFO 控制寄存器 FCR。

(7)线路控制寄存器 LCR。

(8)线路状态寄存器 LSR。

4. 实验参考代码及说明

串口在嵌入式系统中是一个重要的资源，常用来作输入输出设备，在后续的实验中，我们也将使用它的这个功能。

串口的基本操作有 3 个:串口初始化、发送数据和接收数据,这些操作都是通过访问上节中描述的串口控制寄存器进行,下面将分别说明。

(1)串口初始化。

```
void uart_init(unsigned int uart_base,unsigned int baud)
{
   int count;

   rReg(uart_base+bbu_UAIER_offset)=0;   /*Zero out Interrupt Enable Register*/
   rReg(uart_base+bbu_UAFCR_offset)=0;   /*Zero out FIFO Control Register*/
   rReg(uart_base+bbu_UALCR_offset)=0;   /*Zero out Line Control Register*/
   rReg(uart_base+bbu_UAMCR_offset)=0;   /*Zero out Modem Control Register*/
   rReg(uart_base+bbu_UAISR_offset)=0;   /*Zero out IR bit register*/
   rReg(uart_base+bbu_UAMSR_offset)=0;   /*Read MSR once to clear bits*/

   rReg(uart_base+bbu_UALCR_offset)=0x83;
   /*Set up divisor latch bit(DLAB),8 bit character,no parity,1 stop bit*/
   rReg(uart_base+bbu_UADLL_offset)=baud;   /*set baud rate*/
   rReg(uart_base+bbu_UADLH_offset)=0;      /*Insure high baud rate byte is zero*/
   rReg(uart_base+bbu_UALCR_offset)&=~bbu_DLAB;  /*Clear DLAB bit*/

   rReg(uart_base+bbu_UAFCR_offset)=0x07;
   /*This value will clear the TX and RX FIFOs and enabale the FIFOs for use.*/

   rReg(uart_base+bbu_UAIER_offset)=0x40;   /*enable the UART*/

   count  =0x10000;
   while(count--);

}
```

(2)发送数据。

```
void uart_putchar(unsigned int uart_base,unsigned char data)
{
    while((rReg(uart_base+bbu_UALSR_offset)&(bbu_TDRQ|bbu_TEMT))!=(bbu_TDRQ|bbu_TEMT));
    rRegByte(uart_base+bbu_UATHR_offset)=data;
}
```

(3)接收数据。

```
unsigned char uart_getchar(unsigned int uart_base)
{
```

```
          while((rReg(uart_base+bbu_UALSR_offset)&bbu_DR)==0);

          return rRegByte(uart_base+bbu_UARBR_offset);
}
```
(4)主函数。
```
#ifdef TEST_FFUART
/*
*FFUART测试主函数
*/
int Main()
{
    unsigned char data;

    /*串口初始化*/
    uart_init(bbu_FFUART_PHYSICAL_BASE,bbu_BAUD_115200);

    /*打印提示信息*/
    uart_print(bbu_FFUART_PHYSICAL_BASE,(unsigned char*)"\n --- UART测试程序---\n");
    uart_print(bbu_FFUART_PHYSICAL_BASE,(unsigned char*)"\n 请将UART0与PC串口进行连接,然后启动超级终端程序(115200,8,N,1)\n");
    uart_print(bbu_FFUART_PHYSICAL_BASE,(unsigned char*)"\n 从现在开始您从超级中断发送的字符将被回显在超级终端上\n");

    /*回环测试,从计算机串口接收数据,并将接收到的数据发送回计算机*/
    while(1)
    {
        data=uart_getchar(bbu_FFUART_PHYSICAL_BASE);
        uart_putchar(bbu_FFUART_PHYSICAL_BASE,data);
    }

    while(1);

    return 0;
}
#else
/*
*BTUART测试主函数
*/
```

```c
int Main()
{
    unsigned char data;

    /*串口初始化*/
    uart_init(bbu_BTUART_PHYSICAL_BASE,bbu_BAUD_115200);

    /*打印提示信息*/
    uart_print(bbu_BTUART_PHYSICAL_BASE,(unsigned char*)"\n --- UART测试程序---\n");

    uart_print(bbu_BTUART_PHYSICAL_BASE,(unsigned char*)"\n 请将UART1与PC串口进行连接,然后启动超级终端程序(115200,8,N,1)\n");

    uart_print(bbu_BTUART_PHYSICAL_BASE,(unsigned char*)"\n 从现在开始您从超级中断发送的字符将被回显在超级终端上\n");

    /*回环测试,从计算机串口接收数据,并将接收到的数据发送回计算机*/
    while(1)
    {
        data=uart_getchar(bbu_BTUART_PHYSICAL_BASE);
        uart_putchar(bbu_BTUART_PHYSICAL_BASE,data);
    }

    while(1);

    return 0;
}
#endif
```

【实验步骤】

(1)参照项目 uart(examples\uart\uart.mcp),新建一个项目 uart,添加相应的文件,并修改 uart 项目的设置。

(2)加入如下文件到 uart 项目中:\libcommon\serial.c、asm\start.S、asm\xlli_LowLev_Init.s。

(3)参照上节内容编写串口操作主函数,并保存为 main.c 文件,将该文件加入到项目中。

(4)参考实例项目 uart 项目进行设置,然后编译新的 uart 项目。

(5)将计算机的串口接到教学实验系统的 uart0 上。

(6)运行超级终端,选择正确的串口号,并将串口设置为:波特率(115 200bps)、奇偶校验(None)、数据位数(8)和停止位数(1),无流控,打开串口,超级终端的配置如图 5-4 所示,关于超级终端的安装和使用请参考 CVT-PXA270 教学实验系统的《用户手册》。

(7)下载程序并运行,如果程序运行正确,在超级终端中输入的数据将回显到超级终端上。

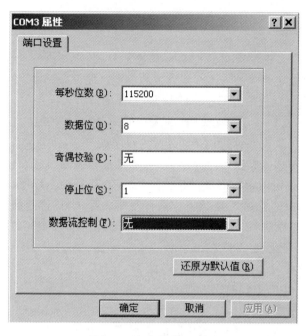

图 5-4 超级终端配置图

【实验报告要求】
(1)简述串行接口的工作原理以及串行接口的优缺点。
(2)RS-232C 的最基本数据传送引脚是哪几根？画出双机通信的基本接线图。
(3)简述串行接口通信程序设计的基本步骤。

5.2 中断实验

【实验目的】
(1)了解中断的作用。
(2)掌握嵌入式系统中断的处理流程。
(3)掌握 ARM 中断编程。

【实验内容】
编写中断处理程序,处理外部中断。

【预备知识】
(1)了解 ADS 集成开发环境的基本功能。
(2)了解中断的作用以及基本处理过程。

【实验设备】
(1)硬件:CVT-PXA270 教学实验箱、PC 机。
(2)软件:PC 机操作系统 Windows 98(2000、XP)+ADS 开发环境。

【基础知识】

1. 中断的基本概念

CPU与外部设备之间传输数据的控制方式通常有三种：查询方式、中断方式和DMA方式。DMA方式将在后续实验中说明。查询方式的优点是硬件开销小，使用起来比较简单。但在此方式下，CPU要不断地查询外部设备的状态，当外部设备未准备好时，CPU就只能循环等待，不能执行其他程序，这样就浪费了CPU的大量时间，降低了CPU的利用率。为了解决这个矛盾，通常采用中断传送方式：即当CPU进行主程序操作时，外部设备的数据已存入输入端口的数据寄存器；或端口的数据输出寄存器已空，由外部设备通过接口电路向CPU发出中断请求信号，CPU在满足一定的条件下，暂停执行当前正在执行的主程序，转入执行相应能够进行输入/输出操作的子程序，待输入/输出操作执行完毕之后，CPU再返回并继续执行原来被中断的主程序。这样CPU就避免了把大量时间耗费在等待、查询状态信号的操作上，使其工作效率得以大大的提高。能够向CPU发出中断请求的设备或事件称为中断源。系统引入中断机制后，CPU与外部设备（甚至多个外部设备）处于"并行"工作状态，便于实现信息的实时处理和系统的故障处理。中断方式的原理如图5-5所示。

（1）中断响应。中断源向CPU发出中断请求，若优先级别最高，CPU在满足一定的条件下，可以中断当前程序的运行，保护好被中断的主程序的断点及现场信息。然后，根据中断源提供的信息，找到中断服务子程序的入口地址，转去执行新的程序段，这就是中断响应。

CPU响应中断是有条件的，如内部允许中断、中断未被屏蔽、当前指令执行完成等。

（2）中断服务子程序。CPU响应中断以后，就会中止当前的程序，转去执行一个中断服务子程序，以完成为相应设备的服务。中断服务子程序的一般结构如图5-6所示。

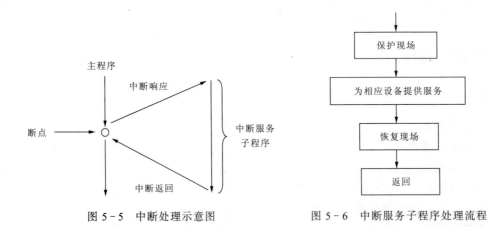

图5-5 中断处理示意图　　图5-6 中断服务子程序处理流程

★ 保护现场（由一系列的压栈指令完成）：目的是为了保护那些与主程序中有冲突的寄存器（如R0、R1、R2等），如果中断服务子程序中所使用的寄存器与主程序中所使用的寄存器等没有冲突的话，这一步骤可以省略。

★ 中断处理：中断处理程序在检查到相应的中断源后，调用对应的中断处理程序完成。

★ 恢复现场并返回（由一系列的出栈指令完成）：是与保护现场对应的，但要注意数据恢复的次序，以免混乱。

由于中断服务子程序需要打断主程序的执行,因此其处理应该及时完成,较长时间的延时将导致系统性能严重下降。

2. PXA270 中断控制器

PXA270 的中断控制器包括六类寄存器:中断源状态寄存器、中断模式寄存器、中断屏蔽寄存器、优先级寄存器、中断状态寄存器以及中断偏移寄存器。

(1)中断屏蔽寄存器 ICMR。中断屏蔽寄存器用于确定哪一个中断源被屏蔽,屏蔽的中断源将不引发中断(表 5-2)。

表 5-2 中断屏蔽寄存器

寄存器名称	地址	读写状态	描述	复位值
ICMR	0x40D00004	R/W	确定哪一个中断源被屏蔽,屏蔽的中断源将不引发中断 1:中断服务有效 0:中断服务屏蔽	0x000000xx

(2)中断控制级别寄存器 ICLR。该寄存器用于设置中断源产生 IRQ 中断请求还是 FIQ 中断请求,它仅在 ICMR 中设置中断服务有效标记时有效(表 5-3)。

表 5-3 中断状态寄存器

寄存器名称	地址	读写状态	描述	复位值
ICLR	0x40D00008	R/W	中断请求级别 0:IRQ 中断 1:FIQ 中断	0x000000xx

(3)中断控制器控制寄存器 ICCR。该寄存器包含一个简单的控制位:DIM 位。在通常的空闲模式下,任何使能的中断将处理器带出空闲模式,而不管 ICMR 寄存器的值。如果 DIM 位被置位,仅仅 ICMR 中定义为有效的使能的中断被带出空闲模式(表 5-4)。

表 5-4 中断模式寄存器

寄存器名称	地址	读写状态	描述	复位值
ICCR	0x4D000014	R/W	中断控制器控制寄存器 bit0 为 DIM 位	0x0

(4)中断控制器 IRQ 状态寄存器 ICIP、FIQ 状态寄存器 ICFP 和中断控制器状态寄存器 ICPR(表 5-5~表 5-8)。

表 5-5 中断控制器 IRQ 状态寄存器 ICIP

寄存器名称	地址	读写状态	描述	复位值
ICIP	0x40D0000	R/W	指示中断请求状态 0：没有中断请求中断 1：有中断请求	0x0

表 5-6 中断控制器 FIQ 状态寄存器 ICFP

寄存器名称	地址	读写状态	描述	复位值
ICFP	0x40D0000C	R/W	指示中断请求状态 0：没有中断请求中断 1：有中断请求	0x0

表 5-7 中断控制器状态寄存器 ICPR

寄存器名称	地址	读写状态	描述	复位值
ICPR	0x40D00010	R/W	指示中断请求状态 0：没有中断请求中断 1：有中断请求	0x0

表 5-8 ICPR 中断源

中断源	bit	描述
IS22	22	FFUART 发送/接收/错误中断
IS21	21	BTUART 发送/接收/错误中断
IS20	20	STUART 发送/接收/错误中断
IS19	19	ICP 发送/接收/错误中断
IS18	18	I^2C 服务请求中断
IS17	17	LCD 控制器服务请求
IS16	16	网络 SSP 服务请求
IS15	15	保留
IS14	14	AC97 中断
IS13	13	I2S 中断
IS12	12	性能监控单元 PMU 中断
IS11	11	USB 服务中断
IS10	10	GPIO[80:2]边缘检测中断
IS9	9	GPIO[1]边缘检测中断
IS8	8	GPIO[0]边缘检测中断

在 ICIP 和 ICFP 中,每个 bit 代表一个中断源(一共 22 个中断源),这些位指示中断请求是否产生。在中断服务函数中,读 ICIP 和 ICFP 决定中断源。通常,软件需要读取中断设备的状态寄存器以决定怎样处理中断。ICPR 寄存器的位为只读,它为给定中断源的 ICIP 和 ICFP 寄存器中相应状态位的逻辑或。一旦中断被处理,服务函数应该写一个"1"到相应的状态位以清除中断请求。

清除中断状态位将自动清除相应的 ICIP 或者 ICFP 标志。

3. 实验说明

本实验通过处理 PXA270 的 GPIO[0]边缘检测中断,让学生了解其中断处理过程和方法,并提供了一系列标准中断处理 API 函数。本实验中 GPIO[0]为通用 GPIO 口,常态为常高电平,如果按下 INT1 按钮,将在 GPIO[0]信号引脚处产生低电平,因此,通过捕获下跳沿触发的 GPIO[0]边缘检测中断进行实验。

PXA270 处理器的中断处理与其他 CPU 的处理模式基本上是一致的,只是由于它引入了几种不同的处理器模式,使中断处理变得更加容易。其典型的步骤如下。

(1)保存现场。当系统出现中断时,处理器首先要做的就是保存现场,这一过程包括:保存当前的 PC 值到 lr 中,保存当前的程序运行状态到 spsr 中。值得注意的就是:由于 ARM10 采用 3 级流水线结构,此时的 PC 值实际上等于当前指令地址加上 8(ARM 指令时),所以返回时还需要将保存的 PC 值减 4。

(2)模式切换。当处理器完成现场保护后,就进入中断模式,并将 PC 值置为一个固定的值 0x00000018,这也就是 IRQ 模式的中断入口地址。在中断模式下,有两个独立的寄存器 R13、R14,这样可以便于中断程序使用自己特有的堆栈。但随之而来产生一个问题,就是中断处理时堆栈溢出保护的问题,需要认真地估计堆栈的大小,同时在中断处理时也要尽量减少函数调用的层次,否则将产生一些不可预知的错误。

(3)获取中断源。所有的 IRQ 中断都从 0x00000018 开始执行,通常在该地址处放一条跳转指令,进一步跳到中断程序中。

(4)处理中断。在中断程序中需要进一步获取中断源,即谁引发了该中断,然后通过查表获取相应中断的处理程序入口,并调用对应的函数。

(5)中断返回,恢复现场。在返回时需要恢复处理器模式,包括恢复中断处理用到的所有寄存器、恢复被中断的程序运行状态到 CPSR,并跳转到被中断的主程序。

中断的入口代码(汇编代码):

```
HandlerIRQ:
    sub     sp,sp,#4            /*为中断分发例程入口地址预留栈空间*/
    stmfd   sp!,{r0}            /*保存 R0*/
    ldr     r0,=HandleIRQ       /*将中断分发例程入口地址指针保存到 R0 中*/
    ldr     r0,[r0]             /*将中断分发例程入口地址保存到 R0 中*/
    str     r0,[sp,#4]          /*将中断分发例程入口地址保存到预留的堆栈空间*/
    ldmfd   sp!,{r0,pc}         /*将 R0 和中断分发例程入口地址出栈,这条指令也*/
                                /*实现了一个跳转*/
```

上述代码实际上就是一个 3 级跳,即从 FLASH 中跳到了 RAM 的中断入口,然后又从中断入口跳到中断分发例程入口。在此有一个前提条件,即必须在 HandleIRQ 地址处保存正确的分发例程入口地址。下面的代码是在 C 语言中将 HandleIRQ(libcommon\IntCtrl.c 文件中)初始化为 Ic_Irq_Wrapper 的函数,Ic_Irq_Wrapper 就是中断分发例程。

```
static UINT32 Ic_Install_Interrupt_Vectors(void)
    {
        HandleIRQ=(UINT32)Ic_Irq_Wrapper;
        return(ERR_NONE);
    }
```

Ic_Irq_Wrapper(libcommon\IntCtrla.S 文件中)函数用汇编语言实现,在该函数中直接调用 C 语言实现的中断分发函数 Ic_Interrupt_HandlerCIrq 处理中断,完成后进行中断返回。其代码如下所示。

```
Ic_Irq_Wrapper:
    STMFD r13!,{r0-r12,r14}          @保存寄存器
    BL   Ic_Interrupt_HandlerCIrq    @调用 IRQ C 语言处理函数
    LDMFD r13!,{r0-r12,r14}          @恢复寄存器
    SUBS pc,lr,#4                    @IRQ 模式返回
```

Ic_Interrupt_HandlerCIrq(libcommon\IntCtrl.c 文件中)函数实现代码如下所示。在该函数中直接读取 ICIP 寄存器的内容,并依次判断是否有中断请求产生,如果有中断请求产生,将从 IcIrqHandlerTable(中断向量表)中取出相应中断服务函数的地址并执行该函数。

```
UINT32 Ic_Interrupt_HandlerCIrq(void)
    {
        UINT32 irq_processed=IC_ALL_HANDLED;   //Assume chaining not needed
        //获取 ICIP 寄存器内容
        UINT32 activeIrqInterruptSignals=IntCtrlRegsP->ICIP;
        UINT32 i;

        //依次检查所有中断源
        for(i=IC_MIN_SGNL; i<=IC_MAX_SGNL; i++)
        {
            if(activeIrqInterruptSignals&(1<<i))
            {
                //已经注册中断源中断服务函数保存在 IcIrqHandlerTable 数组中,如果
                //已经注册执行中断服务函数,否则报错。
                if(IcIrqHandlerTable[i])
                    //已经注册,执行中断服务函数
                    IcIrqHandlerTable[i](IcIrqHandlerParamTable[i]);
                else
                {
                    //没有注册中断,打印错误信息
```

```
                PRINTF("IC Error:ERR_S_IC_IH_C_IRQ\r\n");
            }
        }
    }
    return irq_processed;
}
```

本实验的中断处理函数在 libcomm 库中实现,其源代码在 libcomm 目录下。该库文件中定义了多个通用中断处理例程,如下所示。

(1)中断初始化函数。

Libcomm_Init();

直接调用 Libcomm_Init 函数初始化,在该函数中将调用 Ic_HW_Setup 函数初始化中断控制器。

(2)中断请求函数。

```
extern UINT32 Ic_Register_Handler (IcInterruptSignalsT sourceID,
                                    IcL1IntHandlerFnPT handler,
                                    void *param);
```

第一个参数表示中断请求源,可以使用如下宏定义:

```
#define IC_GPIO_0_MSK            (1<<IC_GPIO_0_SGNL         )
#define IC_GPIO_1_MSK            (1<<IC_GPIO_1_SGNL         )
#define IC_GPIO_2_OR_80_MSK      (1<<IC_GPIO_2_OR_80_SGNL   )
#define IC_USB_MSK               (1<<IC_USB_SGNL            )
#define IC_PMU_MSK               (1<<IC_PMU_SGNL            )
#define IC_I2S_MSK               (1<<IC_I2S_SGNL            )
#define IC_AC97_MSK              (1<<IC_AC97_SGNL           )
#define IC_LCD_MSK               (1<<IC_LCD_SGNL            )
#define IC_I2C_MSK               (1<<IC_I2C_SGNL            )
#define IC_ICP_MSK               (1<<IC_ICP_SGNL            )
#define IC_STUART_MSK            (1<<IC_STUART_SGNL         )
#define IC_BTUART_MSK            (1<<IC_BTUART_SGNL         )
#define IC_FFUART_MSK            (1<<IC_FFUART_SGNL         )
#define IC_MMC_MSK               (1<<IC_MMC_SGNL            )
#define IC_SSP_MSK               (1<<IC_SSP_SGNL            )
#define IC_DMA_MSK               (1<<IC_DMA_SGNL            )
#define IC_OST_REG0_MSK          (1<<IC_OST_REG0_SGNL       )
#define IC_OST_REG1_MSK          (1<<IC_OST_REG1_SGNL       )
#define IC_OST_REG2_MSK          (1<<IC_OST_REG2_SGNL       )
#define IC_OST_REG3_MSK          (1<<IC_OST_REG3_SGNL       )
#define IC_1HZ_CLKTCK_MSK        (1<<IC_1HZ_CLKTCK_SGNL     )
#define IC_RTC_ALRM_MSK          (1<<IC_RTC_ALRM_SGNL       )
```

第二个参数为该中断请求源定义的中断服务函数,第三个参数为该函数的参数。
(3)中断使能函数。
该函数使能某中断,参数定义同 Ic_Register_Handler 的第一个参数。
UINT32 Ic_Enable_IrqDeviceInt(IcInterruptSignalsT sourceID)
(4)中断禁止函数。
该函数禁止某中断,参数定义同 Ic_Register_Handler 的第一个参数。
UINT32 Ic_Disable_IrqDeviceInt(IcInterruptSignalsT sourceID)
(5)设置 GPIO[0]下降沿触发中断。
GpioRegsP ->GRERs[0]=(1<<0);   //GPIO0
下面以 GPIO[0]为例介绍 CVT-PXA270 的中断处理过程。
首先进行初始化,如果使用中断,必须调用 Isr_Init 中断初始化函数:

```
    //PXA270 Init
    Libcomm_Init();
    Libext1_Init();


//设置 GPIO[0]下降沿触发中断
GpioRegsP ->GRERs[0]=(1<<0);
//注册并使能中断 GPIO[0]
status=Ic_Register_Handler(IC_GPIO_0_SGNL,GPIO0_Interrupt_Handler,0);
    if(status)
    {
    }
    else
    {
        //使能中断
        Ic_Enable_IrqDeviceInt(IC_GPIO_0_SGNL);
    }
```

然后声明并实现外部中断服务函数 GPIO0_Interrupt_Handler。

```
VOID GPIO0_Interrupt_Handler(PVOID param)
{
//打印提示信息
PRINTF("GPIO0 Interrupt Handle\r\n");

//数码管显示
SEG_Display_Num(int_count++);

//清除 GPIO[0]边缘检测状态标记
GpioRegsP ->GEDRs[0]=(1<<0);
}
```

【实验步骤】

(1) 参照模板项目 interrupt(modules\interrupt\interrupt.apj)，新建一个项目 interrupt，添加相应的文件，并修改 interrupt 的项目设置。

(2) 加入如下文件到 interrupt 中：boot\start_xscale.S、boot\memsetup.S。

(3) 参照上节内容编写 GPIO[0]中断处理程序的中断服务函数，并保存为 main.c 文件，将该文件加入到项目中。

(4) 在中断服务函数中添加代码实现如下功能：每触发一次中断将数码管显示触发次数。

(5) 参考模板项目 interrupt 对 interrupt 项目进行设置，然后编译 interrupt。

(6) 下载并运行程序，按下 INT1 按钮看数码管是否显示触发次数，串口中是否有打印信息。

【实验报告要求】

中断处理的主要步骤有哪些？试说明每一步的主要工作。

5.3 PWM 实验

【实验目的】

(1) 了解 PWM 的基本原理。

(2) 掌握 PWM 控制的编程方法。

【实验内容】

(1) 编写程序对 PWM 控制器输出 8 000Hz 2/3 占空比的数字信号控制蜂鸣器。

(2) 编写程序改变 PWM 控制器输出频率。

(3) 编写程序改变 PWM 控制器输出占空比。

【预备知识】

(1) 了解 ADS 集成开发环境的基本功能。

(2) 了解 PWM 的基本原理以及用途。

【实验设备】

(1) 硬件：CVT－PXA270 教学实验箱、PC 机。

(2) 软件：PC 机操作系统 Windows 98(2000、XP)+ADS 开发环境。

【基础知识】

1. 脉宽调制的基本原理

模拟电压和电流可直接用来进行控制，如对汽车收音机音量进行控制。尽管模拟控制看起来直观而简单，但它并不总是非常经济或可行的。其中一点就是，模拟电路容易随时间漂移，因而难以调节。能够解决这个问题的精密模拟电路可能非常庞大、笨重和昂贵。模拟电路有可能严重发热，其功耗相对于工作元件两端电压与电流的乘积成正比。模拟电路还可能对噪声很敏感，任何扰动或噪声都肯定会改变电流值的大小。

通过以数字方式控制模拟电路，可以大幅度降低系统的成本和功耗。脉宽调制(PWM)就是利用微处理器的数字输出来对模拟电路进行控制的一种非常有效的技术，广泛应用在从测量、通信到功率控制与变换的许多领域中。PWM 的一个优点是从处理器到被控系统信号都是数字式的,无需进行数模转换。让信号保持为数字形式可将噪声影响降到最小。噪声只有在强到足以将逻辑1改变为逻辑0或将逻辑0改变为逻辑1时,才能对数字信号产生影响。

PWM是一种对模拟信号电平进行数字编码的方法。通过高分辨率计数器的使用,方波的占空比被调制用来对一个具体模拟信号的电平进行编码。PWM信号仍然是数字的,因为在给定的任何时刻,满幅值的直流供电要么完全有(ON),要么完全无(OFF)。电压或电流源是以一种通(ON)或断(OFF)的重复脉冲序列被加到模拟负载上去的。通的时候即是直流供电被加到负载上的时候,断的时候即是供电被断开的时候。只要带宽足够,任何模拟值都可以使用PWM进行编码。

图5-7显示了三种不同的PWM信号。一个占空比为10%的PWM输出,即在信号周期中,10%的时间通,其余90%的时间断。另外两个显示的分别是占空比为50%和70%的PWM输出。这三种PWM输出编码的分别是强度为满度值的10%、50%和70%的三种不同模拟信号值。例如,假设供电电源为9V,占空比为10%,则对应的是一个幅度为0.9V的模拟信号。

图5-7还画出了一个可以使用PWM进行驱动的简单电路。图中使用9V电池来给一个白炽灯泡供电。如果将连接电池和灯泡的开关闭合50ms,灯泡在这段时间中将得到9V供电。如果在下一个50ms中将开关断开,灯泡得到的供电将为0V。如果在1s内将此过程重复10次,灯泡将会点亮并像连接到了一个4.5V(9V的50%)电池上一样。这种情况下,占空比为50%,调制频率为10Hz。

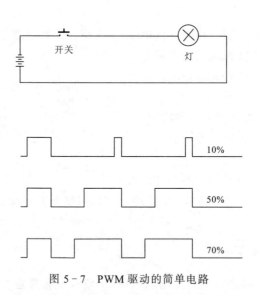

图5-7 PWM驱动的简单电路

大多数负载(无论是电感性负载还是电容性负载)需要的调制频率高于10Hz。设想一下,如果灯泡先接通5s,再断开5s,然后再接通,再断开……占空比仍然是50%,但灯泡在头5s钟内将点亮,在下一个5s内将熄灭。要让灯泡取得4.5V电压的供电效果,通断循环周期与负载对开关状态变化的响应时间相比必须足够短。要想取得调光灯(保持点亮)的效果,必须提高调制频率。在其他PWM应用场合也有同样的要求。通常调制频率为1~200kHz之间。

2. PWM 硬件控制器

许多微控制器内部都包含 PWM 控制器。一般都可以选择接通时间和周期。占空比是接通时间与周期之比,调制频率为周期的倒数。具体的 PWM 控制器在编程细节上会有所不同,但它们的基本思想通常是相同的。执行 PWM 操作之前,微处理器要求在软件中完成以下工作。

(1)设置提供调制方波的片上定时器/计数器的周期。
(2)在 PWM 控制寄存器中设置接通时间。
(3)启动定时器。

3. PXA270 的 PWM 控制器

PXA270 处理器包含两个 PWM 控制器:PWM0 和 PWM1。每个 PWM 控制器独立操作,并且由各自独立的一组寄存器控制。它们提供一个脉宽调制信号到各自的外部引脚。

PXA270 每个 PWM 控制器包含连续脉宽调制通道,通过一个 6bit 时钟分频因子和一个 10bit 周期计数器控制的加强型周期控制。

4. PXA270 PWM 控制器有关的寄存器

(1)PWM 控制寄存器 PWM_CTRLn(表 5-9)。

表 5-9 PWM 控制寄存器

寄存器名称	地址	读写状态	描述	复位值
PWM_CTRL0	0x40B000000	R/W	PWM0 控制寄存器	0x0
PWM_CTRL1	0x40C00000	R/W	PWM1 控制寄存器	0x0

PWM_CTRLn	位	描述	初始状态
保留	[31:7]	保留	00
PWM_SD	[6]	当 CKEN 寄存器的时钟使能位被清除时,PWMn 的关闭方法; 0-平滑的关闭,在 PWMn 被关闭之前,周期计数器将完成它的计数; 1-强制关闭,PWMn 被立即关闭,预分频计数器和周期计数器将被复位	00
PRESCALE	[5:0]	PWMn 分频因子,决定 PWM 时钟频率 PSCLK_PWMn= 3.686 4MHz/(PRESCALE+1)	00

(2)PWM 占空因数寄存器 PWM_DUTYn(表 5-10)。

表 5-10 PWM 占空因数寄存器

寄存器名称	地址	读写状态	描述	复位值
PWM_DUTY0	0x40B000004	R/W	PWM0 占空因数寄存器	0x0
PWM_DUTY1	0x40C000004	R/W	PWM1 占空因数寄存器	0x0

PWM_DUTYn	位	描述	初始状态
保留	[31:11]	保留	00
FD_CYCLE	[10]	0-PWM 占空因数由 DCYCLE 决定； 1-PWM_OUTn 被设置为高电平	00
DCYCLE	[9:0]	PWM 占空因数，PWMn 时钟的占空因数，等于一个 PWMn 周期中，正脉宽相对于 PWM 时钟的个数	00

（3）PWM 周期控制寄存器 PWM_PERVALn（表 5-11）。

表 5-11 PWM 周期控制寄存器

寄存器名称	地址	读写状态	描述	复位值
PWM_PERVAL0	0x40B00008	R/W	PWM0 周期控制寄存器	0x0
PWM_PERVAL1	0x40C00008	R/W	PWM1 周期控制寄存器	0x0

PWM_PERVALn	位	描述	初始状态
保留	[31:10]	保留	0
PV	[9:0]	一个 PWM_OUTn=PWM 周期×(PV+1)	0

（4）PWM 波形示例。

图 5-8 为 PWM 波形示例，其中各个寄存器参数设置如下所示。

PWM_PERVAL[PV]=0xA

PWM_DUTY[FDCYCLE]=0x0

PWM_DUTY[DCYCLE]=0x6

PWM_CTRL[PRESCALE]=0x0

输入时钟频率为固定的 3.686 4MHz，PSCLK_PWMn 为 PWM 时钟，通过 PWM_CTRL[PRESCALE]的值决定，其计算公式如下：

PSCLK_PWMn=3.686 4MHz/(PRESCALE+1)=3.686 4MHz/(0+1)=3.686 4MHz

而 PWM_OUTn 为 PWM 输出时钟，其正脉宽由 PWM_DUTY[DCYCLE]值决定，等于 6 个 PWM 时钟周期，如图 5-8 所示。而 PWM_OUTn 的周期则等于 PWM_PREVALn+1 个（即 11 个）PWM 时钟周期。

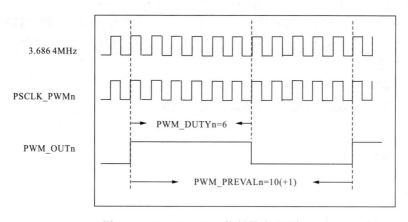

图 5-8 PXA270 PWM 控制器波形示例

5. 实验说明

(1) PWM 控制蜂鸣器。本实验通过 PWM 控制器控制蜂鸣器的发声,CVT-PXA270 教学实验系统的蜂鸣器脉冲输入端口连接到 PXA270 的 PWM_OUT0 端口,即 PWM0 的脉冲输出端口。

(2) PWM 蜂鸣器控制函数。本实验实现了通用的控制蜂鸣器的函数,这些函数在 lib-comm\pwm.c 文件中实现。包括:

```
void Pwm_Select(int ch);          //设置当前 PWM 控制器,PWM_CH1 或 PWM_CH0
void Pwm_Start();                 //启动当前 PWM 控制器
void Pwm_Stop();                  //停止当前 PWM 控制器
void Pwm_Set_Duty(int duty);      //设置当前 PWM 控制器占空因数
void Pwm_Set_Perval(int perval);  //设置当前 PWM 控制器 PV 值
void Pwm_Set_Freq(int freq);      //设置当前 PWM 控制器 PWM 时钟频率
```

(3) 编程控制蜂鸣器。

```
Pwm_Select(PWM_CH1);    //选择 PWM0
Pwm_Set_Freq(800);      //设置 PWM 控制器 PWM 时钟频率为 800Hz
Pwm_Set_Duty(10);       //设置当前 PWM 控制器占空因数为 10
Pwm_Set_Perval(15);     //设置当前 PWM 控制器 PV 值为 15
Pwm_Start();            //启动 PWM0
```

【实验步骤】

(1) 参照模板项目 pwm(modules\pwm\pwm.apj),新建一个项目 pwm,添加相应的文件,并修改 pwm 的项目设置。

(2) 加入如下文件到 pwm 项目中:libcomm\serial.c、libcomm\pwm.c、boot\start_xscale.S、boot\memsetup.S。

(3) 创建 main.c,参照上节内容编写程序,并将该文件加入到 pwm 项目中。

(4) 编写程序对 PWM 控制器输出 2/3 占空比的数字信号输出到蜂鸣器。

(5) 编译 PWM 项目,下载程序并运行,检查蜂鸣器的发声情况。
(6) 编写程序改变 PWM 控制器输出频率,重新编译、下载并运行,听蜂鸣器输出效果。
(7) 编写程序改变 PWM 控制器输出占空比,重新编译、下载并运行,听蜂鸣器输出效果。

【实验报告要求】
(1) 简述 PWM 的原理和应用。
(2) 记录实验结果,描述 PXA270 PWM 模块的使用方法。

5.4 I²C 实验

【实验目的】
(1) 了解 I²C 总线结构。
(2) 掌握 I²C 总线的操作方法。

【实验内容】
编写程序实现通过 I²C 总线读写 EEPROM 器件 24C08,实现从同一地址写入再读出数据,并进行比较。

【预备知识】
(1) 了解 ADS 集成开发环境的基本功能。
(2) 了解 I²C 接口的用法。
(3) 了解 24C08 的使用方法。

【实验设备】
(1) 硬件:CVT-PXA270 教学实验箱、PC 机。
(2) 软件:PC 机操作系统 Windows 98(2000、XP)+ADS 开发环境。

【基础知识】

1. I²C 总线介绍

I²C 总线是一种用于 IC 器件之间连接的二线制总线。它通过 SDA(串行数据线)及 SCL(串行时钟线)两根线在连到总线上的器件之间传送数据,并根据地址识别每个器件,不管是单片机、存储器、LCD 驱动器还是键盘接口。

I²C 能用于替代标准的并行总线,能连接各种集成电路和功能模块。支持 I²C 的设备有微控制器、ADC、DAC、储存器、LCD 控制器、LED 驱动器以及实时时钟等。

(1) I²C 总线的基本结构。采用 I²C 总线标准的单片机或 IC 器件,其内部不仅有 I²C 接口电路,而且将内部各单元电路按功能划分为若干相对独立的模块,通过软件寻址实现片选,减少了器件片选线的连接。CPU 不仅能通过指令将某个功能单元挂靠或摘离总线,还可对该单元的工作状况进行检测,从而实现对硬件系统简单而灵活的扩展与控制。I²C 总线接口电路结构如图 5-9 所示。

(2) 双向传输的接口特性。传统的单片机串行接口的发送和接收一般都各用一条线,如 MCS51 系列的 TXD 和 RXD,而 I²C 总线则根据器件的功能,通过软件程序使其可工作于发送或接收方式。当某个器件向总线上发送信息时,它就是发送器(也叫主器件),而当其从总线上接收信息时,又成为接收器(也叫从器件)。主器件用于启动总线上传送数据并产生时钟以开

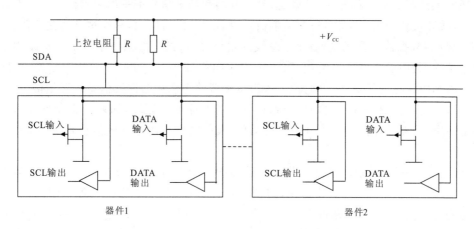

图 5-9 I²C 总线接口电路结构

放传送的器件,此时任何被寻址的器件均被认为是从器件。I²C 总线的控制完全由挂接在总线上的主器件送出的地址和数据决定。在总线上,既没有中心机,也没有优先机。

总线上主和从(即发送和接收)的关系不是一成不变的,而是取决于此时数据传送的方向。SDA 和 SCL 均为双向 I/O 线,通过上拉电阻接正电源。当总线空闲时,两根线都是高电平。连接总线的器件的输出级必须是集电极或漏极开路,以具有线"与"功能。I²C 总线的数据传送速率在标准工作方式下为 100kbit/s,快速方式下最高传送速率达 400kbit/s。

(3) I²C 总线上的时钟信号。在 I²C 总线上传送信息时的时钟同步信号是由挂接在 SCL 时钟线上的所有器件的逻辑与完成的。SCL 线上由高电平到低电平的跳变将影响到这些器件,一旦某个器件的时钟信号下跳为低电平,将使 SCL 线一直保持低电平,使 SCL 线上的所有器件开始低电平期。此时,低电平周期短的器件的时钟由低至高的跳变并不能影响 SCL 线的状态,于是这些器件将进入高电平等待的状态。

当所有器件的时钟信号都上跳为高电平时,低电平期结束,SCL 线被释放返回高电平,即所有的器件都同时开始它们的高电平期。其后,第一个结束高电平期的器件又将 SCL 线拉成低电平。这样就在 SCL 线上产生一个同步时钟。可见,时钟低电平时间由时钟低电平期最长的器件确定,而时钟高电平时间由时钟高电平期最短的器件确定。

(4) 数据的传送。在数据传送过程中,必须确认数据传送的开始和结束。在 I²C 总线技术规范中,开始和结束信号(也称启动和停止信号)的定义如图 5-10 所示。当时钟线 SCL 为高电平时,数据线 SDA 由高电平跳变为低电平定义为"开始"信号;当 SCL 线为高电平时,SDA

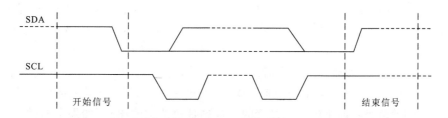

图 5-10 I²C 总线启动和停止信号的定义

线发生低电平到高电平的跳变为"结束"信号。开始和结束信号都是由主器件产生。在开始信号以后,总线即被认为处于忙状态;在结束信号以后的一段时间内,总线被认为是空闲的。

I^2C 总线的数据传送格式是:在 I^2C 总线开始信号后,送出的第一个字节数据是用来选择从器件地址的,其中前 7 位为地址码,第 8 位为方向位(R/W)。方向位为 0 表示发送,即主器件把信息写到所选择的从器件;方向位为 1 表示主器件将从从器件读信息。开始信号后,系统中的各个器件将自己的地址和主器件送到总线上的地址进行比较,如果与主器件发送到总线上的地址一致,该器件即为被主器件寻址的器件,其接收信息还是发送信息则由第 8 位(R/W)确定。

在 I^2C 总线上每次传送的数据字节数不限,但每一个字节必须为 8 位,而且每个传送的字节后面必须跟一个认可位(第 9 位),也叫应答位(ACK)。数据的传送过程如图 5-11 所示。每次都是先传最高位,通常从器件在接收到每个字节后都会作出响应,即释放 SCL 线返回高电平,准备接收下一个数据字节,主器件可继续传送。如果从器件正在处理一个实时事件而不能接收数据时(例如正在处理一个内部中断,在这个中断处理完之前就不能接收 I^2C 总线上的数据字节),可以使时钟 SCL 线保持低电平。从器件必须使 SDA 保持高电平,此时,主器件产生一个结束信号,使传送异常结束,迫使主器件处于等待状态。当从器件处理完毕时将释放 SCL 线,主器件继续传送。

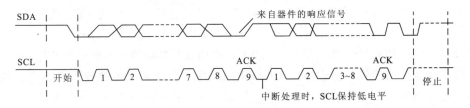

图 5-11 I^2C 总线数据传送过程

当主器件发送完一个字节的数据后,接着发出对应于 SCL 线上的一个时钟(ACK)认可位,在此时钟内主器件释放 SDA 线,一个字节传送结束,而从器件的响应信号将 SDA 线拉成低电平,使 SDA 在该时钟的高电平期间为稳定的低电平。从器件的响应信号结束后,SDA 线返回高电平,进入下一个传送周期。

I^2C 总线还具有广播呼叫地址用于寻址总线上所有器件的功能。若一个器件不需要广播呼叫寻址中所提供的任何数据,则可以忽略该地址不作响应。如果该器件需要广播呼叫寻址中提供的数据,则应对地址作出响应,其表现为一个接收器。

(5)总线竞争的仲裁。总线上可能挂接有多个器件,有时会发生两个或多个主器件同时想占用总线的情况。例如,多单片机系统中,可能在某一时刻有两个单片机要同时向总线发送数据,这种情况叫做总线竞争。I^2C 总线具有多主控能力,可以对发生在 SDA 线上的总线竞争进行仲裁,其仲裁原则是当多个主器件同时想占用总线时,如果某个主器件发送高电平,而另一个主器件发送低电平,则发送电平与此时 SDA 总线电平不符的那个器件将自动关闭其输出级。总线竞争的仲裁是在两个层次上进行的。首先是地址位的比较,如果主器件寻址同一个从器件,则进入数据位的比较,从而确保了竞争仲裁的可靠性。由于是利用 I^2C 总线上的信息进行仲裁,因此不会造成信息的丢失。

(6)I^2C 总线的一次典型工作流程。

开始:信号表明传输开始。

地址:主设备发送地址信息,包含 7 位的从设备地址和 1 位的指示位(表明读或者写,即数据流的方向)。

数据:根据指示位,数据在主设备和从设备之间传输。数据一般以 8 位传输,最重要的位放在前面;具体能传输多少量的数据并没有限制。接收器上用一位的 ACK(回答信号)表明每一个字节都收到了。传输可以被终止和重新开始。

停止:信号结束传输。

2. PXA270 的 I^2C 控制

PXA270 处理器提供了一个 I^2C 串行总线,包括一个专门的串行数据线和串行时钟线。它的操作模式有四种:主设备发送模式、主设备接收模式、从设备发送模式、从设备接收模式。

(1)I^2C 总线监控寄存器 IBMR(表 5-12)。

表 5-12 I^2C 总线监控寄存器

寄存器名称	地址	读写状态	描述	复位值
IBMR	0x40301680	R/W	I^2C 总线监控寄存器	0000 0011

IBMR	位	描述	初始状态
保留	[31:2]	保留	0
SCLS	[1]	SCL 状态:该位持续反映 SCL 引脚的值	1
SDAS	[0]	SDA 状态:该位持续反映 SDA 引脚的值	1

(2)I^2C 数据缓冲寄存器 IDBR(表 5-13)。

表 5-13 数据缓冲寄存器

寄存器名称	地址	读写状态	描述	复位值
IDBR	0x40301688	R/W	I^2C 数据缓冲寄存器	0000 0000

IDBR	位	描述	初始状态
保留	[31:8]	保留	0
IDB	[7:0]	I^2C 数据缓冲:发送/接收数据缓冲区	0

(3) I²C 控制寄存器 ICR(表 5-14)。

表 5-14 地址寄存器

寄存器名称	地址	读写状态	描述	复位值
ICR	0x40301690	R/W	I²C 总线控制寄存器	0

ICR	位	描述	初始状态
保留	[31:16]	保留	0
FM	[15]	快速模式:0-100kbps;1-400kbps	0
UR	[14]	单元复位:0-无复位;1-仅仅复位 I²C 单元	0
SADIE	[13]	从地址检测中断使能:0-关闭该中断;1-使能该中断	0
ALDIE	[12]	仲裁损失中断使能:0-关闭该中断;1-使能该中断	0
SSDIE	[11]	从模式停止信号检测中断使能:0-关闭该中断;1-使能该中断	0
BEIE	[10]	总线错误中断使能:0-关闭该中断;1-使能该中断	0
IRFIE	[9]	IDBR 接收缓冲满中断使能:0-关闭该中断;1-使能该中断	0
ITEIE	[8]	IDBR 传送缓冲空中断使能:0-关闭该中断;1-使能该中断	0
GCD	[7]	通用调用消息使能:0-允许 I²C 单元响应通用调用消息;1-禁止 I²C 单元响应通用调用消息	0
IUE	[6]	I²C 单元使能:0-禁止 I²C 单元;1-允许 I²C 单元工作,缺省为从接收模式	0
SCLE	[5]	SCL 使能:0-禁止 I²C 单元 SCL 信号;1-使能 I²C 单元 SCL 信号	0
MA	[4]	0-I²C 单元使用 STOP ICR 位传输 STOP 信号;1-I²C 单元发送 STOP 信号	0
TB	[5]	传送字节:用于发送/接收 I²C 总线上的一个字节,处理器检测该位以决定字节传输什么时候完成。0-当一个字节被发送/接收后由 I²C 单元清除;1-发送/接收一个字节	0
ACKNAK	[2]	ACK/NAK 控制:0-I²C 单元在接收到一个字节后发送 ACK 脉冲;1-I²C 单元在接收一个字节后发送一个负 ACK(NAK)脉冲	0
STOP	[1]	0-不发送 STOP;1-发送 STOP	0
START	[0]	0-不发送 START;1-发送 START	0

（4）I²C 状态寄存器 ISR（表 5-15）。

表 5-15 I²C 状态寄存器

寄存器名称	地址	读写状态	描述	复位值
ISR	0x40301698	R/W	I²C 状态寄存器	0

ISR	位	描述	初始状态
保留	[31:11]	保留	0
BED	[10]	总线错误检测：0-无错误检测到；1-当 I²C 单元检测到一个错误条件时设置该 bit	0
SAD	[9]	从地址检测：0-无从地址检测到；1-当 I²C 单元检测到一个 7bit 地址与通用呼叫地址或 ISAR 相匹配时设置该 bit，当 SADIE 位设置为 1 时将产生一个中断	0
GCAD	[8]	通用呼叫地址检测：0-无通用呼叫地址接收到；1-I²C 单元接收到一个通用呼叫地址	0
IRF	[7]	IDBR 接收满：0-IDBR 没有接收到新的数据字节或者 I²C 单元空闲；1-IDBR 寄存器接收了一个新的数据字节，当 IRFIE 位设置为 1 时将产生一个中断	0
ITE	[6]	IDBR 传输空：0-数据字节仍在传输过程中；1-I²C 单元已经完成传输，当 IIEIE 位设置为 1 时将产生一个中断	0
ALD	[5]	仲裁丢失检测：0-仲裁成功；1-丢失仲裁	0
SSD	[4]	从停止检测：0-无停止检测到；1-在从接收或者从发送模式检测到 STOP	0
IBB	[3]	I²C 总线忙：0-I²C 总线空闲或者 I²C 单元正在使用总线；1-I²C 总线忙	0
UB	[2]	单元忙：0-I²C 单元空闲；1-I²C 单元忙	0
ACKNAK	[1]	ACK/NAK 状态：0-I²C 单元接收或者发送一个 ACK；1-I²C 单元接收或者发送 NAK	0
RWM	[0]	读/写模式：0-I²C 单元处于主发送或者从接收模式；1-I²C 单元处于主接收或者从发送模式	0

(5)I²C从地址寄存器 ISAR(表 5-16)。

表 5-16　I²C 从地址寄存器

寄存器名称	地址	读写状态	描述	复位值
ISAR	0x403016A0	R/W	I²C 从地址寄存器	0

ISAR	位	描述	初始状态
保留	[31:7]	保留	0
ISA	[6:0]	I²C 从地址	0

3. 实验说明

CVT-PXA270 教学实验系统上的 EEPROM 芯片 24C08 使用 I²C 总线与 PXA270 I²C 总线控制器进行连接,容量为 1K 字节。24C08 作为 I²C 从设备,其地址为 0xa0,而 PXA270 I²C 作为主设备操作。本实验的目的是通过 I²C 总线向该芯片进行读写操作达到掌握 I²C 总线编程的目的。实验代码在 libcommon\iic.c 文件中实现,下面将分别说明。

(1)I²C 接口初始化。I²C 接口初始化操作通过函数 void Iic_Master_Init()完成,下面为该函数的实现代码。

```
void Iic_Master_Init()
{
    UINT32 status=FALSE;

    //1. register iic interrupt.
    status=Ic_Register_Handler(IC_I2C_SGNL,Iic_Interrupt_Handler,0);
    if(status)
    {
    }
    else
    {
        //No problems,now enable the Lubbock board ints on processor's Gpio 0
        Ic_Enable_IrqDeviceInt(IC_I2C_SGNL);
    }

    //init the iic register
    pIicRegs ->IIC_ICR&=~ICR_IUE;        /*reset iic*/
    pIicRegs ->IIC_ICR|=ICR_UR;
    Wait_Us(100);
```

        pIicRegs ->IIC_ICR&=～ICR_IUE;
        CM_Enable_Clock(CK_I2C);　　　　　　/*set the global I2C clock on*/
        pIicRegs ->IIC_ICR=(ICR_BEIE|ICR_IRFIE|ICR_ITEIE|ICR_GCD|ICR_SCLE);/*set control register values*/
        pIicRegs ->IIC_ISR=I2C_ISR_INIT;　　　/*set clear interrupt bits*/
        pIicRegs ->IIC_ICR|=ICR_IUE;　　　　　/*enable unit*/
        pIicRegs ->IIC_ISAR=0x10;　　　　　　/*set our slave address*/

        pIicRegs ->IIC_ICR&=～(ICR_STOP|ICR_ALDIE|ICR_ACKNAK);

        Iic_Status=IIC_NOOP;
        Wait_Us(100);
}

I^2C 初始化主要包括过程：①注册 I^2C 中断；②设置 ISAR 中的从地址；③设置 I^2C 控制寄存器并取消仲裁丢失检测中断设置；④设置 ICR[IUE] 和 ICR[SCLE] 位使能 I^2C 单元和 SCL。

(2) I^2C 写操作。I^2C 写操作通过函数 void Iic_Master_Write(UINT8 slvAddr,INT32 length, UINT8*data)完成，其中 slvAddr 为从设备地址，在本系统中为 0xa0，addr 为待写入数据到芯片的地址，data 为待写入的数据。I^2C 写操作代码如下所示。

①判断 I^2C 状态。
    if(Iic_Status!=IIC_NOOP)
        return;
    Iic_Status=IIC_WRITE;
②加载数据到缓冲区 iic_buffer 中。
    //Load the data to buffer
    Iic_Data_Tx_Index=0;
    memcpy(iic_buffer,data,length);
    Iic_Data_Tx_Size=length;
③加载从地址到 IDBR 中，并设置 ISR 的 RWM 位为 0(写操作)。
    //Load target slave address and R/nW bit in the IDBR. R/nW must be 0 for a write.
    pIicRegs ->IIC_IDBR=slvAddr;
④初始化写操作：设置 ICR[START]、清除 ICR[STOP]、清除 ICR[ALDIE]、设置 ICR[TB]。
    //Set ICR[START],clear ICR[STOP],clear ICR[ALDIE],set ICR[TB]
    pIicRegs ->IIC_ICR&=～(ICR_STOP|ICR_ALDIE);
    pIicRegs ->IIC_ICR|=ICR_START;
    pIicRegs ->IIC_ICR|=ICR_TB;
    //Wait
    while(Iic_Status!=IIC_NOOP);

```
//Wait until stop condition is in effect
Wait_Ms(10);
```

(3)I²C读操作。I²C读操作通过函数 void Iic_Master_Read(UINT8 slvAddr,INT32 length, UINT8*data)完成,其中 slvAddr 为从设备地址,在本系统中为 0xa0,length 为待读入数据的长度,data 为待读入数据的缓冲区指针。I²C读操作代码如下所示。

①等待I²C状态。

```
if(Iic_Status!=IIC_NOOP)
    return;
Iic_Status=IIC_READ;

//no any data to send
Iic_Data_Tx_Index=0;
Iic_Data_Tx_Size   =0;
Iic_Data_Rx_Size   =length;
```

②加载从地址到IDBR中,并设置ISR的RWM位为1(读操作)。

```
//Load target slave address and R/nW bit in the IDBR. R/nW must be 1 for a read.
pIicRegs->IIC_IDBR=slvAddr|0x01;
```

③初始化写操作:设置ICR[START]、清除ICR[STOP]、清除ICR[ALDIE]、设置ICR[TB]。

```
//Set ICR[START],clear ICR[STOP],clear ICR[ALDIE],set ICR[TB]
pIicRegs->IIC_ICR&=~(ICR_STOP|ICR_ALDIE);
pIicRegs->IIC_ICR|=ICR_START;
pIicRegs->IIC_ICR|=ICR_TB;
```

④等待读取完成。

```
//Wait
while(Iic_Status!=IIC_NOOP);
```

⑤拷贝数据到data中。

```
memcpy(data,iic_buffer,length);

//Wait until stop condition is in effect
Wait_Ms(10);
```

(4)I²C中断处理函数。本实验I²C采用中断方式进行I²C发送和接收处理,包括对POLLACK、RDDATA、WRDATA命令的处理,代码如下所示。

```
VOID Iic_Interrupt_Handler(PVOID param)
{
    UINT32 iic_isr=pIicRegs->IIC_ISR;

    #ifdef IIC_DEBUG
    PRINTF("IIC Interrupt Handle 0x%x\r\n",iic_isr);
    #endif
```

```c
//IDBR Transmit Empty:
if((iic_isr&ISR_ITE)==ISR_ITE)
{
    #ifdef IIC_DEBUG
    PRINTF("IDBR Transmit Empty:\r\n");
    #endif
    //Write a 1 to the ISR[ITE]bit to clear interrupt.
    pIicRegs->IIC_ISR|=ISR_ITE;

    //Write a 1 to the ISR[ALD]bit if set.
    if((iic_isr&ISR_ALD)==ISR_ALD)
        pIicRegs->IIC_ISR|=ISR_ALD;

        //Load data byte to be transferred in the IDBR.
        Iic_Data_Tx_Size--;
        if(Iic_Data_Tx_Size!=-1)
        {
            pIicRegs->IIC_IDBR=iic_buffer[Iic_Data_Tx_Index++];/*iic_buffer[0]
            has dummy*/
            //Clear ICR[START],set ICR[STOP]if last data,set ICR[ALDIE],set ICR
            [TB]
            pIicRegs->IIC_ICR&=~ICR_START;
            if(Iic_Data_Tx_Size==0)
                pIicRegs->IIC_ICR|=(ICR_STOP|ICR_ALDIE|ICR_TB);
            else
                pIicRegs->IIC_ICR|=(ICR_ALDIE|ICR_TB);
        }else
        {
            if(Iic_Status==IIC_READ)
            {
                //Clear ICR[START], set ICR[STOP], set ICR[ALDIE], set ICR
                  [ACKNAK],set ICR[TB]
                pIicRegs->IIC_ICR&=~(ICR_START);
                pIicRegs->IIC_ICR|=(ICR_STOP|ICR_ALDIE|ICR_ACKNAK|ICR
                _TB);
            }else if(Iic_Status==IIC_WRITE)
            {
                //Clear ICR[STOP]bit.
                pIicRegs->IIC_ICR&=~ICR_STOP;
```

```
                        //Write Finished
                        Iic_Status=IIC_NOOP;
                    }
                }
            }

        if((iic_isr&ISR_IRF)==ISR_IRF)
        {
            //IDBR Receive Full:
            #ifdef IIC_DEBUG
             PRINTF("IDBR Receive Full:\r\n");
            #endif
            //Write a 1 to the ISR[IRF]bit to clear interrupt.
             pIicRegs ->IIC_ISR|=ISR_IRF;

            //Read IDBR data.
             Iic_Data_Rx_Size --;
             iic_buffer[Iic_Data_Rx_Index++]=pIicRegs ->IIC_IDBR;

            //Clear ICR[ACKNAK]bits
             pIicRegs ->IIC_ICR&=~ICR_ACKNAK;

            //Clear ICR[STOP]bit.
             pIicRegs ->IIC_ICR&=~ICR_STOP;

            //Read Finished
             Iic_Status=IIC_NOOP;
        }
    }
```

【实验步骤】

(1)参照模板项目 iic(modules\iic\iic.apj),新建一个项目 iic,添加相应的文件,并修改 iic 的项目设置。

(2)创建 main.c 并加入到项目 iic 中。

(3)编写程序向 24C08 中写入 256 个字节数据,地址从 0 到 255,然后读出 256 个字节数据,地址从 0 到 255,比较写入和读出的结果是否相同。

(4)编译 iic,下载程序并运行,通过超级终端看输出结果。

【实验报告要求】

(1)什么是 I^2C 接口?它的优缺点是什么?

(2)简述 CVT-PXA270 中 I^2C 接口的编程方法和操作步骤。

(3)编程实现如下目的:采用中断方式处理 I^2C,实现和实验中同样的目的。

5.5 A/D 实验

【实验目的】

(1)了解模数转换的基本原理。

(2)掌握模数转换的编程方法。

【实验内容】

(1)编写程序对模拟输入进行采集和转换,并将结果显示在 LED 上。

(2)通过可变电阻改变模拟量输入,观查显示结果。

【预备知识】

(1)了解 A/D 采样的原理。

(2)了解采样频率的设置。

【实验设备】

(1)硬件:CVT-PXA270 教学实验箱、PC 机。

(2)软件:PC 机操作系统 Windows 98(2000、XP)+ADS 开发环境。

【基础知识】

1. A/D 转换的基本原理

(1)采样和量化。作用:我们经常遇到的物理参数,如电流、电压、温度、压力、速度……电量或非电量都是模拟量。模拟量的大小是连续分布的,且经常也是时间上的连续函数。因此要将模拟量转换成数字信号需经采样──→量化──→编码 3 个基本过程(数字化过程)。

采样:按采样定理对模拟信号进行等时间间隔采样,将得到的一系列时域上的样值去代替 $u=f(t)$,即用 $u_0,u_1,\cdots,u_n$ 代替 $u=f(t)$(图 5-12)。

这些样值在时间上是离散的值,但在幅度上仍然是连续模拟量。

量化:在幅值上再用离散值来表示。方法是用一个量化因子 Q 去度量 $u_0,u_1,\cdots,u_n$,得到取整后的数字量。

$u_0=2.4Q \Rightarrow 2Q$ 010

$u_1=4.0Q \Rightarrow 4Q$ 100

$u_2=5.2Q \Rightarrow 5Q$ 101

$u_3=5.8Q \Rightarrow 5Q$ 101

编码:将整量化后的数字量进行编码,以便读入和识别。

编码仅是对数字量的一种处理方法。

例如:$Q=0.5V/$格,设用三位(二进编码)。

$u_0=2.4Q \xrightarrow{\text{整量化}} 2Q \xrightarrow{\text{编码}} (010) \quad u_0=(0\times 2^2+1\times 2^1+0\times 2^0)\times 0.5V=1V$

以下是 $u_0、u_1、u_2、u_3$ 整量化和编码后的结果。

$u_0=2.4Q=2Q\to(010)$

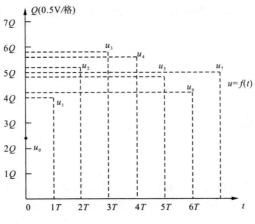

图 5-12 A/D 采样示意图

$u_1 = 4.0Q = 4Q \rightarrow (100)$
$u_2 = 5.2Q = 5Q \rightarrow (101)$
$u_3 = 5.8Q = 5Q \rightarrow (101)$

(2) 分类。按被转换的模拟量类型可分为时间/数字、电压/数字、机械变量/数字等。应用最多的是电压/数字转换器。电压/数字转换器又可分为多种类型。

按转换方式可分为：直接转换、间接转换。
按输出方式可分为：并行、串行、串并行。
按转换原理可分为：计数式、比较式。
按转换速度可分为：低速、中速、高速。
按转换精度和分辨率可分为：3 位、4 位、8 位、10 位、12 位、14 位、16 位，等等。

(3) 工作原理。类似于用天平称物体重量，设有一待测物为 4.42g，满度测量量程为 $R_{NFS}=5.12g$，砝码种类有四种：$\frac{1}{2}R_{NFS}(2.56g)$、$\frac{1}{4}R_{NFS}(1.28g)$、$\frac{1}{8}R_{NFS}(0.64g)$、$\frac{1}{16}R_{NFS}(0.32g)$。

测量方法：先大砝码，后小砝码，依次比较（累计比较），要的记"1"，不要的记"0"。

实测物重 G 为：

$$G = 1 \times \frac{1}{2}R_{NFS} + 1 \times \frac{1}{4}R_{NFS} + 0 \times \frac{1}{8}R_{NFS} + 1 \times \frac{1}{16}R_{NFS}$$

一次为：2.56g<4.42g 留
二次为：2.56g+1.28g=3.84g<4.42g 留
三次为：3.84g+0.64g=4.44g>4.42g 去
四次为：3.84g+0.32g=4.16g<4.42g 留

误差：

$$\Delta = |G_{测} - G_{实际}| = |4.16g - 4.42g| = |-0.26g| < 0.32g$$

误差<最小砝码（最小分辨砝码）

以上过程：①通过 4 次比较后，得出结果；②误差<最小砝码值。

(4) 逐次逼近式 ADC 工作原理。原理结构框图如图 5-13、图 5-14 所示。

$$V_f = V_R \cdot (d_1 \cdot 2^{-1} + \cdots + d_n \cdot 2^{-n})$$

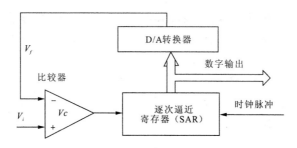

图 5-13 逐次逼近式 A/D 转换器原理框图(1)

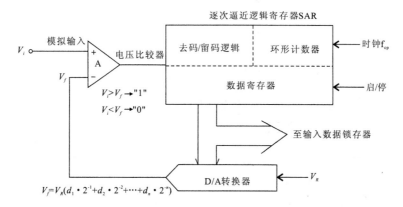

图 5-14 逐次逼近式 A/D 转换器原理框图(2)

工作过程：

*环形计数器。*去码/留码控制逻辑。*逐次比较过程(完成一个 A/D 转换)(逐次逼近式 ADC 去码/留码控制逻辑见表 5-17)。设：$V_R = 10.24\text{V}, V_i = 8.305\text{V}(n=8)$。

表 5-17 逐次逼近式 ADC 去码/留码控制逻辑

次数	计数器	寄存器	V_i 与 V_f 的关系	去/留码
1	1000 0000	1000 0000	$V_{f1} = 5.12\text{V} < V_i$	留
2	0100 0000	1100 0000	$V_{f2} = 5.12\text{V} + 2.56\text{V} = 7.68\text{V} < V_i$	留
3	0010 0000	1100 0000	$V_{f3} = V_{f2} + 1.28\text{V} = 8.96\text{V} > V_i$	去
4	0001 0000	1100 0000	$V_{f4} = V_{f2} + 0.64\text{V} = 8.32\text{V} > V_i$	去
5	0000 1000	1100 1000	$V_{f5} = V_{f2} + 0.32\text{V} = 8.00\text{V} < V_i$	留
6	0000 0100	1100 1100	$V_{f6} = V_{f5} + 0.16\text{V} = 8.16\text{V} < V_i$	留
7	0000 0010	1100 1110	$V_{f7} = V_{f6} + 0.08\text{V} = 8.24\text{V} < V_i$	留
8	0000 0001	1100 1111	$V_{f8} = V_{f7} + 0.04\text{V} = 8.28\text{V} < V_i$	留

2. CVT-PXA270 的 A/D 转换接口

PXA270 芯片本身没有继承 A/D 转换器,本实验系统采用外部扩展芯片 UCB1400 的 A/D 转换接口。关于 UCB1400 的详细信息请参考其数据手册,本实验将对其基本结构和 A/D 转换操作方法进行简单的说明。

(1) UCB1400 A/D 转换器。UCB1400 包括一个 10bit 模/数转换器(ADC),内置跟踪和保持电路,支持 4 路模拟输入(AD0~3),4 个触摸屏输入(TSPX、TSMX、TSPY、TSMY)。UCB1400 ADC 电路框图如图 5-15 所示。

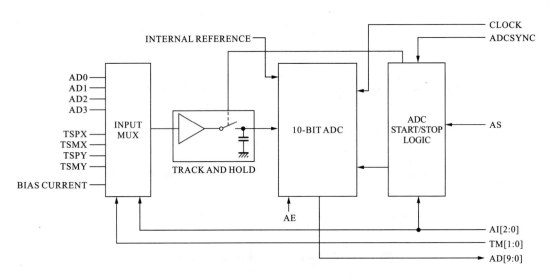

图 5-15 UCB1400 A/D 转换器原理框图

UCB1400 ADC 通过 AC97 接口控制。它由 ADC 控制寄存器的 AE 位激活,只要该 bit 被复位,ADC 电路(包括跟踪和保持电路)都不消耗任何能源。模拟输入源由 AI[2:0]位控制,并由 ADC 控制寄存器的 AS 位启动 AD 转换。

一个完整的 ADC 控制序列包含下面各个步骤:①ADC 被使能;②输入选择器必须被设置到相应的输入;③启动 ADC 转换;④从 ADC 数据寄存器中读出结果。

(2) UCB1400 A/D 转换器相关寄存器,如表 5-18、表 5-19 所示。

3. 实验说明

CVT-PXA270 实验箱的模拟信号为单路电压信号,通过实验箱上的旋钮控制其上的可调电阻并调节电压信号的大小,该路信号接入到 UCB1400 的 AD0 输入端口。本实验就是采集该通道的信号,通过可调电阻,改变其输入模拟信号,以观察 A/D 采样效果。代码如下所示,请结合注释和上小节内容进行阅读。

表 5-18 UCB1400 ADC 控制寄存器

ADC 控制寄存器	位	描述	类型
AE	[15]	如果为 1,ADC 被激活,如果为 0,ADC 关闭电源	读写
保留	[14-8]	保留	只读
AS	[7]	写 1 到该 bit 启动 ADC 转换,该位自动清零	读写
保留	[6]	保留	只读
EXVEN	[5]	必须被设置为 0(其他值保留作为测试用途)	读写
AI2~AI0	[4-2]	ADC 输入选择 000=TSPX　　　　　001=TSMX 010=TSPY　　　　　011=TSMY 100=AD0　　　　　　101=AD1 110=AD2　　　　　　111=AD3	读写
VREFB	[1]	如果为 1,内部参考电压连接到 VREFBYP 引脚	读写
ASE	[0]	如果为 1,ADC 由 ADCSYNC 引脚的上升沿启动 如果为 0,ADC 由 AS 位启动	读写

表 5-19 UCB1400 ADC 数据寄存器

ADC 数据寄存器	位	描述	类型
ADV	[15]	如果为 1,ADC 转换完成,并且数据保存在 AD9~AD0 中	只读
保留	[14-10]	保留	只读
AD9~AD0	[9-0]	ADC 数据	只读

```
//循环采样
while(1)
{
    UINT32 data;
    //设置采样通道
    Ac97CtrlWriteCodecReg(
        AC97CTRL_CM_ID_PRI_CODEC,
        UCB_ADCCR,
        (UCB_ADCCR_AE|UCB_ADCCR_AS|UCB_ADCCR_AI_AD0|UCB_ADCCR_D1)
    );
    //采样
    while(1)
    {
        Wait_Us(100);
```

```
        //读取 AD 值到 data 中,其中 data 的比特 15 为 1 时表示该数据有效,打印该数据
        //如果该比特为 0 表示该数据无效,程序读取。
        Ac97CtrlReadCodecReg(AC97CTRL_CM_ID_PRI_CODEC,
                    UCB_ADCDR,
                    &data);
        if((data&(1<<15))==(1<<15))
            {
                PRINTF("AIN0=0x% 8x\r\n",data&0x3ff);
                break;
            }
    }
    Wait_Us(100);
}
```

【实验步骤】

(1)参照模板项目 ad(modules\ad\ad.apj),新建一个项目 ad,添加相应的文件,并修改项目 ad 的设置;创建 main.c 并加入到项目 ad 中。

(2)编写程序对通道 0 进行 A/D 转换,并将结果显示出来。

(3)通道 0 的输入模拟信号可以通过 CVT-PXA270 实验箱的 AIN0 可调电阻来调节,采集通道 0 的数据并调节 AIN0 可调电阻,观察打印的实验结果。

【实验报告要求】

(1)A/D 转换为什么要进行采样?采样频率应根据什么选定?

(2)设输入模拟信号的最高有效频率为 5kHz,应选用转换时间为多少的 A/D 转换器对它进行转换?

5.6 键盘驱动实验

【实验目的】

(1)学习键盘接口的原理。

(2)掌握通过输入/输出端口扩展键盘的方法。

【实验内容】

编写矩阵键盘扫描程序,并将按键键值在数码管中显示。

【预备知识】

(1)了解 ADS 集成开发环境的基本功能。

(2)了解键盘的构成以及原理。

【实验设备】

(1)硬件:CVT-PXA270 教学实验箱、PC 机。

(2)软件:PC 机操作系统 Windows 98(2000、XP)+ADS 开发环境。

【基础知识】

1. 键盘的基本原理

实现键盘有两种方案：一是采用现有的一些芯片实现键盘扫描；再就是用软件实现键盘扫描。目前有很多芯片可以用来实现键盘扫描，但是键盘扫描的软件实现方法有助于缩减系统的重复开发成本，且只需要很少的 CPU 开销。嵌入式控制器的功能很强，可以充分利用这一资源，这里就介绍一下软键盘的实现方案。

通常在一个键盘中使用了一个瞬时接触开关，并且用如图 5-16 所示的简单电路，微处理器可以容易地检测到闭合。当开关打开时，通过处理器的 I/O 口的一个上拉电阻提供逻辑 1；当开关闭合时，处理器的 I/O 口的输入将被拉低到逻辑 0。可遗憾的是，开关并不完善，因为当它们被按下或者被释放时，并不能够产生一个明确的 1 或者 0。尽管触点可能看起来稳定而且很快地闭合，但与微处理器快速的运行速度相比，这种动作是比较慢的。当触点闭合时，其弹起就像一个球。弹起效果将产生如图 5-17 所示的好几个脉冲。弹起的持续时间通常将维持在 5~30ms 之间。

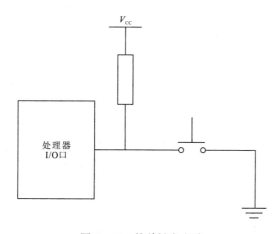

图 5-16 简单键盘电路

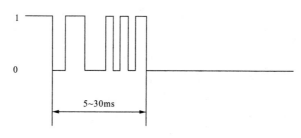

图 5-17 按键抖动

如果需要多个键，则可以将每个开关连接到微处理器上它自己的输入端口。然而，当开关的数目增加时，这种方法将很快用完所有的输入端口。键盘上排列这些开关最有效的方法（当需要 5 个以上键时）就形成了一个如图 5-18 所示的二维矩阵。当行和列的数目一样多时，也就是方型的矩阵,将产生一个最优化的布列方式(I/O端被连接的时候)。一个瞬时接触开关(按钮)放置在每一行与每一列的交叉点。矩阵所需的键的数目显然根据应用程序而不同。每一行由一个输出端口的一位驱动,每一列由一个电阻器上拉且供给输入端口一位。

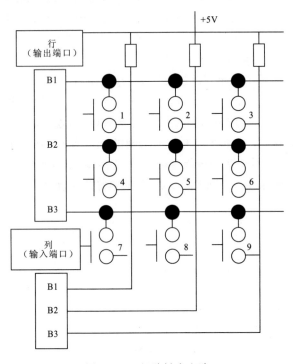

图 5-18　矩阵键盘电路

键盘扫描过程就是让微处理器按有规律的时间间隔查看键盘矩阵,以确定是否有键被按下。一旦处理器判定有一个键按下,键盘扫描软件将过滤掉抖动并且判定哪个键被按下。每个键被分配一个称为扫描码的唯一标识符。应用程序利用该扫描码,根据按下的键来判定应该采取什么行动。换句话说,扫描码将告诉应用程序按下哪个键。某一时刻按下多个键(意外地或者故意地)的情况被称为转滚。能够正确识别一个新键被按下(即使 $n-1$ 个键已经被按下)的任何算法被称为具有 n 键转滚的能力。本节提出的矩阵键盘系统设计,在这种系统中用户输入可能发生相继按键。这些系统通常不需要具有像终端或者计算机系统上的键盘的全部特征那样的键盘。键盘扫描算法:在初始化阶段,所有的行(输出端口)被强行设置为低电平。在没有任何键按下时,所有的列(输入端口)将读到高电平。任何键的闭合将造成其中的一列变为低电平。为了查看是否有一个键已经被按下,微处理器仅仅需要查看任一列的值是否变成低电平。一旦微处理器检测到有键被按下,就需要找出是哪一个键。过程很简单,微处理器只需在其中一列上输出一个低电平。如果它在输入端口上发现一个"0"值,该微处理器就知道在所选择行上产生了键的闭合。相反,如果输入端口全是高电平,则被按下的键就不在那一行,微处理器将选择下一行,并重复该过程直到它发现了该行为止。一旦该行被识别出来,则被按下键的具体的列可以通过锁定输入端口上唯一的低电位来确定。

为了过滤回弹的问题,微处理器以规定的时间间隔对键盘进行采样,这个间隔通常在

20~100ms 之间(被称为去除回弹周期),它主要取决于所使用开关的回弹特征。另外一个特点就是所谓的自动重复。自动重复允许一个键的扫描码可以重复地被插入缓冲区,只要按着这个键或者直到缓冲区满为止。自动重复功能非常有用,当你打算递增或者递减一个参数(也就是一个变量)值时,不必重复按下或者释放该键。如果该键被按住的时间超过自动重复的延迟时间,这个按键将被重复地确认按下。

2. CVT‐PXA270 教学实验系统的键盘模块

本次实验实现的是 4×4 的键盘扫描。分别将每一列置零,如果这时有键按下,则对应的行将为低电平,将得到的结果放到一个变量中,该变量的哪一位为零,则对应一个按键,如果没有键按下,则该变量的值为 0xff。其原理图如图 5‐19 所示。

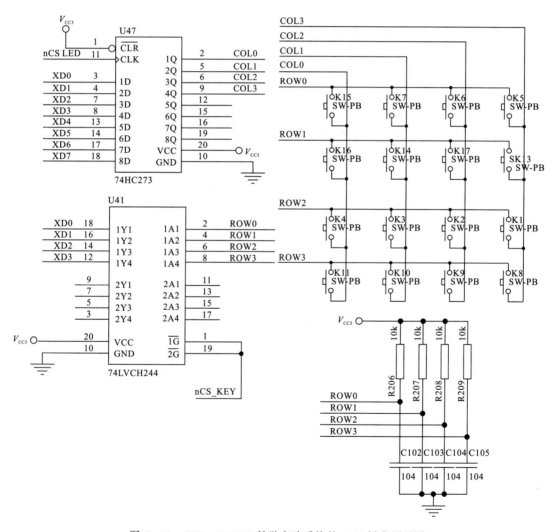

图 5‐19 CVT‐PXA270 教学实验系统的 4×4 键盘原理图

3. 工作原理

CVT-PXA270 教学实验系统的键盘电路由一块 74HC273 锁存器和 74LVCH244 缓冲器完成键盘识别。在没有按键情况下，ROW0～ROW3 通过上拉保持高电平。检测时通过将 COL0～COL3 中的某一列输入低电平，如果该列没有键按下时，通过 74LVCH244 读取到的行值应该为高电平，如果该列某行位置有键按下，那么该行读取到的值应该为低电平。ROW0～ROW3 和 COL0～COL3 分别接到 UCB1400 的通用 I/O 端口进行控制。UCB1400 的通用 I/O 端口将在"4. 键盘控制 I/O 端口"中进行说明。

检测键盘的方法为：循环往各列输入低电平，然后读取行值，如果为全高电平，则判断下一列。否则，该行有键按下，此时已经读取到了该键的行值和列值，然后根据行值和列值得到键码。

4. 键盘控制 I/O 端口

CVT-PXA270 教学实验系统的键盘电路采用 UCB1400 芯片的通用 I/O 端口进行控制。UCB1400 有 10 个可编程数字输入/输出引脚。这些引脚能够通过 I/O 方向寄存器的 IOD [9:0] 独立编程为输入或者输出功能。输入数据和输出数据通过 I/O 数据寄存器的 I/O[9:0] 读取和写入，UCB1400 芯片通用 I/O 端口的数据寄存器和方向寄存器的结构如表 5-20、表 5-21 所示。

表 5-20　UCB1400 IO 数据寄存器

IO 数据寄存器	位	描述	类型
保留	[15-10]	保留	只读
IO9～IO0	[9-0]	读操作时，该寄存器返回所有 IO 引脚的实际状态；写操作时，每个寄存器位将被设置到设置为输出的相应 IO 引脚	读写

表 5-21　UCB1400 IO 方向寄存器

IO 数据寄存器	位	描述	类型
保留	[15-10]	保留	只读
IOD9～IOD0	[9-0]	如果为 1，相应的 IO 引脚被定义为输出；如果为 0，相应的 IO 引脚被定义为输入	读写

ROW0～ROW3 接到 UCB1400 的 IO5～IO8；COL0～COL3 接到 UCB1400 的 IO0～IO3。

5. 实验说明

（1）本实验键盘驱动程序在 libext2\keyboard.c 文件中实现，主要函数如下所示。

void Kbd_Hw_Init();　　//键盘初始化函数，初始化 UCB1400 IO 端口，并开启一个 30ms 定

时器。

　　void Kbd_Scan(void);　//键盘扫描程序,定时调用,30ms 调用一次。
　　void OstKbdCallback(void*cbString);　//定时器服务函数,30ms 调用一次,在该函数中调用 Kbd_Scan 函数。

　　(2)键盘处理流程图如图 5-20 所示。首先,依次将键盘的每一列输出低电平,延时一段

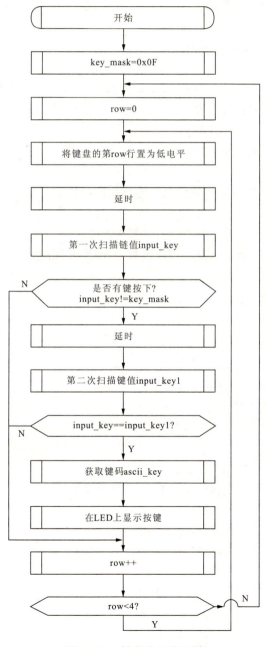

图 5-20　键盘处理流程图

时间,然后获取该行中各行的输入,如果各行全部为 1,则继续查询下一列,否则延时一段时间并重新扫描一次。如果扫描结果与上次扫描结果相同,则调用 key_get_char 获取键码,然后调用 display_num 在 LED 上显示相应键值。

图中通过如下程序将键盘的 row 行输出低电平,并得到键盘输入:

```
Ac97CtrlReadCodecReg(AC97CTRL_CM_ID_PRI_CODEC,
                     UCB_IODR
                     &data);
data=(data&0x1e0)>>5;
input_key[temp]=(data)&key_mask;
```

【实验步骤】

(1)参照模板项目 key(modules\keyboard\keyboard.apj),新建一个项目 keyboard,添加相应的文件,并修改 keyboard 的项目设置。

(2)创建 main.c 并加入到项目 keyboard 中。

(3)按照上节流程图编写键盘扫描程序。

(4)编译 keyboard。

(5)下载程序并运行,按键看数码管是否输出相应键值。

【实验报告要求】

(1)键盘扫描有哪几种方式? 分别说明其基本原理。

(2)编写程序实现定时器中断方式扫描键盘,并画出流程图。

5.7 LCD 显示实验

【实验目的】

(1)了解 LCD 显示的基本原理。

(2)了解 LCD 的接口与控制方法。

(3)掌握 LCD 显示图形的方法。

(4)掌握 LCD 显示字符的方法(本次实验显示汉字)。

【实验内容】

(1)编写图形显示函数,在 LCD 上显示图形。

(2)编写 HZK16 汉字库读取函数,在 LCD 上显示汉字。

【预备知识】

(1)了解汉字库的组织方式,汉字显示的原理。

(2)学习 LCD 的显示原理和控制办法。

【实验设备】

(1)硬件:CVT-PXA270 教学实验箱、PC 机。

(2)软件:PC 机操作系统 Windows 98(2000、XP)+ADS 开发环境。

【基础知识】

1. LCD(Liquid Crystal Display)原理

LCD 俗称液晶,液晶得名于其物理特性:它的分子晶体,不过以液态存在而非固态。LCD 显示器的基本原理就是通过给不同的液晶单元供电,控制其光线的通过与否,从而达到显示目的。因此,LCD 的驱动控制归于对每个液晶单元的通断电的控制,每个液晶单元都对应着一个电极,对其通电,便可使用光线通过(也有刚好相反的,即不通电时光线通过,通电时光线不通过)。

光源的提供方式有两种:透射式和反射式。笔记本电脑的 LCD 显示屏即为透射式,屏后面有一个光源,因此外界环境可以不需要光源。而一般微控制器上使用的 LCD 为反射式,需要外界提供光源,靠反射光来工作。

2. LCD 的驱动控制

(1) 总线驱动方式。一般带有驱动模块的 LCD 显示屏使用这种驱动方式,这种 LCD 可以方便地与各种低档单片机进行接口,如 8051 系列单片机。由于 LCD 已经带有驱动硬件电路,因此模块给出的是总线接口,便于与单片机的总线进行接口。驱动模块具有 8 位数据总线,外加一些电源接口和控制信号。而且还自带显示缓存,只需要将要显示的内容送到显示缓存中就可以实现内容的显示。由于只有八条数据线,因此,常常通过引脚信号来实现地址与数据线复用,以达到把相应数据送到相应显示缓存的目的。

(2) 扫描器控制方式。另外一种 LCD 显示屏,没有驱动电路,需要与驱动电路配合使用。这种 LCD 体积小,但需要另外的驱动芯片。通常可以使用带有 LCD 驱动能力的高档 MCU 驱动,如 ARM 系列的 PXA270。PXA270 中具有内置的 LCD 控制器,它具有将显示缓存(在系统存储器中)中的图象数据传输到外部 LCD 驱动电路的逻辑功能。PXA270 中内置的 LCD 控制器提供了支持双扫描无源阵列彩显(DSTN,俗称伪彩)屏或有源阵列彩显(TFT,俗称真彩)屏的接口,并支持单色和多色素格式。它拥有自己独立的双通道 DMA 控制器,两路通道分别用于单面板和双面板显示。最大支持显示分辨率为 1 024×1 024 像素,推荐最高分辨率为 800×600 像素。在无源单色模式下,最高支持 256 级灰度。对于彩色显示,不管有源模式还是无源模式,最高均支持 65 536 种颜色。LCD 控制器将帧缓存中的像素编码值,对应于 16 位宽的 256 个入口的调色板 RAM,根据数据宽度决定彩色的数量。

CVT-PXA270 教学实验系统采用 SHARP LQ080V3DG01 TFT 显示器,其分辨率为 800×600,大小为 8 英寸。图 5-21 为 PXA270 LCD 控制器的原理框图。

LCD 控制器用于传输显示数据并产生必要的控制信号,如 VFRAME、VLINE、VCLK 和 VM。除了控制信号,还有显示数据的数据端口 VD[7:0]。LCD 控制器包含 REGBANK、LCDC-DMA、VIDPRCS 和 TIMEGEN。REGBANK 具有 18 个可编程寄存器,用于配置 LCD 控制器。LCDCDMA 为专用 DMA,它可以自动地将显示数据从帧内存中传送到 LCD 驱动器中。通过专用 DMA,可以在不需要 CPU 介入的情况下显示数据。

内置的 LCD 控制器提供了表 5-22 所列出的外部接口信号。

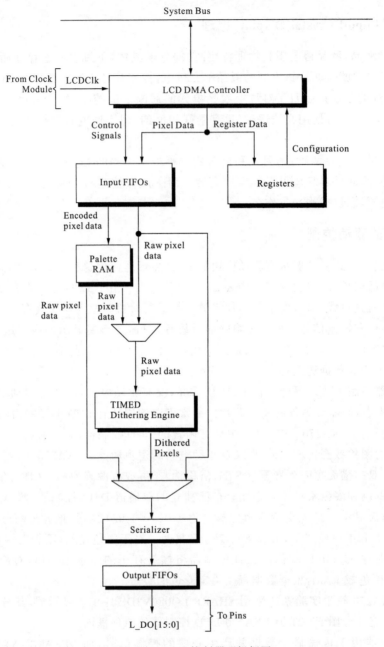

图 5-21　LCD 控制器逻辑框图

3. LCD 控制器寄存器

PXA270 的 LCD 控制器包含多个可编程的控制寄存器,表 5-23 中列举了部分寄存器的基本含义,更加详细的使用说明请参考 PXA270 的数据手册。

表 5-22 PXA270 LCD 控制器接口

信号	说明	功能
L_FCLK	帧时钟	它通知 LCD 屏新的一帧的显示
L_LCLK	行时钟	LCD 驱动器通过它来将水平移位寄存器中的内容显示到 LCD 屏上。LCD 控制器在一整行数据全部传输到 LCD 驱动器后发出 VLINE 信号
L_PCLK	点时钟	为 LCD 控制器和 LCD 驱动器之间的像素时钟信号
L_BIAS	AC 扁置	AC 扁置,用于切换 LCD 行列驱动电源供电的极性
L_DD[7:0]	数据线	LCD 像素数据输出端口,同时传送 4 个或者 8 个数据值到 LCD 显示器
L_DD[15:8]	数据线	LCD 像素数据输出端口,双扫描或者 TFT 模式时,使用这些数据线

表 5-23 LCD 控制器寄存器

寄存器名称	地址	读写状态	描述	复位值
LCCR0	0x44000000	R/W	LCD 控制寄存器 0	0x0
LCCR1	0x44000004	R/W	LCD 控制寄存器 1	0x0
LCCR2	0x44000008	R/W	LCD 控制寄存器 2	0x0
LCCR3	0x4400000C	R/W	LCD 控制寄存器 3	0x0
FBR0	0x44000020	R/W	DMA 通道 0 帧分支寄存器	0x0
FBR0	0x44000024	R/W	DMA 通道 1 帧分支寄存器	0x0
LCSR	0x44000038	R/W	LCD 控制状态寄存器	0x0
LIIDR	0x4400003C	R/W	LCD 控制器中断 ID 寄存器	0x0
TRGBR	0x44000040	R/W	TMED RGB 种子寄存器	0x0
TCR	0x44000044	R/W	TMED 控制寄存器	0x0
FDADR0	0x44000200	R/W	DMA 通道 0 帧描述地址寄存器	0x0
FSADR0	0x44000204	R/W	DMA 通道 0 帧源地址寄存器	0x0
FIDR0	0x44000208	R/W	DMA 通道 0 帧 ID 寄存器	0x0
LDCMD0	0x4400020C	R/W	DMA 通道 0 命令寄存器	0x0
FDADR1	0x44000210	R/W	DMA 通道 1 帧描述地址寄存器	0x0
FSADR1	0x44000214	R/W	DMA 通道 1 帧源地址寄存器	0x0
FIDR1	0x44000218	R/W	DMA 通道 1 帧 ID 寄存器	0x0
LDCMD1	0x4400021C	R/W	DMA 通道 1 命令寄存器	0x0

4. LCD 的显示方式

（1）图形显示方式。CVT-PXA270 的 LCD 显示模块由 PXA270 的 LCD 控制器和彩色 LCD 显示器组成。其显示方式以直接操作显示缓冲区的内容进行，LCD 控制器会通过 DMA 从显示缓冲区中获取数据，不需要 CPU 干预。本系统采用的 LCD 分辨率为 640×480，工作在 16 位 TFT 彩色显示模式，在该模式下，显示缓冲区中的两个字节数据代表 LCD 上的一个点的颜色信息，因此，所需要的显示缓冲区大小为 640×480×2 字节。其中，每个点的彩色数据格式如图 5-22 所示。

16 bits/pixel	Bit 15 14 13 12 11 10 9 8 7 6 5 4 3 2 1 0
	Raw Pixel Data<15:0>
	Red Data<4:0> | Green Data<5:0> | Blue Data<4:0>

	Bit 31　　　　　　　　　　　16 15　　　　　　　　　　　0
Base+0x0	Pixel 1 | Pixel 0
Base+0x4	Pixel 3 | Pixel 2

图 5-22　彩色数据格式示意图

在 CVT-PXA270 中以图形方式显示之前必须对 LCD 控制器进行初始化，具体过程如下：①初始化 LCD 端口，由于 LCD 控制端口与 CPU 的 GPIO 端口是复用的，因此必须设置相应寄存器，将其设置为 LCD 驱动控制端口。②申请显示缓冲区，大小为 640×480×2 字节。③初始化 LCD 控制寄存器，包括设置 LCD 分辨率、扫描频率、显示缓冲区等。

详细的 LCD 初始化代码在 libcommon\lcdcontroller.c 文件的 void LcdHWSetup(LcdContextT*ctxP, int vStandard, int cs) 函数中实现。在该函数中将初始化 LCD 控制寄存器并申请显示缓冲区，显示缓冲区基地址在 include\jxscale.h 文件中定义：

#define LCD_FRAME_BUFFER_VIRT_ADDR 0xA0100060

LCD 初始化后，可以通过直接修改显示缓冲区实现显示。如下代码为 lcd\LcdTest.c 文件中在 LCD 的(x,y)位置处以颜色 c 打一个点的函数实现：

```
void PutPixel(unsigned int x, unsigned int y, unsigned short c){
UINT16*frameBufferVirtAddress=(UINT16*)(LCD_FRAME_BUFFER_VIRT_ADDR+(y*640+x)*2);
*frameBufferVirtAddress=c;
}
```

本实验实现了从 BMP 图片文件中读取图片数据并显示出来，该函数实现如下：

```
void LcdPictureTest(){
UINT32*picStartAddress=(UINT32*)BMP_FILE_START_VIRT_ADDR;
UINT32*frameBufferVirtAddress=(UINT32*)LCD_FRAME_BUFFER_VIRT_ADDR;

PRINTF("Display Picture Test...BEGIN!");
```

```
Screen.setDisplayFnP(&Screen,DM_DisplayFormatLCD,DM_ColorSpaceRGB565);

if(!VerifyBmpSignature((void*)picStartAddress)){
    ParseWindowsBmpFile(picStartAddress,frameBufferVirtAddress);
}
PRINTF("Display Picture Test...FINISHED!",0);
}//end LcdPictureTest
```

该函数中通过 VerifyBmpSignature 函数判断指定位置（BMP_FILE_START_VIRT_ADDR 起始地址）处是否有有效的 BMP 文件，如果有，通过调用 ParseWindowsBmpFile 函数显示 BMP 文件。ParseWindowsBmpFile 文件实现代码如下，请注意该函数只能显示 640×480 大小的 BMP 位图。

```
void ParseWindowsBmpFile(UINT32*bmpStartAddress,UINT32*frameBuffAddrP)
{
    volatile UINT32*pixelDataP=(UINT32*)(BMP_FILE_START_VIRT_ADDR+BMP_FILE
_PIXEL_DATA_OFFSET);
    volatile char*bmpScanLineP=(char*)(BMP_FILE_START_VIRT_ADDR+BMP_FILE_
LAST_BYTE_OFFSET);
    volatile char*filePositionP=bmpScanLineP;
    volatile unsigned short*fbP=(unsigned short*)frameBuffAddrP;

    static volatile unsigned short NewPixelValue=0;
    unsigned short blueIntensity=0;
    unsigned short redIntensity=0;
    unsigned short greenIntensity=0;

    int i;   //loop counter

    while(bmpScanLineP>=(char*)pixelDataP)
    {
        bmpScanLineP=bmpScanLineP - 0x780;
        filePositionP=bmpScanLineP;

        if(filePositionP>=(char*)pixelDataP)
        {
            for(i=1; i<=640; i++)
            {
                blueIntensity=(*bmpScanLineP)/8;
                NewPixelValue|=blueIntensity;
```

```
                bmpScanLineP++;
                blueIntensity=0;

                greenIntensity=(*bmpScanLineP)/4;
                NewPixelValue|=(greenIntensity<<5);
                bmpScanLineP++;
                greenIntensity=0;

                redIntensity=(*bmpScanLineP)/8;
                NewPixelValue|=(redIntensity<<11);
                bmpScanLineP++;
                redIntensity=0;

                *fbP=NewPixelValue;
                fbP++;
                NewPixelValue=0;
            }

                bmpScanLineP=filePositionP;
        }
        else
        {
            break;
        }
    }//end while loop

}//end ParseWindowsBmpFile
```

（2）字符显示方式。LCD 字符显示就是将字库（汉字字库、英文字库或者其他语言字库）中的字模以图形方式显示在 LCD 上，其显示原理和图形显示没有差别，只要把汉字当成一幅画，画在显示屏上就可以了。关键在于如何取得字符的图形，也就是字符的点阵字模。

常用的汉字点阵字库文件，例如常用的 16×16 点阵 HZK16 文件，按汉字区位码从小到大依次存有国标区位码表中的所有汉字，每个汉字占用 32 个字节，每个区为 94 个汉字。在计算机中，汉字是以机内码的形式存储的，每个汉字占用两个字节：第一个字节为区码（qh），为了与 ASCII 码区别，范围从十六进制的 A1H 开始（小于 80H 的为 ASCII 码字符），对应区位码中区码的第一区；第二个字节为位码（wh），范围也是从 A1H 开始，对应某区中的第一个位码。这样，将汉字机内码减去 A0A0H 就得该汉字的区位码。因此，汉字在汉字库中的具体位置计算公式为：

location=(94*(qh-1)+wh-1)*一个汉字字模占用字节数

一个汉字字模占用的字节数根据汉字库的汉字大小不同而不同。以 HZK16 点阵字库为例,字模中每一点使用一个二进制位(bit)表示,如果是 1,则说明此处有点;如果是 0,则说明没有。这样,一个 16×16 点阵的汉字总共需要 16*16/8=32 个字节表示。字模的表示顺序为:先从左到右,再从上到下,也就是先画第一行左上方的 8 个点,再是右上方的 8 个点,然后是第二行左边 8 个点,右边 8 个点,依此类推,画满 16×16 个点。因此,HZK16 中汉字在汉字库中具体位置的计算公式为:(94*(qh-1)+(wh-1))*32。例如汉字"房"的机内码为十六进制的"B7BF",其中"B7"表示区码,"BF"表示位码。所以"房"的区位码为 0B7BFH-0A0A0H=171FH。将区码和位码分别转换为十进制得汉字"房"的区位码为"2331",即"房"的点阵位于第 23 区的第 31 个字的位置,相当于在文件 HZK16 中的位置为第 32×[(23-1)×94+(31-1)]=67136B 以后的 32 个字节为"房"的显示点阵。

【实验步骤】

实验 A:LCD 图形显示实验。

(1)参照创建好的模板项目 lcd,新建一个项目 lcd,参照示例修改 lcd 项目的设置,并添加 LCD 显示函数文件。

(2)编写一个图形显示函数 ParseWindowsBmpFile,将 BMP 位图显示到 LCD 上。

(3)下载程序。

(4)下载 BMP 文件:下载程序后点击 Debug 菜单的 Memory Download 子菜单将位图文件下载到内存的 0xA0200000 地址处,位图文件在 lcd\Bliss.bmp 中,下载设置如图 5-23 所示。

图 5-23 下载 BMP 位图设置

(5)运行程序,并观察 LCD 上的显示。

实验B：LCD汉字显示实验。

(1)参照创建好的模板项目lcd,新建一个项目lcd。参照示例修改lcd项目的设置,并添加LCD显示函数文件。

(2)创建lcdtest.c并加入到项目lcd中。

(3)编辑lcdtest.c文件,添加Main函数。

(4)编写一个HZK16显示函数void lcd_disp_hzk16(int x,int y,char*s,int colour),将字符串s以colour颜色显示到LCD的(x,y)处,所使用的汉字库在include\hzk16.h中以HZK16数组表示。

(5)在Main函数中,LCD初始化后,调用lcd_disp_hzk16显示一串汉字。

(6)编译lcd,成功后,下载并运行,观察结果。

【实验报告要求】

(1)简述LCD显示图形的原理。

(2)举例说明LCD显示汉字的原理。

(3)编写程序,将键盘的按键值显示到LCD上。

5.8 触摸屏控制实验

【实验目的】

(1)了解触摸屏的基本概念与原理。

(2)编程实现并掌握对触摸屏的控制。

【实验内容】

(1)编程实现触摸屏坐标到LCD坐标的校准。

(2)编程实现触摸屏坐标采集以及LCD坐标的计算。

【预备知识】

(1)学习"A/D实验"。

(2)学习触摸屏的原理。

(3)了解触摸屏与显示屏的坐标转换。

【实验设备】

(1)硬件:CVT-PXA270教学实验箱、PC机。

(2)软件:PC机操作系统 Windows 98(2000、XP)+ADS开发环境。

【基础知识】

1. 触摸屏的基本原理

触摸屏按其工作原理的不同分为表面声波屏、电容屏、电阻屏和红外屏几种。每一类触摸屏都有其各自的优缺点,下面简单介绍每一类触摸屏技术的工作原理和特点。

(1)电阻技术触摸屏。电阻触摸屏的主要部分是一块与显示器表面非常配合的电阻薄膜屏,这是一种多层的复合薄膜。它以一层玻璃或硬塑料平板作为基层,表面涂有一层透明氧化金属(ITO氧化铟,透明的导电电阻)导电层,上面再盖有一层外表面硬化处理、光滑防擦的塑料层,它的内表面也涂有一层ITO涂层,在它们之间有许多细小的(小于1/1 000英寸)的透明隔离点把两层导电层隔开绝缘。当手指触摸屏幕时,两层导电层在触摸点位置就有了接触,如图 5-24 所示,控制器侦测到这一接触并计算出(X,Y)的位置,再根据模拟鼠标的方式运作。这就是电阻技术触摸屏的最基本的原理。电阻触摸屏的特点:

★高解析度,高速传输反应;

★表面硬度处理,减少擦伤、刮伤及防化学处理;

★具有光面及雾面处理;

★一次校正,稳定性高,永不漂移。

(2)表面声波技术触摸屏。表面声波技术是利用声波在物体的表面进行传输,当有物体触摸到表面时,阻碍声波的传输,换能器侦测到这个变化,反映给计算机,进而进行鼠标的模拟。表面声波屏特点:

★清晰度较高,透光率好;

★高度耐久,抗刮伤性良好;

★一次校正不漂移;

★反应灵敏;

★适合于办公室、机关单位及环境比较清洁的场所。

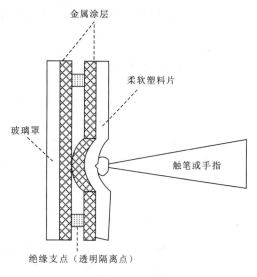

图 5-24 电阻触摸屏触摸示意图

表面声波屏需要经常维护,因为灰尘、油污甚至饮料的液体沾在屏的表面,都会阻塞触摸屏表面的导波槽,使波不能正常发射,或使波形改变而控制器无法正常识别,从而影响触摸屏的正常使用,用户需严格注意环境卫生。必须经常擦抹屏的表面以保持屏面的光洁,并定期做一次全面彻底的擦除。

(3)电容技术触摸屏。利用人体的电流感应进行工作。用户触摸屏幕时,由于人体电场、用户和触摸屏表面形成一个耦合电容,对于高频电流来说,电容是直接导体,于是手指从接触点吸走一个很小的电流。这个电流会从触摸屏的四角上的电极中流出,并且流经这 4 个电极的电流与手指到四角的距离成正比,控制器通过对这 4 个电流比例的精确计算,得出触摸点的位置。电容触摸屏的特点:

★对大多数的环境污染物有抗力;

★人体成为线路的一部分,因而漂移现象比较严重;

★带手套不起作用;

★需经常校准;

★不适用于金属机柜;

★当外界有电感和磁感的时候,会使触摸屏失灵。

2. 触摸屏与显示器的配合

一般触摸屏将触摸时的 X、Y 方向的电压值送到 A/D 转换接口,经过 A/D 转换后的 X 与 Y 值仅是对当前触摸点的电压值的 A/D 转换值,它不具有实用价值。这个值的大小不但与触摸屏的分辨率有关,而且与触摸屏和 LCD 贴合的情况有关。以四线电阻式触摸屏为例

(图 5-25)。

每次按压后,将产生 4 个电压信号:$X+$、$Y+$、$X-$、$Y-$,它经过 A/D 得到相应的值,LCD 分辨率与触摸屏的分辨率一般是不一样的,坐标也不一样,因此,如果想得到体现 LCD 坐标的触摸屏位置,还需要在程序中进行转换。

3. PXA270 的触摸屏控制

PXA270 支持触摸屏接口,本系统中的触摸屏控制电路如图 5-26 所示。

图 5-26 中,AIN[7]与触摸屏的 $X+$连接,AIN[5]与触摸屏的 $Y+$连接。图中使用了 4 个外部晶体管,且

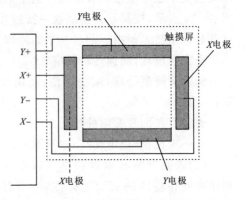

图 5-25 触摸屏输入示意图

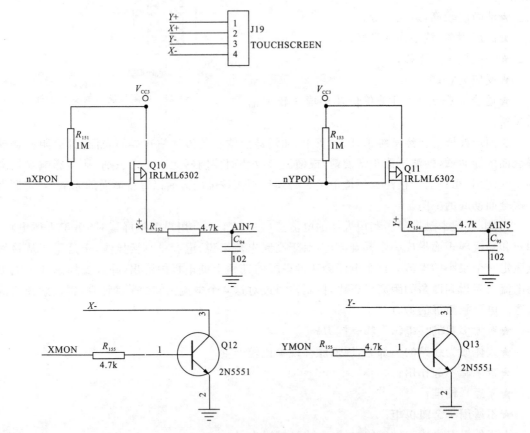

图 5-26 CVT-PXA270 教学实验系统的触摸屏电路图

nYPON、YMON、nXPON 和 XMON 等控制信号分别与 4 个晶体管相连。

CVT-PXA270 触摸屏采用 UCB1400 的通用触摸屏控制器进行控制,由于篇幅限制,此处将不对 UCB1400 的触摸屏控制器进行详细说明,具体程序见下节中的实验说明部分。

4. 实验说明

(1)触摸屏处理流程:①触摸屏控制初始化,选择 Separate X/Y 位置转换模式或者 Auto X/Y 位置转换模式;②设置触摸屏接口到等待中断模式;③如果中断产生,相应的转换(Separate X/Y 位置转换模式或者 Auto X/Y 位置转换模式)被激活;④在获取 X/Y 坐标值后,返回到等待中断模式。

(2)触摸屏控制程序分析。在 Ts_GetRaw 函数中进行触摸屏初始化、启动触摸屏测试等动作。

```
UINT32 TS_GetRaw(UINT16*x,UINT16*y)
{
    UINT32 retVal;
    UINT data,timeout;

    //采集 X 方向数据
    retVal=Ac97CtrlWriteCodecReg(//Read the "X" coordinate.
        AC97CTRL_CM_ID_PRI_CODEC,
        UCB_TSCR,
        UCB_TSCR_BIAS|UCB_TSCR_POSMO|UCB_TSCR_TSMY_POW|UCB_TSCR_TSPY_GND
    );
    if(retVal!=ERR_NONE)return(retVal);

    Wait_Us(100);

    retVal=Ac97CtrlWriteCodecReg(//Start the conversion.
        AC97CTRL_CM_ID_PRI_CODEC,
        UCB_ADCCR,
        UCB_ADCCR_AE|UCB_ADCCR_AS/*|UCB_ADCCR_ASE*/|
        UCB_ADCCR_AI_TSMX
    );
    if(retVal!=ERR_NONE)return(retVal);

    timeout=RETRIES;

    do {
        if(!(timeout --)){
            retVal=TS_TIMEOUT;
            PRINTF("Touchscreen ADC never done!");
            return(retVal);
```

```c
        }

        Wait_Us(10);

        retVal=Ac97CtrlReadCodecReg(//Get the result.
            AC97CTRL_CM_ID_PRI_CODEC,
            UCB_ADCDR,
            &data
        );
        if(retVal!=ERR_NONE)return(retVal);

    }while(!(data&UCB_ADCDR_ADV));//Wait for done bit.

    *x=data&UCB_ADCDR_MASK;    //X 方向数据

//获取触摸屏状态,只有在按下状态才继续读取 Y 方向数据
    retVal=TS_GetPenStatus();
    if(retVal!=TS_PENDOWN)return(retVal);

//读取 Y 方向数据
    retVal=Ac97CtrlWriteCodecReg(//Read the "Y" coordinate.
        AC97CTRL_CM_ID_PRI_CODEC,
        UCB_TSCR,
        UCB_TSCR_BIAS|UCB_TSCR_POSMO|UCB_TSCR_TSMX_POW|UCB_TSCR_TSPX_GND
    );
    if(retVal!=ERR_NONE)return(retVal);

    Wait_Us(100);

    retVal=Ac97CtrlWriteCodecReg(//Start the conversion.
        AC97CTRL_CM_ID_PRI_CODEC,
        UCB_ADCCR,
        UCB_ADCCR_AE|UCB_ADCCR_AS/*|UCB_ADCCR_ASE*/|
        UCB_ADCCR_AI_TSMY
    );
    if(retVal!=ERR_NONE)return(retVal);

    timeout=RETRIES;
```

```
    do {
        if(!(timeout --)){
            retVal=TS_TIMEOUT;
            PRINTF("Touchscreen ADC never done!");
            return(retVal);
        }

        Wait_Us(10);

        retVal=Ac97CtrlReadCodecReg(//Get the result.
            AC97CTRL_CM_ID_PRI_CODEC,
            UCB_ADCDR,
            &data
        );
        if(retVal!=ERR_NONE)return(retVal);

    }while(!(data&UCB_ADCDR_ADV));//Wait for done bit.

    *y=data&UCB_ADCDR_MASK;//Y方向数据

    return retVal;
}
```

【实验步骤】

(1)参照模板项目touch(modules\touch\touch.apj),新建一个项目touch,添加相应的文件,并修改touch项目的设置。

(2)创建touch.c并加入到项目touch中。

(3)编写程序分别校正LCD左上角和右下角坐标。

(4)编写程序采集触摸屏坐标屏将其转换到LCD坐标并通过串口打印出来。

(5)编译touch,下载程序并运行,并观察输出结果。

【实验报告要求】

(1)常见的触摸屏有哪几种?说明各自的优缺点。

(2)以四线电阻式触摸屏为例,说明电阻式触摸屏的工作原理。

(3)举例说明触摸屏坐标与屏幕坐标之间的转换。

(4)编写程序实现以中断方式采集触摸屏坐标。

5.9 PS/2 接口实验(键盘和鼠标)

【实验目的】
(1) 了解 PS/2 键盘和鼠标接口的基本原理。
(2) 掌握 CVT‑PXA270 中 PS/2 键盘和鼠标接口的编程方法。

【实验内容】
(1) 编程实现 PS/2 键盘键值的获取。
(2) 编程实现 PS/2 鼠标按键及位移的获取。

【预备知识】
阅读 PS/2 接口技术参考文档。

【实验设备】
(1) 硬件：CVT‑PXA270 教学实验箱、PC 机、PS/2 键盘、PS/2 鼠标。
(2) 软件：PC 机操作系统 Windows 98(2000、XP)+ADS 开发环境。

【基础知识】

1. PS/2 接口

PS/2 接口用于许多现代的鼠标和键盘。PC 键盘可以有 6 脚的 mini‑DIN 或 5 脚的 DIN 连接器。本系统使用 6 脚的 mini‑DIN，其引脚定义如图 5‑27 所示。

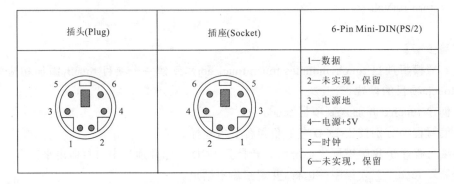

图 5‑27 PS/2 接口及其引脚定义

电源、地、5V、数据和时钟，主机提供 5V，并且键盘/鼠标的电源、地连接到主机的电源、地上。数据和时钟都是集电极开路的，这就意味着它们通常保持高电平而且很容易下拉到地逻辑 0，任何你连接到 PS/2 的鼠标、键盘在时钟和数据线上要有一个大的上拉电阻。置 0 就把数据线拉低，置 1 就让数据线上浮成高电平。图 5‑28 为数据和时钟线的一般接口电路。

PS/2 鼠标和键盘履行一种双向同步串行协议。键盘/鼠标可以发送数据到主机，而主机也可以发送数据到设备，但主机总是在总线上有优先权，它可以在任何时候抑制来自于键盘/鼠标的通信，只要把时钟拉低即可。

从键盘/鼠标发送到主机的数据在时钟信号的下降沿(当时钟从高变到低的时候)被读取；

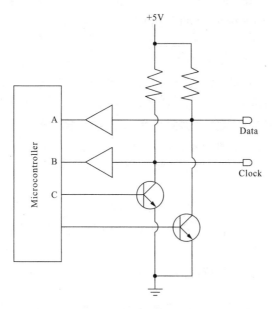

图 5-28　PS/2 数据线和时钟线典型接口电路

从主机发送到键盘/鼠标的数据在上升沿(当时钟从低变到高的时候)被读取。不管通信的方向怎样,键盘/鼠标总是产生时钟信号。如果主机要发送数据,它必须首先告诉设备开始产生时钟信号,最大的时钟频率是 33kHz。而且大多数设备工作在 10~20kHz。

在主机到设备(键盘或鼠标)的通信中,所有数据安排在字节中,每个字节为一帧,包含 12 位,1 个起始位(总为 0)、8 个数据位(低位在前)、1 个校验位(奇校验)、1 个停止位(总为 1)、1 个应答位。

PS/2 时钟信号总是由设备产生。如果主机要发送数据,必须首先把时钟和数据线设置为"请求发送"状态,方法为:①通过下拉时钟线至少 100μs 来抑制通信;②通过下拉数据线来"请求发送",然后释放时钟。

设备会在不超过 10ms 的间隔内就检查这个状态,当设备检测到这个状态,它将开始产生时钟信号。主机仅当时钟线为低的时候改变数据线,而数据在时钟脉冲的上升沿被锁存。

2. PS/2 键盘接口

键盘上包含了 1 个大型的按键矩阵,它们是由安装在电路板上的处理器来监视的。键盘的处理器花费很多的时间来扫描或监视按键矩阵。如果它发现有键被按下、释放或按住,键盘将发送扫描码的信息包到计算机。扫描码有两种不同的类型:通码和断码。当 1 个键被按下或按住就发送通码;当 1 个键被释放就发送断码。每个按键被分配了唯一的通码和断码,这样主机通过查找唯一的扫描码就可以测定是哪个按键。每个键一整套的通断码组成了扫描码集。有 3 套标准的扫描码集,现代的键盘默认使用第二套扫描码。通过查表的方式可以获得每个按键的扫描码。

在 CVT-PXA270 中,通过 PS2_KBD_Get_Byte 函数从键盘获取输入,然后在 PS2_Handle_Rawcode 函数中查表获得键值。这两个函数声明如下:

char PS2_KBD_Get_Byte(void)
void PS2_KBD_Handle_Rawcode(int keyval)

3. PS/2 鼠标接口

标准的 PS/2 鼠标支持下面的输入：X（左右）位移、Y（上下）位移、左键、中键和右键。鼠标以 1 个固定的频率读取这些输入并更新不同的计数器然后标记出反映的移动和按键状态。

标准的鼠标有两个计数器保持位移的跟踪：X 位移计数器和 Y 位移计数器。可存放 9 位的二进制补码，并且每个计数器都有相关的溢出标志。它们的内容连同 3 个鼠标按钮的状态一起以 3 字节移动数据包的形式发送给主机。位移计数器表示从最后一次位移数据包被送往主机后有位移量发生。

当鼠标读取它的输入的时候，它记录按键的当前状态，然后检查位移。如果位移发生，它就增加（对正位移）或减少（对负位移）X 和/或 Y 位移计数器的值。如果有 1 个计数器溢出了，就设置相应的溢出标志。

标准的 PS/2 鼠标发送位移和按键信息给主机采用如图 5-29 的 3 字节数据包格式。

	Bit7	Bit6	Bit5	Bit4	Bit3	Bit2	Bit1	Bit0
Byte 1	Y overflow	X overflow	Y sign bit	X sign bit	Always 1	Middle Btn	Right Btn	Left Btn
Byte 2	X Movement							
Byte 3	Y Movement							

图 5-29 标准 PS/2 位移数据包

位移计数器是一个 9 位 2 的补码整数。它的最高位作为符号位出现在位移数据包的第一个字节里。这些计数器在鼠标读取输入发现有位移时被更新。这些值是自从最后一次发送位移数据包给主机后位移的累计量（即最后一次包发给主机后，位移计数器被复位）。位移计数器可表示的值的范围是-255 到+255。如果超过了范围，相应的溢出位就被设置，并且在复位前，计数器不会增减。

标准的 PS/2 鼠标的 1 个流行的扩展是微软的 Intellimouse。它支持 5 个鼠标按键和 3 个位移轴（左右、上下和滚轮）。这些附加特征要求使用 4 字节的位移数据包而不是标准 3 字节包。

微软的 Intellimouse 工作起来像标准 PS/2 鼠标（也就是使用 3 字节位移数据包和标准 PS/2 鼠标一样回应所有命令，报告设备 ID0x00）。要进入滚轮模式，主机应该发送如下的命令序列：设置采样速率 200；设置采样速率 100；设置采样速率 80。

主机然后应该发布"获得设备 ID"命令（0xF2）并等待回应。如果安装的是标准 PS/2 鼠标，它回应设备 ID0x00。但是如果安装的是微软的 Intellimouse，它返回的 ID 是 0x03，这就告诉主机挂接的定点设备有滚轮并且主机认为鼠标使用 4 字节的位移数据包，如图 5-30 所示。

Z 位移是 2 的补码，表示滚轮的自上次数据报告以来的位移。有效值的范围在-8 到+7。这意味着数值实际只有低四位，高四位仅用作符号扩展位。

鼠标设置的 1 个缺省值之一是数据报告被禁止，这就意味着鼠标在没收到使能数据报告（0xF4）命令之前不会发送任何位移数据包给主机。

	Bit7	Bit6	Bit5	Bit4	Bit3	Bit2	Bit1	Bit0
Byte 1	Y overflow	X overflow	Y sign bit	X sign bit	Always 1	Middle Btn	Right Btn	Left Btn
Byte 2	X Movement							
Byte 3	Y Movement							
Byte 4	Z Movement							

图 5-30 微软的 Intellimouse 鼠标位移数据包

在 CVT-PXA270 中，必须首先通过 PS2_Mouse_Init 函数进行初始化，然后通过 PS2_Mouse_Get_Byte 函数从鼠标获取输入。这两个函数声明如下：

void PS2_Mouse_Init()

char PS2_Mouse_Get_Byte(void)

【实验步骤】

(1) 参照模板项目 ps2(modules\ps2\ps2.apj)，新建一个项目 ps2，添加相应的文件，并修改 ps2 的项目设置。

(2) 编程 PS/2 键盘键值读取程序。

(3) 编写标准 PS/2 鼠标信息获取程序。

(4) 在键盘接口接上 PS/2 键盘，在鼠标接口接上 PS/2 鼠标，然后分别运行所编写的键盘键值读取程序和鼠标信息获取程序，并测试。

【实验报告要求】

编程实现对 PS/2 Intellimouse 的处理。

5.10 GPRS 基础实验

【实验目的】

(1) 了解 GPRS 无线通信模块的基本知识。

(2) 掌握无线通信模块的使用。

【实验内容】

(1) 掌握 AT 命令集。

(2) 通过计算机串口控制 GPRS 模块。

【预备知识】

(1) 了解 GPRS 网络体系结构。

(2) 了解 GPRS 的使用。

【实验设备】

(1) 硬件：CVT-PXA270-2 或 CVT-PXA270-3 教学实验箱、PC 机。

(2) 软件：PC 机操作系统 Windows 98(2000、XP)+ADT IDE 集成开发环境。

【基础知识】

1. GPRS 简介

业界通常将移动通信分为三代。第一代是模拟的无线网络,第二代是数字通信包括 GSM、CDMA 等,第三代是分组型的移动业务,称为 3G。GPRS（General Packet Radio System）是通用无线分组业务的缩写,是介于第二代和第三代之间的一种技术,通常称为 2.5G,目前通过升级 GSM 网络实现。称之为 2.5G 是比较恰当的,因为它是一个混合体,采用 TDMA 方式传输语音,采用分组的方式传输数据。

GPRS 是欧洲电信协会 GSM 系统中有关分组数据所规定的标准。它可以提供高达 115kbps 的空中接口传输速率。GPRS 使若干移动用户能够同时共享一个无线信道,一个移动用户也可以使用多个无线信道。实际不发送或接收数据包的用户仅占很小一部分网络资源。有了 GPRS,用户的呼叫建立时间大为缩短,几乎可以做到"永远在线"（Always Online）。此外,GPRS 使营运商能够以传输的数据量而不是连接时间为基准来计费,从而使每个用户的服务成本更低。

GPRS 采用信道捆绑和增强数据速率改进实现高速接入,目前,GPRS 的设计可以在 1 个载频或 8 个信道中实现捆绑,将每个信道的传输速率提高到 14.4kbps,因此,GPRS 最大速率是 8×14.4kbps=115.2kbps。GPRS 发展的第二步是通过增强数据速率改进（EDGE）将每个信道的速率提高到 48kbps,因此,第二代的 GPRS 设计速率为 384kbps。

GPRS 是利用"包交换"（Packet-Switched）的概念所发展出的一套无线传输方式。所谓的包交换就是将数据封装成许多独立的封包,再将这些封包一个一个传送出去,形式上有点类似寄包裹,采用包交换的好处是只有在有资料需要传送时才会占用频宽,而且可以传输的资料量计价,这对用户来说是比较合理的计费方式,因为像 Internet 这类的数据传输大多数的时间频宽是闲置的。此外,在 GSM phase 2+的标准里,GPRS 可以提供四种不同的编码方式,这些编码方式也分别提供不同的错误保护（Error Protection）能力。利用四种不同的编码方式,每个时槽可提供的传输速率为 CS-1（9.05kbps）、CS-2（13.4kbps）、CS-3（15.6kbps）及 CS-4（21.4kbps）,其中,CS-1 的保护最为严密,CS-4 则是完全未加以任何保护。每个用户最多可同时使用 8 个时槽,所以 GPRS 号称最高传输速率为 171.2kbps。

其实,在 GSM Phase 2+的标准中不只定义了 GPRS,还定义了 HSCSD（High-Speed Circuit-Switched Data Service,高速电路交换数据服务）,而 HSCSD 最高的传输速率也可达 57.6kbps（已经比 56kbps 快一点了）,为什么就没有业者考虑使用 HSCSD 呢！因为 HSCSD 是使用"电路交换"的技术,所以用户在使用时就像打电话一样,不管你是否在开口说话,系统都会在上下行的频段中保留一个时槽给用户,所以费率是以使用时槽的数目与使用时间的长短来计算的,对用户来说实在不划算。再者,它的传输速率远比不上 GPRS,所以许多电信业者大多跳过 HSCSD,直接进入 GPRS。不过,不管电信业者决定使用 HSCSD 服务或是 GPRS 服务,用户本身所持的手机都必须能够支援多个时槽同时收发的功能及 GPRS 标准。

GPRS 是一种新的 GSM 数据业务,它在移动用户和数据网络之间提供一种连接,给移动用户提供高速无线 IP 和 X.25 分组数据接入服务。GPRS 采用分组交换技术,它可以让多个用户共享某些固定的信道资源。如果把空中接口上的 TDMA 帧中的 8 个时隙都用来传送数据,那么数据速率最高可达 164kb/s。GSM 空中接口的信道资源既可以被话音占用,也可以被

GPRS 数据业务占用。当然在信道充足的条件下,可以把一些信道定义为 GPRS 专用信道。

2. GPRS 的优点

相对于原来 GSM 的拨号方式的电路交换数据传送方式,GPRS 是分组交换技术,具有"高速"和"永远在线"的优点。

1)极速传送,移动新干线

电路交换数据业务速率为 9.6kbps,因此,电路交换数据业务(简称 CSD)与 GPRS 的关系就像是 9.6kbps 猫和 33.6kbps、56kbps 猫的区别一样,GPRS 的最高速率可达 115kbps。

2)永远在线、轻松方便、我行我速

除了速度上的优势,GPRS 还有"永远在线"的特点,即用户随时与网络保持联系。举个例子,用户访问互联网时,点击一个超级链接,手机就在无线信道上发送和接受数据,主页下载到本地后,没有数据传送,手机就进入一种"准休眠"状态,手机释放所用的无线频道给其他用户使用。这时,网络与用户之间还保持一种逻辑上的连接,当用户再次点击,手机立即向网络请求无线频道用来传送数据,而不像普通拨号上网那样断线后还得重新拨号才能上网冲浪。

3)GPRS 功能和业务

GPRS 可以提供一系列交互式业务。点对点面向连接的数据业务——该业务是为两个用户或者多个用户之间发送多分组的业务,该业务要求有建立连接、数据传送以及连接释放等工作程序。

单点对多点业务——该业务可以根据某个业务请求者的要求,把单一信息传送给多个用户。该业务又可以分为点对多点多信道广播业务、点对多点群呼业务和 IP 多点传播业务。

点对点无连接型网络业务——该业务中的各个数据分组彼此互相独立,用户之间的信息传输不需要端到端的呼叫建立程序,分组的传送没有逻辑连接,分组的交付没有确认保护,是由 IP 协议支持的业务。

GPRS 除了提供点对点、点对多点的数据业务外,还能支持用户终端业务、补充业务、GSM 短消息业务和各种 GPRS 电信业务。

4)GPRS 协议模型

GPRS 有几种协议模型,Um 接口是 GSM 的空中接口。Um 接口上的通信协议有 5 层,自下而上依次为物理层、MAC(Media Access Control)层、LLC(Logical Link Control)层、SNDC(Subnetwork Dependant Convergence)层和网络层。

Um 接口的物理层为射频接口部分,而物理链路层则负责提供空中接口的各种逻辑信道。GSM 空中接口的载频带宽为 200kHz,一个载频分为 8 个物理信道。

如果 8 个物理信道都分配为传送 GPRS 数据,则原始数据速率可达 200kb/s。考虑前向纠错码的开销,则最终的数据速率可达 164kb/s 左右。

MAC 为媒质访问控制层。MAC 的主要作用是定义和分配空中接口的 GPRS 逻辑信道,使得这些信道能被不同的移动终端共享。GPRS 的逻辑信道共有三类,分别是公共控制信道、分组业务信道和 GPRS 广播信道。公共控制信道用来传送数据通信的控制信令,具体又分为寻呼和应答等信道。分组业务信道用来传送分组数据。广播信道则是用来给移动终端发送网络信息。

LLC 层为逻辑链路控制层。它是一种基于高速数据链路规程 HDLC 的无线链路协议。

LLC 层负责在高层 SNDC 层的 SNDC 数据单元上形成 LLC 地址、帧字段,从而生成完整的 LLC 帧。另外,LLC 可以实现一点对多点的寻址和数据帧的重发控制。

BSS 中的 LLR 层是逻辑链路传递层。这一层负责转送 MS 和 SGSN 之间的 LLC 帧。LLR 层对于 SNDC 数据单元来说是透明的,即不负责处理 SNDC 数据。

SNDC 被称为子网依赖结合层。它的主要作用是完成传送数据的分组、打包,确定 TCP/IP 地址和加密方式。在 SNDC 层,移动终端和 SGSN 之间传送的数据被分割为一个或多个 SNDC 数据包单元。SNDC 数据包单元生成后被放置到 LLC 帧内。

网络层的协议目前主要是 Phase 1 阶段提供的 TCP/IP 和 L25 协议。TCP/IP 和 X.25 协议对于传统的 GSM 网络设备(如 BSS 和 NSS 等设备)是透明的。

5)GPRS 工作原理

GPRS 网络是基于现有的 GSM 网络来实现的。在现有的 GSM 网络中需要增加一些节点,如 GGSN(Gateway GPRS Supporting Node,GPRS 网关支持节点)和 SGSN(Serving GSN,GPRS 服务支持节点)。GSN 是 GPRS 网络中最重要的网络节点。GSN 具有移动路由管理功能,它可以连接各种类型的数据网络,并可以连到 GPRS 寄存器。GSN 可以完成移动终端和各种数据网络之间的数据传送和格式转换。GSN 可以是一种类似于路由器的独立设备,也可以与 GSM 中的 MSC 集成在一起。GSN 有两种类型:一种为 SGSN(Serving GSN,服务 GSN),另一种为 GGSN(Gateway GSN,网关 GSN)。SGSN 的主要作用是记录移动终端的当前位置信息,并且在移动终端和 GGSN 之间完成移动分组数据的发送和接收。GGSN 主要是起网关作用,它可以和多种不同的数据网络连接,如 ISDN、PSPDN 和 LAN 等。有的文献中,把 GGSN 称为 GPRS 路由器。GGSN 可以把 GSM 网中的 GPRS 分组数据包进行协议转换,从而可以把这些分组数据包传送到远端的 TCP/IP 或 X.25 网络。

GPRS 工作时,是通过路由管理来进行寻址和建立数据连接的,而 GPRS 的路由管理表现在以下 3 个方面:移动终端发送数据的路由建立;移动终端接收数据的路由建立;移动终端处于漫游时数据路由的建立。对于第一种情况,当移动终端产生了一个 PDU(分组数据单元),这个 PDU 经过 SNDC 层处理,称为 SNDC 数据单元。然后经过 LLC 层处理为 LLC 帧通过空中接口送到 GSM 网络中移动终端所处的 SGSN。SGSN 把数据送到 GGSN。GGSN 把收到的消息进行解装处理,转换为可在公用数据网中传送的格式(如 PSPDN 的 PDU),最终送给公用数据网的用户。为了提高传输效率,并保证数据传输的安全,可以对空中接口上的数据做压缩和加密处理。在第二种情况中,一个公用数据网用户传送数据到移动终端时,首先通过数据网的标准协议建立数据网和 GGSN 之间的路由。数据网用户发出的数据单元(如 PSPDN 中的 PDU),通过建立好的路由把数据单元 PDU 送给 GGSN。而 GGSN 再把 PDU 送给移动终端所在的 SGSN 上,GSN 把 PDU 封装成 SNDC 数据单元,再经过 LLC 层处理为 LLC 帧单元,最终通过空中接口送给移动终端。第三种情况是一个数据网用户传送数据给一个正在漫游的移动用户。这种情况下的数据传送必须要经过归属地的 GGSN,然后送到移动用户 A。

6)GPRS 模块的使用

CVT-PXA270 使用集成 GPRS 无线通信模块,它提供一个支持 RS232 的接口,可直接由计算机串口通过 PXA270 的 UART 1 接口驱动该模块。此时,计算机作为 DTE(数字终端设备),GPRS 模块作为 DCE(数字电路设备)。在 DTE 和 DCE 之间,用一套 AT 命令实现各种功能,GSM/GPRS 的各种功能都有赖于 DTE 向 DCE 发送的命令实现,所以 AT 命令可以视为

DTE 和 DCE 间的软件接口。

(1) 开关机。开关机需要在 GPRS 模块的 ON/OFF 引脚上发宽度为 1s 的低电平，当模块已经处于关机(OFF)状态，一旦检测到 ON/OFF 引脚的下降沿并持续 1s 以上的低电平，模块的 OFF 状态产生超时，启动整个模块；当模块已经处于开机状态，一旦检测到 ON/OFF 引脚的下降沿并持续 1s 以上的低电平，内部的 ON 状态初始化一个中断，并生成一个超时定时器。除非被内部寄存器禁止，否则，超时定时器在 8s 之后初始化一个状态转换进入到 OFF 状态。

所有的 AT 命令操作都必须在正确的开机状态后才能进行，该操作在 CVT-PXA270 的测试程序中实现。

(2) AT 命令的语法。AT 命令由 ASCII 字符组成（最高位为 0，不校验），除了 A/和+++两条命令之外，所有的命令行均以 AT 开头，以<回车>+<换行>结束，一个命令行可以有多条命令，但总字符数不能超过 200，例如：

ATCMD1+CMD2=3;+CMD3=,,5;<cr><lf>

上述命令行有三条命令，CMD1 是一条命令；其后是一条含有"+"号的扩展命令 CMD2，并且该命令带有参数，扩展命令依靠";"定界；最后是一条含有多个参数的扩展命令，如果使用参数的缺省值，参数可省略，直写出参数之间的定界符","。

在一个命令行中有多条命令时，一旦某条命令执行过程中发生异常，将中止执行其后的所有命令。因此，不建议在一个命令行中同时出现多条命令。

AT 命令的拼写对字母大小写不敏感，但部分字符串参数例外。

绝大多数命令被模块执行后，都有返回参数（如 OK、ERROR 等表明本次执行成功与否），返回参数的格式为：

<回车><换行>response<回车><换行>

注意：AT 命令的 response 字段是否显示以及显示格式是可以通过 AT 命令本身进行控制的，参见 ATV 命令。

很多以"+C"开头的命令可以有四种调用格式，返回参数和表达意义如下。

测试命令：AT+CXXX=？模块将返回该命令可用的参数列表。

查询命令：AT+CXXX? 请求模块返回当前各参数的设置值。

修改命令：AT+CXXX=<...>重新设置该命令的各参数值。

执行命令：AT+CXXX 主要用于读出模块内部操作对某些非用户可修改参数的影响。

(3) 初始操作 AT 命令。开机后需要对模块进行一些测试/查询或设置，以适应 CPU 对模块控制的需要。

★ 测试串口。开机 3～5s 后，向模块发送 AT，看模块是否返回 OK，以验证串口是否已经激活。如果没有响应，说明开机操作存在问题。

★ 关闭回显。向模块发送 ATE0 命令，关闭串口的回显功能。串口的回显功能主要用于串口测试和方便使用超级终端程序调试串口。在具体的应用中应当关闭这个功能，否则回显的字符和返回的参数会混在一起。

(4) 电话主叫 AT 命令。发送如下 AT 命令呼叫电话 stringnum：

ATD<stringnum>;

如果成功地和被叫方取得联络，可以听到回铃音，否则模块返回 BUSY（网络忙）或 NO

CARRIER(脱网或网络拒绝服务);如果对方摘机,模块将返回 OK,表明建立了正确的话音通路;通话结束后,如果对方先挂机,模块返回 NO CARRIER,如果主叫方想先挂机,发送 ATH 命令,模块返回 OK 后,话音通路被解除。

这个命令的功能最为丰富,国际标准定义了一系列的序列,用来实现各种功能,如查询 IMEI 码、设置附加业务、数据通信、GPRS 拨号等功能都可以通过拨号序列实现。

通话过程中,使用 ATH 命令和 AT+CHUP 命令均可挂机,ATH 命令更为通用。

发送 AT+VTS="dtmfstring",实现主叫拨分机号码,模块将拨出 dtmfstring 的号码。在需要拨分机号和有语音提示的信息台(如 1860,95555)等需要 DTMF 交互的场合,这是很有用的命令。

3. 实验说明

CVT-PXA270 提供一种方式可以由用户在计算机上直接通过超级终端控制 GPRS 模块,输入 AT 命令以学习 AT 命令的基本操作。

(1)硬件连接。在操作之前,需要进行硬件连接。
★ 连接计算机串口到 CVT-PXA270 的 UART 1。
★ 连接好 GPRS 天线。
★ 在 GPRS 模块的 SIM 卡座上插入 SIM 卡。
★ 接上耳机和麦克风到 MOBILE_SPK 和 MOBILE_MIC。
★ 运行超级终端,选择正确的串口号,并将串口设置为:波特率(115 200)、奇偶校验(None)、数据位数(8)和停止位数(1),无流控,并打开串口。
★ 将 CVT-PXA270 通通电源。

(2)GPRS 模块的初始化。CVT-PXA270 通通电源后,等待几秒钟,系统将自动进入 CVT-PXA270 测试程序,通过使用键盘的 UP 和 DOWN 键选择 GPRS-连接 PC 选项,然后点击 Enter 键确定。系统将自动复位 GPRS 模块,并进入连接 PC 模式,在该模式下,可以通过计算机串口控制 UART 1 的方式直接控制 GPRS 模块。

(3)初始化处理。GPRS 模块初始化后,等待 3~4s,然后在超级终端中输入如下命令:
AT
ATE0
正确的结果将返回 OK 结果到超级终端。

(4)GPRS 主叫处理。接下来可以通过输入 AT 命令直接拨打电话,在超级终端中输入:
AT1860;
等待结果,如果对方接听电话,在超级终端中将返回 OK,然后需要通过如下 AT 命令打开听筒和话筒。
AT+PPSPKR=0
此时就可以开始通话了,如果需要挂机,则输入:
ATH

【实验步骤】
(1)参照实验说明进行本次实验的硬件连接。
(2)参照实验说明进行 GPRS 模块的初始化。

(3)参照实验说明,在超级终端上输入 AT 命令集,控制 GPRS 模块,并进行主叫通话。
【实验报告要求】
(1)简述 GPRS 基本原理以及特点。
(2)简述 GPRS 的 AT 命令操作。

5.11 GPRS 电话功能(主叫)实验

【实验目的】
(1)了解 GPRS 无线通信模块的基本知识。
(2)掌握无线通信模块的使用。
【实验内容】
通过 GPRS 模块实现电话呼出(主叫)。
【预备知识】
(1)了解 GPRS 网络体系结构。
(2)了解 GPRS 的使用。
【实验设备】
(1)硬件:CVT-PXA270-2 或 CVT-PXA270-3 教学实验箱、PC 机。
(2)软件:PC 机操作系统 Windows 98(2000、XP)+ADT IDE 集成开发环境。
【基础知识】
CVT-PXA270 不仅可以由计算机串口直接控制,也可以由 CVT-PXA270 的 UART 1 接口直接驱动。此时,S3C2410X 作为 DTE(数字终端设备),GPRS 模块作为 DCE(数字电路设备)。在 DTE 和 DCE 之间,用 AT 命令实现各种功能,GSM/GPRS 的各种功能都有赖于 DTE 向 DCE 发送的命令实现,所以 AT 命令可以视为 DTE 和 DCE 间的软件接口。

1. 开关机

开关机需要在 GPRS 模块的 ON/OFF 引脚上发宽度为 1s 的低电平,当模块已经处于关机 (OFF)状态,一旦检测到 ON/OFF 引脚的下降沿并持续 1s 以上的低电平,模块的 OFF 状态产生超时,启动整个模块。

当模块已经处于开机状态,一旦检测到 ON/OFF 引脚的下降沿并持续 1s 以上的低电平,内部的 ON 状态初始化一个中断,并生成一个超时定时器。除非被内部寄存器禁止,否则超时定时器在 8s 之后初始化一个状态转换进入到 OFF 状态。

所有的 AT 命令操作都必须在正确的开机状态后才能进行。

2. 电话主叫 AT 命令

发送如下 AT 命令呼叫电话 stringnum:
ATD<stringnum>;
如果成功的和被叫方取得联络,可以听到回铃音,否则模块返回 BUSY(网络忙)或 NO CARRIER(脱网或网络拒绝服务);如果对方摘机,模块将返回 OK,表明建立了正确的话音通路;通话结束后,如果对方先挂机,模块返回 NO CARRIER,如果主叫方想先挂机,发送 ATH 命令,模块返回 OK 后,话音通路被解除。

这个命令的功能最为丰富,国际标准定义了一系列的序列,用来实现各种功能,如查询 IMEI 码、设置附加业务、数据通信、GPRS 拨号等功能都可以通过拨号序列实现。

通话过程中,使用 ATH 命令和 AT+CHUP 命令均可挂机,ATH 命令更为通用。

发送 AT+VTS="dtmfstring",实现主叫拨分机号码,模块将拨出 dtmfstring 的号码。在需要拨分机号和有语音提示的信息台(如 1860,95555)等需要 DTMF 交互的场合,这是很有用的命令。

3. 实验说明

(1)GPRS 模块的初始化。在系统启动之后必须先进行一些初始化工作。通过调用如下函数实现基本的初始化工作,这些工作包括串口初始化、定时器中断初始化等。

gprs_init();

通过调用如下函数实现 GPRS 模块复位。

gprs_pwr_on_off(GPRS_PWR_ON);

(2)键盘输入处理。本实验需要通过键盘输入呼叫的号码并确认,因此,需要处理键盘输入,为了保证键盘输入信号的准确,本实验采用定时扫描的方式扫描键盘。在定时器中断服务函数中扫描键盘,获取键值后将其加入到缓冲区中,在主程序中可以通过如下函数获取键值:

char gprs_get_key()

如果当前有键被按下,将返回键值,否则返回 0。

(3)AT 命令接收和发送。GPRS 模块与 PXA270 的 UART 1 进行通信,通过该串口,可以发送 AT 命令到 GPRS 模块并获取 GPRS 模块的输入。

如下函数发送 cmdstring 中的 AT 命令到 GPRS 模块中:

void gprs_send_cmd(char*cmdstring)

如下函数接收 GPRS 模块的数据,如果接收到正确的命令,返回 GPRS_OK,否则返回 GPRS_ERR。

int gprs_recv_cmd(char*cmd)

(4)GPRS 主叫处理。本实验 GPRS 主叫处理采用一个简单的状态机进行控制,整个流程分为如下几个状态。

空闲状态:GPRS_TEL_CALL_OUT_IDLE,该状态为空闲状态,主程序等待输入,在该状态,输入数字键将自动进入输入号码状态。

输入号码状态:GPRS_TEL_CALL_OUT_GET_NUM,该状态从键盘获取数字键输入,Enter 键将完成输入并自动转入到拨号状态进行拨号。

拨号状态:GPRS_TEL_CALL_OUT_CALLING,在该状态开始拨号并等待结果,如果对方接听电话,将自动转入通话状态。在该状态按下 Cancel 键将挂机并退出到空闲状态。

通话状态:GPRS_TEL_CALL_OUT_PHONE_ON,在该状态打开听筒和话筒开始通话。在该状态按下 Cancel 键将挂机并退出到空闲状态。

GPRS 主叫处理的状态图如图 5-31 所示。

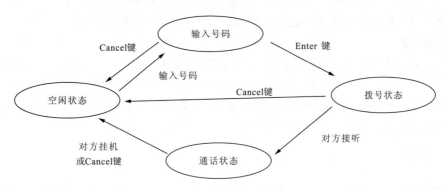

图 5-31　GPRS 主叫处理状态图

【实验步骤】
(1)参照模板项目 gprs(modules\gprs\gprs.apj),新建一个项目 gprs,添加相应的文件,并修改 gprs 项目的设置。
(2)创建 gprs.c 并加入到项目 gprs 中。
(3)编写 GPRS 初始化函数和 GPRS 主叫控制主函数 gprs_tel_call_out 和测试主函数。
(4)编译 gprs。
(5)将计算机的串口连接到 CVT-PXA270 的串口 0 上。
(6)在 GPRS 模块的 SIM 卡座上插入 SIM 卡。
(7)运行超级终端,选择正确的串口号,并将串口设置为:波特率(115 200)、奇偶校验(None)、数据位数(8)和停止位数(1),无流控,并打开串口。
(8)下载程序并运行,按键输入号码,Enter 键确定,看是否拨号成功。

【实验报告要求】
(1)简述 GPRS 基本原理以及特点。
(2)简述 GPRS 主叫过程的 AT 命令操作。

5.12　GPRS 电话功能(被叫)实验

【实验目的】
(1)了解 GPRS 无线通信模块的基本知识。
(2)掌握无线通信模块的使用。

【实验内容】
通过 GPRS 模块实现电话呼入(被叫)。

【预备知识】
(1)了解 GPRS 网络体系结构。
(2)了解 GPRS 的使用。

【实验设备】

(1)硬件:CVT-PXA270-2 或 CVT-PXA270-3 教学实验箱、PC 机。

(2)软件:PC 机操作系统 Windows 98(2000、XP)+ADT IDE 集成开发环境。

【基础知识】

CVT-PXA270 不仅可以由计算机串口直接控制,也可以由 CVT-PXA270 的 UART 1 接口直接驱动。此时,PXA270 作为 DTE(数字终端设备),GPRS 模块作为 DCE(数字电路设备)。在 DTE 和 DCE 之间,用 AT 命令实现各种功能,GSM/GPRS 的各种功能都有赖于 DTE 向 DCE 发送的命令实现,所以 AT 命令可以视为 DTE 和 DCE 间的软件接口。

1. 开关机

开关机需要在 GPRS 模块的 ON/OFF 引脚上发宽度为 1s 的低电平,当模块已经处于关机(OFF)状态,一旦检测到 ON/OFF 引脚的下降沿并持续 1s 以上的低电平,模块的 OFF 状态产生超时,启动整个模块。

当模块已经处于开机状态,一旦检测到 ON/OFF 引脚的下降沿并持续 1s 以上的低电平,内部的 ON 状态初始化一个中断,并生成一个超时定时器。除非被内部寄存器禁止,否则超时定时器在 8s 之后初始化一个状态转换进入到 OFF 状态。

所有的 AT 命令操作都必须在正确的开机状态后才能进行。

2. 电话被叫 AT 命令

当收到模块发送的如下信息:
+CRING: VOICE   //设置了 AT+CR=1,否则仅显示 RING
+CLIP:"02787522625",129,,,,0   //设置了 AT+CLIP=1,否则没有这一行信息

表明有呼入的业务,业务类型为 VOICE,主叫方号码为 02787921705,此时向模块发送 AT 命令,表示摘机应答,话音通路被建立。通话结束,挂机过程和主叫时相同。

3. 实验说明

(1)GPRS 模块的初始化。在系统启动之后必须先进行一些初始化工作。通过调用如下函数实现基本的初始化工作,包括串口初始化、定时器中断初始化等。

gprs_init();

通过调用如下函数实现 GPRS 模块复位。

gprs_pwr_on_off(GPRS_PWR_ON);

(2)键盘输入处理。本实验需要通过键盘输入呼叫的号码并确认,因此,需要处理键盘输入,为了保证键盘输入信号的准确,本实验对键盘驱动进行了适当的修改,采用定时扫描的方式扫描键盘。在定时器中断服务函数中扫描键盘,获取键值后将其加入到缓冲区中,主程序通过如下函数获取键值:

char gprs_get_key()

如果当前有键被按下,将返回键值,否则返回 0。

(3)AT 命令接收和发送。GPRS 模块与 PXA270 的 UART 1 进行通信,通过该串口,可以发送 AT 命令到 GPRS 模块并获取 GPRS 模块的输入。

如下函数发送 cmdstring 中的 AT 命令到 GPRS 模块中：
void gprs_send_cmd(char*cmdstring)
如下函数接收 GPRS 模块的数据,如果接收到正确的命令,返回 GPRS_OK,否则返回 GPRS_ERR。
int gprs_recv_cmd(char*cmd)

(4)GPRS 被叫处理。本实验 GPRS 被叫处理采用一个简单的状态机进行控制,整个流程分为如下几个状态。

空闲状态:GPRS_TEL_CALL_IN_IDLE,该状态为空闲状态,如果程序检测到有电话呼入将自动进入该状态,在该状态,程序等待输入,如果输入 Enter 键将接听电话,自动进入应答状态。

应答状态:GPRS_TEL_CALL_IN_ANSWER,该状态将接听来话,如果获取正确结果,将自动转入到通话状态。

通话状态:GPRS_TEL_CALL_IN_PHONE_ON,在该状态打开听筒和话筒开始通话。在该状态按下 Cancel 键将挂机并退出到空闲状态。

GPRS 被叫处理的状态图如图 5-32 所示。

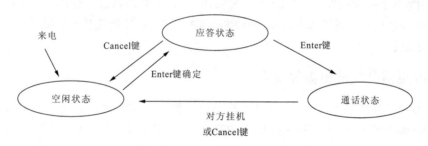

图 5-32　GPRS 被叫处理状态图

【实验步骤】

(1)参照模板项目 gprs(modules\gprs\gprs.apj),新建一个项目 gprs,添加相应的文件,并修改 gprs 项目的设置。

(2)创建 gprs.c 并加入到项目 gprs 中。

(3)编写 GPRS 被叫控制主函数 gprs_tel_call_in 和测试主函数。

(4)编译 gprs。

(5)将计算机的串口连接到 CVT-PXA270 的串口 0 上。

(6)在 GPRS 模块的 SIM 卡座上插入 SIM 卡。

(7)运行超级终端,选择正确的串口号,并将串口设置为:波特率(115 200)、奇偶校验(None)、数据位数(8)和停止位数(1),无流控,并打开串口。

(8)下载程序并运行,使用另外的电话拨打 SIM 卡号码,Enter 键接听电话,开始通话。

【实验报告要求】

(1)简述 GPRS 基本原理以及特点。

(2)简述 GPRS 被叫过程的 AT 命令操作。

5.13 GPRS 短消息发送实验

【实验目的】
(1) 了解 SMS 短消息服务的基本知识。
(2) 掌握 PDU 编码的基本知识。
(3) 掌握 GPRS 模块收发短消息的方法。

【实验内容】
(1) 通过 GPRS 模块实现 SMS 短消息发送操作。
(2) 通过 GPRS 模块实现 SMS 短消息接收操作。

【预备知识】
(1) 了解 GPRS 网络体系结构。
(2) 了解 GPRS 的使用。
(3) 了解 AT 命令集。

【实验设备】
(1) 硬件：CVT-PXA270-2 或 CVT-PXA270-3 教学实验箱、PC 机。
(2) 软件：PC 机操作系统 Windows 98(2000、XP)+ADT IDE 集成开发环境。

【基础知识】

1. SMS 短消息发送和接收模式

首先，我们要对由 ESTI 制订的 SMS 规范有所了解。与我们讨论的短消息收发有关的规范主要包括 GSM 03.38、GSM 03.40 和 GSM 07.05。前两者着重描述 SMS 的技术实现(含编码方式)，后者则规定了 SMS 的 DTE-DCE 接口标准(AT 命令集)。

一共有三种方式来发送和接收 SMS 信息：Block Mode，Text Mode 和 PDU Mode。Block Mode 已是昔日黄花，目前很少使用。Text Mode 是纯文本方式，可使用不同的字符集，从技术上说也可用于发送中文短消息，但国内手机基本上不支持，主要用于欧美地区。PDU Mode 被所有手机支持，可以使用任何字符集，这也是手机默认的编码方式。Text Mode 比较简单，而且不适合做自定义数据传输，在此不作讨论。

2. PDU 模式下发送和接收短消息

下面介绍的内容，是在 PDU Mode 下发送和接收短消息的实现方法。

PDU 串表面上是一串 ASCII 码，由 0~9、A~F 这些数字和字母组成。它们是 8 位字节的十六进制数，或者 BCD 码十进制数。PDU 串不仅包含可显示的消息本身，还包含很多其他信息，如 SMS 服务中心(SMSC)号码、目标号码、回复号码、编码方式和服务时间等。发送和接收的 PDU 串，结构是不完全相同的。我们先用两个实际的例子说明 PDU 串的结构和编排方式。

例 1　发送：SMSC 号码是+8613800270500，对方号码是 13545235000，消息内容是"Hello!"。从手机发出的 PDU 串可以是：
08 91 68 31 08 20 07 05 F0 11 00 0D 91 68 31 45 25 53 00 F0 00 00 00 06 C8 32 9B FD 0E 01
对照规范，具体分析如表 5-24 所示。

表 5 – 24 发送 PDU 串对照表

分段	含义	说明
08	SMSC 地址信息的长度	共 8 个八位字节(包括 91)
91	SMSC 地址格式(TON/NPI)	用国际格式号码(在前面加"+")
68 31 08 20 07 05 F0	SMSC 地址	8613800270500,补"F"凑成偶数个
11	基本参数(TP – MTI/VFP)	发送,TP – VP 用相对格式
00	消息基准值(TP – MR)	0
0D	目标地址数字个数	共 13 个十进制数(不包括 91 和"F")
91	目标地址格式(TON/NPI)	用国际格式号码(在前面加"+")
68 31 45 25 53 00 F0	目标地址(TP – DA)	8613545235000,补"F"凑成偶数个
00	协议标识(TP – PID)	是普通 GSM 类型,点到点方式
00	用户信息编码方式(TP – DCS)	7 – bit 编码
00	有效期(TP – VP)	5 分钟
06	用户信息长度(TP – UDL)	实际长度 6 个字节
C8 32 9B FD 0E 01	用户信息(TP – UD)	"Hello!"

例 2 接收:SMSC 号码是 +8613800270500,对方号码是 13545235000,消息内容是"你好!"。手机接收到的 PDU 串可以是:

08 91 68 31 08 20 07 05 F0 84 0D 91 68 31 45 25 53 00 F0 00 08 30 30 21 80 63 54 80 06 4F 60 59 7D 00 21

对照规范,具体分析如表 5 – 25 所示。

表 5 – 25 接收 PDU 串对照表

分段	含义	说明
08	地址信息的长度	共 8 个八位字节(包括 91)
91	SMSC 地址格式(TON/NPI)	用国际格式号码(在前面加"+")
68 31 08 20 07 05 F0	SMSC 地址	8613800270500,补"F"凑成偶数个
84	基本参数(TP – MTI/MMS/RP)	接收,无更多消息,有回复地址
0D	回复地址数字个数	共 13 个十进制数(不包括 91 和"F")
91	回复地址格式(TON/NPI)	用国际格式号码(在前面加"+")
68 31 45 25 53 00 F0	回复地址(TP – RA)	8613545235000,补"F"凑成偶数个
00	协议标识(TP – PID)	是普通 GSM 类型,点到点方式
08	用户信息编码方式(TP – DCS)	UCS2 编码
30 30 21 80 63 54 80	时间戳(TP – SCTS)	2003 – 3 – 12 08:36:45 +8 时区
06	用户信息长度(TP – UDL)	实际长度 6 个字节
4F 60 59 7D 00 21	用户信息(TP – UD)	"你好!"

注意号码和时间的表示方法,不是按正常顺序顺着来的,而且要以"F"将奇数补成偶数。

在 PDU Mode 中,可以采用三种编码方式来对发送的内容进行编码,它们是 7-bit、8-bit 和 UCS2 编码。PDU 串的用户信息(TP-UD)段最大容量是 140 字节,在这三种编码方式下,可以发送的短消息的最大字符数分别是 160、140 和 70。这里,将一个英文字母、一个汉字和一个数据字节都视为一个字符。

(1) 7-bit 编码。用于发送普通的 ASCII 字符,它将一串 7-bit 的字符(最高位为 0)编码成 8-bit 的数据,每 8 个字符可"压缩"成 7 个;下面以一个具体的例子说明 7-bit 编码的过程。对英文短信"Hello!"进行编码,如图 5-33 所示。

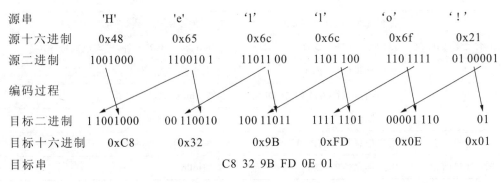

图 5-33 7-bit 编码过程示意图

将源串每 8 个字符分为一组(这个例子中不满 8 个)进行编码,在组内字符间压缩,但每组之间是没有什么联系的。

需要指出的是,7-bit 的字符集与 ANSI 标准字符集不完全一致,在 0x20 以下也排布了一些可打印字符,但英文字母、阿拉伯数字和常用符号的位置,两者是一样的。用上面介绍的算法收发纯英文短消息,一般情况应该是够用了。如果是法语、德语、西班牙语等,含有"â"、"é"这一类字符,则要按上面编码的输出去查表,请参阅 GSM 03.38 的规定。

(2) 8-bit 编码。8-bit 编码通常用于发送数据消息,比如图片和铃声等;它将数据直接发送,不需要做其他的编码操作。

(3) UCS2 编码。UCS2 编码用于发送 Unicode 字符。每个国家(或区域)都规定了计算机信息交换用的字符编码集,如美国的扩展 ASCII 码,中国的 GB2312-80,日本的 JIS 等,作为该国家/区域内信息处理的基础,有着统一编码的重要作用。字符编码集按长度分为 SBCS(单字节字符集)、DBCS(双字节字符集)两大类。早期的软件(尤其是操作系统),为了解决本地字符信息的计算机处理,出现了各种本地化版本(L10N)。但是,由于各个本地字符集代码范围重叠,相互间信息交换困难;软件各个本地化版本独立维护成本较高。因此,有必要将本地化工作中的共性抽取出来,作一致处理,将特别的本地化处理内容降低到最少。这也就是所谓的国际化。各种语言信息被进一步规范为 Locale 信息。处理的底层字符集变成了几乎包含了所有字形的 Unicode。

现在大部分具有国际化特征的软件核心字符处理都是以 Unicode 为基础的,在软件运行时根据当时的 Locale/Lang/Codepage 设置确定相应的本地字符编码设置,依此处理本地字符。在处理过程中需实现 Unicode 和本地字符集的相互转换,或以 Unicode 为中间的两个不同本地字符集的相互转换。这种方式在网络环境下被进一步延伸，任何网络两端的字符信息也需要根据字符集的设置转换成可接受的内容。

UCS2 编码就是将每个字符(1~2 个字节)按照 ISO/IEC10646 的规定，转变为 16 位的 Unicode 宽字符。在 Windows 系统中，特别是在 2000/XP 中，可以简单地调用 API 函数实现编码和解码。如果没有系统的支持，比如用单片机控制手机模块收发短消息，只能用查表法解决了。

在许多中文系统上，默认是用 GB2312 编码保存中文字符的（对于中英文混合的文本也一样），CVT‐PXA270 也是如此。所以，首先需要把 GB2312 编码的字符串转换到 Unicode 编码的字符串。GB2312 编码是一种多字节编码方式，对于中文，用 2 个字节表示；对于英文，用 1 个字节表示，就是英文的 ASCII 码。Unicode 编码是双字节编码方式，对所有字符，都采用 2 个字节编码。

因此在发送短消息时，首先需要完成 GB2312 到 Unicode 的转换。同样，接收到短消息后，需要将 Unicode 转换成 GB2312。

3. 短消息相关 AT 命令集

(1) 选择短消息格式。发送 AT+CMGF=n，n=0 时，选择 PDU 格式，n=1 时，选择文本格式，执行命令后，模块返回 OK。

(2) 设置短消息中心号码。发送 AT+CSCA=<string>，对中国移动，string="+8613800270500"（武汉局），对中国联通，string="13010710500"（武汉局），执行命令后，模块返回 OK。

(3) 选择小区广播短消息信息。发送 AT+CSCB=[<mode>[,<mids>[,<dcss>]]]，执行正确，模块返回 OK，参数含义如下：

<mode>　　0：接收小区广播
　　　　　1：不接收小区广播
<mids>　　小区广播 ID 码，用如"25"的格式输入
<dcss>　　小区广播编码方案

(4) 选择短消息业务类型。发送 AT+CSMS=<mode>，mode=0 或 1，某些命令的参数取值和 mode 的值有关，只有 mode=1 时，AT+CNMI 中的 ds=2 才能被模块接受。

(5) 发送短消息。在文本格式下，发送 AT+CMGS="string"（string 是目的手机的号码），等模块返回>符号后，发送短消息的内容，以^Z 结束，模块就开始发送短消息，发送成功，模块返回+CMGS:<mr>[,scts]OK，否则模块返回 ERROR。在 PDU 格式下发送 AT+CMGS=n，n 为短消息 PDU 数据包的字符数，等模块返回>符号后，发送短消息的内容，以^Z 结束，模块就开始发送短消息，发送成功，模块返回+CMGS:<mr>[,ackpdu]OK，否则模块返回 ERROR。

(6) 从存储器发送短消息。发送 AT+CMSS=<index>[,<da>]，<index>为要发送的短消息在当前存储器中的索引号，da 为目的地址。

(7) 写短消息到存储器。发送 AT+CMGW 命令，处理过程和 AT+CMGS 完全相同，只是写短消息成功，模块返回的信息+CMGW:<index>OK，<index>是短消息在当前存储器中的索引号。

4. 实验说明

(1) GPRS 模块的初始化。在系统启动之后必须先进行一些初始化工作。通过调用如下函数实现基本的初始化工作，这些工作包括串口初始化、定时器中断初始化等。

gprs_init();

通过调用如下函数实现 GPRS 模块复位。

gprs_pwr_on_off(GPRS_PWR_ON);

(2) 键盘输入处理。本实验需要通过键盘输入呼叫的号码并确认，因此需要处理键盘输入，为了保证键盘输入信号的准确，本实验对键盘驱动进行了适当的修改，采用定时扫描的方式扫描键盘。在定时器中断服务函数中扫描键盘，获取键值后将其加入到缓冲区中，在主程序中可以通过如下函数获取键值：

char gprs_get_key()

如果当前有键被按下，将返回键值，否则返回 0。

(3) AT 命令接收和发送。GPRS 模块与 PXA270 的 UART 1 进行通信，通过该串口，可以发送 AT 命令到 GPRS 模块并获取 GPRS 模块的输入。

如下函数发送 cmdstring 中的 AT 命令到 GPRS 模块中：

void gprs_send_cmd(char*cmdstring)

如下函数接收 GPRS 模块的数据，如果接收到正确的命令，返回 GPRS_OK，否则返回 GPRS_ERR。

int gprs_recv_cmd(char*cmd)

(4) GPRS 发送短消息。通过调用函数 gprsSendMessage 发送短消息，该函数声明如下：

BOOL gprsSendMessage(const SM_PARAM*pSrc);

如果发送成功，返回 TRUE，否则返回 FALSE。发送的消息以及对方号码等信息通过 pSrc 参数传入，它是一个 SM_PARAM 类型的指针，SM_PARAM 声明如下：

```
typedef struct {
    char SCA[16];            //短消息服务中心号码(SMSC 地址)
    char TPA[16];            //目标号码或回复号码(TP-DA 或 TP-RA)
    char TP_PID;             //用户信息协议标识(TP-PID)
    char TP_DCS;             //用户信息编码方式(TP-DCS)
    char TP_SCTS[16];        //服务时间戳字符串(TP_SCTS),接收时用到
    char TP_UD[161];         //原始用户信息(编码前或解码后的 TP-UD)
    char index;              //短消息序号,在读取时用到
}SM_PARAM;
```

发送时，首先填写短消息信息，然后调用 gprsSendMessage 函数发送，如下代码发送一条短消息到 13707190000 手机中。

```
//发送短信
SM_PARAM Src;
strcpy(Src.SCA,"8613800270500");      //短消息服务中心号码(SMSC 地址)
strcpy(Src.TPA,"8613707190000");      //目标号码或回复号码(TP-DA 或 TP-RA)
```

```
Src.TP_PID=0;              //用户信息协议标识(TP-PID)
Src.TP_DCS=8;              //用户信息编码方式(TP-DCS)
strcpy(Src.TP_UD,"武汉创维特信息技术有限公司欢迎您\r\nwww.cvtech.com.cn");  //原
始用户信息(编码前或解码后的 TP-UD)
TRACE("开始发送\n");
gprsSendMessage(&Src);
TRACE("发送完毕\n");
```

(5) GPRS 发送短消息状态机。本实验 GPRS 发送短消息采用一个简单的状态机进行控制，整个流程分为如下几个状态。

空闲状态：GPRS_SMS_IDLE，该状态为空闲状态，主程序等待输入，在该状态，输入数字键将自动进入输入号码状态。

输入号码状态：GPRS_SMS_GET_NUM，该状态从键盘获取数字键输入，Enter 键将完成输入并自动转入到拨号状态进行发送。

发送状态：GPRS_SMS_SEND，在该状态开始发送短消息，发送完成后自动退出到空闲状态。

GPRS 发送短消息处理的状态图如图 5-34 所示。

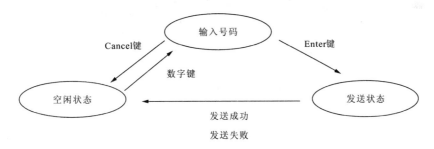

图 5-34 GPRS 发送短信处理状态图

【实验步骤】

(1) 参照模板项目 gprs(modules\gprs\gprs.apj)，新建一个项目 gprs，添加相应的文件，并修改 gprs 项目的设置。

(2) 创建 gprs.c 并加入到项目 gprs 中。

(3) 编写 GPRS 短消息发送主函数 TestSMS 和测试主函数。

(4) 编译 gprs。

(5) 将计算机的串口连接到 CVT-PXA270 的串口 0 上。

(6) 在 GPRS 模块的 SIM 卡座上插入 SIM 卡。

(7) 运行超级终端，选择正确的串口号，并将串口设置为：波特率(115 200)、奇偶校验(None)、数据位数(8)和停止位数(1)，无流控，并打开串口。

(8) 下载程序并运行，输入另外一个手机号码，并按 Enter 键发送短消息。

【实验报告要求】

(1) 简述 SMS 短消息发送和接收的三种方式。

(2) 简述 PDU 模式下的短消息发送原理。

5.14 GPRS 短消息接收实验

【实验目的】
(1) 了解 SMS 短消息服务的基本知识。
(2) 掌握 PDU 编码的基本知识。
(3) 掌握 GPRS 模块接收短消息的方法。

【实验内容】
通过 GPRS 模块实现 SMS 短消息发送操作。

【预备知识】
(1) 了解 GPRS 网络体系结构。
(2) 了解 GPRS 的使用。
(3) 了解 AT 命令集。

【实验设备】
(1) 硬件:CVT-PXA270-2 或 CVT-PXA270-3 教学实验箱、PC 机。
(2) 软件:PC 机操作系统 Windows 98(2000、XP)+ADT IDE 集成开发环境。

【基础知识】

1. 短消息相关 AT 命令集

(1) 选择短消息格式。发送 AT+CMGF=n,n=0 时,选择 PDU 格式,n=1 时,选择文本格式,执行命令后,模块返回 OK。

(2) 设置收到的短消息报告模式。发送 AT+CNMI=<mode>[,<mt>][,<bm>][,<ds>][,<bfr>]

模块正确执行后,返回 OK,如果参数取值非法或当前不支持该参数值,将返回 ERROR。参数含义如下所示。

  <mode> 0:缓冲短消息结果码;
       1:在数据通信状态下,阻止结果码送到 TE;
       3:无论何种状态下,都向 TE 发送结果码。

(3) 选择短消息业务类型。发送 AT+CSMS=<mode>,mode=0 或 1,某些命令的参数取值和 mode 的值有关,只有 mode=1 时,AT+CNMI 中的 ds=2 才能被模块接受。

(4) 阅读短消息。发送 AT+CMGR=<index>,<index>是短消息在当前存储区的索引号,执行该命令后,模块返回:
+CMGR: 0,,24
0891683108200705F0240D91683178415142F200001011801132030000441E15006
OK

注意:+CMGR 后面的格式取决于当前的短消息格式。

(5) 短消息列表。发送 AT+CMGL=<mtype>,mtype 表示短消息的类型:
"REC UNREAD" 接受到,但还未读,如果在 PDU 格式下,为 0;
"REC READ" 接收到的已读过的消息,如果在 PDU 格式下,为 1;

"STO UNSENT" 已存储但未发送的消息,如果在 PDU 格式下,为 2;
"STO SENT" 存储且已发送的消息,如果在 PDU 格式下,为 3;
"ALL" 当前存储器中所有的消息,如果在 PDU 格式下,为 4。
执行该命令,模块返回:
+CMGL: 1,0,,24
0891683108200705F0240D91683178415142F20000101180803324000441E15006
+CMGL: 2,0,,24
0891683108200705F0240D91683178415142F20000101180804334000441E15006
……
OK

注意:+CMGL 后面的格式取决于当前的短消息格式。

(6)删除短消息。发送 AT+CMGD=<index>,<index>是短消息在当前存储区的索引号,正确执行该命令后,模块返回 OK,否则返回+CMS ERROR<err>。

2. 实验说明

(1)GPRS 模块的初始化。在系统启动之后必须先进行一些初始化工作。

通过调用如下函数实现基本的初始化工作,这些工作包括,串口初始化、定时器中断初始化等。

gprs_init();
通过调用如下函数实现 GPRS 模块复位。
gprs_pwr_on_off(GPRS_PWR_ON);

(2)键盘输入处理。本实验需要通过键盘输入呼叫的号码并确认,因此需要处理键盘输入,为了保证键盘输入信号的准确,本实验对键盘驱动进行了适当的修改,采用定时扫描的方式扫描键盘。在定时器中断服务函数中扫描键盘,获取键值后将其加入到缓冲区中,在主程序中可以通过如下函数获取键值:

char gprs_get_key()
如果当前有键被按下,将返回键值,否则返回 0。

(3)AT 命令接收和发送。GPRS 模块与 PXA270 的 UART 1 进行通信,通过该串口,可以发送 AT 命令到 GPRS 模块并获取 GPRS 模块的输入。

如下函数发送 cmdstring 中的 AT 命令到 GPRS 模块中:
void gprs_send_cmd(char*cmdstring)

如下函数接收 GPRS 模块的数据,如果接收到正确的命令,返回 GPRS_OK,否则,返回 GPRS_ERR。

int gprs_recv_cmd(char*cmd)

(4)GPRS 接收短消息。通过调用函数 gprsDecodePdu 解析接收到的短消息,该函数声明如下:

int gprsDecodePdu(const char*pSrc,SM_PARAM*pDst)

该函数分析源 PDU 串 pSrc 的内容,从中解析出 SMSC、TPA 以及用户信息等,并将其保存到 pDst 中,它是一个 SM_PARAM 类型的指针,SM_PARAM 声明如下:

```
typedef struct {
    char SCA[16];           //短消息服务中心号码(SMSC 地址)
    char TPA[16];           //目标号码或回复号码(TP-DA 或 TP-RA)
    char TP_PID;            //用户信息协议标识(TP-PID)
    char TP_DCS;            //用户信息编码方式(TP-DCS)
    char TP_SCTS[16];       //服务时间戳字符串(TP_SCTS),接收时用到
    char TP_UD[161];        //原始用户信息(编码前或解码后的 TP-UD)
    char index;             //短消息序号,在读取时用到
}SM_PARAM;
```

接收时,首先接收短消息信息,然后调用 gprsDecodePdu 函数进行解析,最后调用 gprs_print_msg 函数将结果打印出来。

```
SM_PARAM Msg;
gprsDecodePdu(gprs_cmd_recv_string,&Msg);
gprs_print_msg(&Msg);
```

【实验步骤】

(1)参照模板项目 gprs(modules\gprs\gprs.apj),新建一个项目 gprs,添加相应的文件,并修改 gprs 项目的设置。

(2)创建 gprs.c 并加入到项目 gprs 中。

(3)编写 GPRS 短消息接收主函数 TestSMS 和测试主函数。

(4)编译 gprs。

(5)将计算机的串口连接到 CVT-PXA270 的串口 0 上。

(6)在 GPRS 模块的 SIM 卡座上插入 SIM 卡。

(7)运行超级终端,选择正确的串口号,并将串口设置为:波特率(115 200)、奇偶校验(None)、数据位数(8)和停止位数(1),无流控,并打开串口。

(8)下载程序并运行,从另外一个手机发送短消息到本机的 SIM 卡中,如果程序正确,将打印接收到的短消息。

【实验报告要求】

(1)简述 SMS 短消息接收的 AT 命令。

(2)简述 PDU 模式下的短消息接收原理。

5.15 GPS 实验

【实验目的】

(1)掌握 GPS 全球定位系统的基本知识。

(2)掌握 GPS 卫星定位信息的接收以及定位参数的提取方法。

【实验内容】

(1)接收 GPS 卫星定位信息。

(2)提取定位参数。

【预备知识】

(1) 了解 ADT IDE 集成开发环境。

(2) 了解 C 语言基本知识。

【实验设备】

(1) 硬件:CVT-PXA270-2 或 CVT-PXA270-3 教学实验箱、PC 机。

(2) 软件:PC 机操作系统 Windows 98(2000、XP)+ADT IDE 集成开发环境。

【基础知识】

1. GPS 简介

全球定位系统 GPS(Global Positioning System)是美国从 20 世纪 70 年代开始研制,历时 20 年,耗资 200 亿美元,于 1994 年全面建成,具有在海、陆、空进行全方位实时三维导航与定位能力的新一代卫星导航与定位系统。经近 10 年我国测绘等部门的使用表明,GPS 以全天候、高精度、自动化、高效益等显著特点,赢得广大测绘工作者的信赖,并成功地应用于大地测量、项目测量、航空摄影测量、运载工具导航和管制、地壳运动监测、项目变形监测、资源勘察以及地球动力学等多种学科,从而给测绘领域带来一场深刻的技术革命。

随着全球定位系统的不断改进,软、硬件的不断完善,应用领域正在不断地开拓,目前已遍及国民经济各种部门,并开始逐步深入人们的日常生活。其飞速发展已逐渐取代了无线电导航、天文导航等传统导航技术,成为一种普遍采用的导航定位技术,并在精度、实时性、全天候等方面取得了长足进步。现不仅应用于物理勘探、电离层测量和航天器导航等诸多民用领域,在军事领域更是取得了广泛的应用——在弹道导弹、野战指挥系统、精确弹道测量以及军用地图快速测绘等领域均大量采用了卫星导航定位技术。鉴于卫星导航技术在民用和军事领域的重要意义,其得到了许多国家的关注。我国也于 2000 年成功发射了 2 颗导航定位试验卫星,并建立了我国第一代卫星导航定位系统——"北斗导航系统",但由于起步晚,也没有得到广泛应用。目前在我国应用最多的还是美国的 GPS 系统。

在卫星定位系统出现之前,远程导航与定位主要用无线导航系统。

(1) 无线电导航系统。

★ 罗兰—C:工作在 100kHz,由 3 个地面导航台组成,导航工作区域 2 000km,一般精度 200~300m。

★ Omega(欧米茄):工作在十几千赫。由 8 个地面导航台组成,可覆盖全球。精度几英里。

★ 多普勒系统:利用多普勒频移原理,通过测量其频移得到运动物参数(地速和偏流角),推算出飞行器位置,属自备式航位推算系统。误差随航程增加而累加。

缺点:覆盖的工作区域小,电波传播受大气影响,定位精度不高。

(2) 卫星定位系统。最早的卫星定位系统是美国的子午仪系统(Transit),1958 年研制,1964 年正式投入使用。由于该系卫星数目较小(5~6 颗),运行高度较低(平均 1 000km),从地面站观测到卫星的时间隔较长(平均 1.5h),因而它无法提供连续的实时三维导航,而且精度较低。

为满足军事部门和民用部门对连续实时和三维导航的迫切要求。1973 年美国国防部制定了 GPS 计划。

(3)GPS 发展历程。GPS 实施计划共分 3 个阶段。

第一阶段为方案论证和初步设计阶段。从 1973 年到 1979 年,共发射了 4 颗试验卫星。研制了地面接收机及建立地面跟踪网。

第二阶段为全面研制和试验阶段。从 1979 年到 1984 年,又陆续发射了 7 颗试验卫星,研制了各种用途接收机。实验表明,GPS 定位精度远远超过设计标准。

第三阶段为实用组网阶段。1989 年 2 月 4 日第一颗 GPS 工作卫星发射成功,表明 GPS 系统进入项目建设阶段。1993 年底使用的 GPS 网,即(21+3)GPS 星座已经建成,今后将根据计划更换失效的卫星。

2. GPS 原理

GPS 由 3 个独立的部分组成:

★ 空间部分:21 颗工作卫星,3 颗备用卫星。

★ 地面支撑系统:1 个主控站,3 个注入站,5 个监测站。

★ 用户设备部分:接收 GPS 卫星发射信号以获得必要的导航和定位信息,经数据处理,完成导航和定位工作。

GPS 接收机硬件一般由主机、天线和电源组成。

GPS 定位的基本原理是根据高速运动的卫星瞬间位置作为已知的起算数据,采用空间距离后方交汇的方法,确定待测点的位置。如图 5-35 所示,假设 t 时刻在地面待测点上安置 GPS 接收机,可以测定 GPS 信号到达接收机的时间 Δt,再加上接收机所接收到的卫星星历等其他数据可以确定以下 4 个方程式:

$$[(x_1-x)^2+(y_1-y)^2+(z_1-z)^2]^{1/2}+c(\nu_{t1}-\nu_{t0})=d_1$$
$$[(x_2-x)^2+(y_2-y)^2+(z_2-z)^2]^{1/2}+c(\nu_{t2}-\nu_{t0})=d_2$$
$$[(x_3-x)^2+(y_3-y)^2+(z_3-z)^2]^{1/2}+c(\nu_{t3}-\nu_{t0})=d_3$$
$$[(x_4-x)^2+(y_4-y)^2+(z_4-z)^2]^{1/2}+c(\nu_{t4}-\nu_{t0})=d_4$$

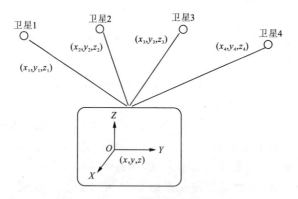

图 5-35 GPS 定位的基本原理示意图

上述 4 个方程式中:待测点坐标 x、y、z 和 ν_{t0} 为未知参数,$d_i=c\Delta t_i (i=1,2,3,4)$。

$d_i(i=1,2,3,4)$ 分别为卫星 1、卫星 2、卫星 3、卫星 4 到接收机之间的距离。

$\Delta t_i(i=1,2,3,4)$ 分别为卫星 1、卫星 2、卫星 3、卫星 4 的信号到达接收机所经历的时间。

c 为 GPS 信号的传播速度(即光速)。

4 个方程式中各个参数意义如下：

x、y、z 为待测点坐标的空间直角坐标。

x_i、y_i、z_i($i=1,2,3,4$)分别为卫星 1、卫星 2、卫星 3、卫星 4 在 t 时刻的空间直角坐标，可由卫星导航电文求得。

v_{ti}($i=1,2,3,4$)分别为卫星 1、卫星 2、卫星 3、卫星 4 的卫星钟的钟差，由卫星星历提供。

v_{t0} 为接收机的钟差。

由以上 4 个方程即可解算出待测点的坐标 x、y、z 和接收机的钟差 v_{t0}。

3. GPS 定位信息的提取

GPS 的用户设备主要由接收机硬件和处理软件组成。用户通过用户设备接收 GPS 卫星信号，经信号处理而获得用户位置、速度等信息，最终实现利用 GPS 进行导航和定位的目的。目前，许多 GPS 厂商遵循 NMEA0183 协议开发出了许多导航型 GPS。这些 GPS 提供串行通信接口，串行通信参数为：

波特率＝4 800　数据位+8 位　停止位+1 位　无奇偶校验

GPS 通信时，通过串口每秒钟发送十条数据。实际导航应用读取 GPS 的空间定位数据时，可以根据需要每隔几秒钟更新一次经纬度和时间数据。而更频繁的数据更新就没有必要了。而且通常不需要了解 NMEA 0183 通信协议的全部信息，仅需要从中挑选出需要的那部分定位数据。其余的信息都可以忽略掉。

4. NMEA 0183 格式

GPS 的通信接口协议采用美国的 NMEA(National Marine Electronics Association)0183 ASCII 码协议，NMEA0183 是一种航海、海运方面有关于数字信号传递的标准，此标准定义了电子信号所需要的传输协议，传输数据时间。下列描述了其数据帧的格式定义，包括波特率选择、秒脉冲输出、RTCM 定义输出。

(1)时间传输。输出格林尼治(UTC)时间和日期，通过计算板上时间得到当前日期、时间。

(2)位置信息(GGA)。

$ GPGGA、<1>、<2>、<3>、<4>、<5>、<6>、<7>、<8>、<9>、M、<11>、<12>*hh<CR><LF>

<1>UTC 时间，hh mm ss 格式(定位它的)

<2>经度 dd mm mmmm 格式(非 0)

<3>经度方向 N 或 S

<4>纬度 ddd mm mmmm 格式(非 0)

<5>纬度方向 E 或 W

<6>GPS 状态批示 0—未定位、1—无差分定位信息、2—带差分定位信息

<7>使用卫星号(00～08)

<8>精度百分比

<9>海平面高度

<10>*大地随球面相对海平面的高度

<11>差分 GPS 信息

<12>差分站 ID 号 0000-123

(3) GPS DOP 和活动卫星。

$GPGSA、<1>、<2>、<3>、<3>、<3>、<3>、<3>、<3>、<3>、<3>、<3>、<3>、<3>、<4>、<5>、<6>、*hh<CR><LF>

<1>模式 M—手动,A—自动

<2>当前状态 1—无定位信息,2—2D 3—3D

<3>PRN 号 01～32

<4>位置精度

<5>垂直精度

<6>水平精度

(4) 当前 GPS 卫星状态(GSV)。

$GPGSV、<1>、<2>、<3>、<4>、<5>、<6>、<7><4>、<5>、<6>、<7>*hh<CR><LF>

<1>GSV 语句的总数目

<2>当前 GSV 语句数目

<3>显示卫星的总数目 00～12

<4>卫星的 PRV 号星号

<5>卫星仰角

<6>卫星旋角

<7>信噪比

语句共两条,每条最多包括 4 颗星的处所。每颗星有 4 个数据,即<4>—星号<5>—仰角<6>—方位<7>—信噪比

(5) 最简特性(RMC)。

$GPRMC、<1>、<2>、<3>、<4>、<5>、<6>、<7>、<8>、<9>、<10>、<11>、*hh<CR><LF>

<1>定位时 UTC 时间 hhmmss 格式

<2>状态 A=定位 V=导航

<3>经度 ddmm.mmm 格式

<4>经度方向 N 或 S

<5>纬度 dddmm.mmmm

<6>纬度方向 E 或 W

<7>速率

<8>方位敬爱(二维方向指向,相当于二维罗盘)

<9>当前 UTC 日期 ddmmyy 格式

<10>太阳方位

<11>太阳方向

(6) VTG 速度相对正北的方向。

$GPVTG、<1>、T、<2>、M、<3>、N、<4>K*hh<CR><LF>

<1>真实方向<2>、相对方向<3>步长<4>速率

(7) 带有 LORAN ID 的地理信息命令。

LCGLL 报告位置信息

$LCGLL、<1>、<2>、<3>、<4>、<5><CR><LF>

<1>经度,ddmm.mm 格式

<2>经度方向 N 或 S

<3>纬度,dddmm.mm 格式

<4>纬度方向 E 或 W

<5>UTC 时间(定位点)hhmmss 格式

(8)带有 LORAN ID 的轨迹,速度信息。

LCVTG 报告轨迹和速度信息

$LCVTG、<1>、T,<2>、<3>、N,<4>,K,<CR><LF>

<1>真实方向(相对于正北)

<2>相对方向

<3>步长

<4>速率

(9)状态信息。

$PGRMT,<1>、<2>、<3>、<4>、<5>、<6>、<7>、<8>、<9>*hh<CR><LF>

报告板子状态语句

<1>产品名称,模式和软件版本

<2>自测 P—通过、F—失败

<3>接收检测 P—通过、F—失败

<4>储存数据状态 R—保留、L—丢失

<5>时钟数据状态 R—保存、L—丢失

<6>晶振检测 P—通过、F—测试有误

<7>数据采集 C—收集空时为不收集

<8>板子温度℃

<9>板子配置数据 R—保留、L—丢失

(10)3D 定位信息。

$PGRMV、<1>、<2>、<3>*hh<CR><LF>

<1>向东真实速率　-999.9 to 9999.9

<2>向北真实速率　-999.9 to 9999.9

<3>垂直速率　　　-999.9 to 9999.9

5. GPS 定位信息的解析

GPS 接收机只要处于工作状态就会源源不断地把接收并计算出的 GPS 导航定位信息通过串口传送到计算机中,这些接收信息在没有经过分类提取之前是无法加以利用的。因此,必须通过程序将各个字段的信息从缓存字节流中提取出来,将其转化成有实际意义的、可供高层决策使用的定位信息数据。同其他通信协议类似,对 GPS 进行信息提取必须首先明确其帧结构,然后才能根据其结构完成对各定位信息的提取。

本实验所使用的 GPS 模块,其发送到计算机的数据主要由帧头、帧尾和帧内数据组成,根据数据帧的不同,帧头也不相同,主要有$GPGGA、$GPGSA、$GPGSV 以及$GPRMC 等,这些帧头标识了后续帧内数据的组成结构,各帧均以回车符和换行符作为帧尾标识一帧的结束。通常,我们所关心的定位数据,如经纬度、速度、时间等均可以从$GPGGA帧中获取,该帧的结构及各字段释义见上节。

至于其他几种帧格式,除了特殊用途外,平时并不常用,虽然接收机也在源源不断地向主机发送各种数据帧,但在处理时一般先通过对帧头的判断而只对$GPRMC帧进行数据的提取处理。如果情况特殊,需要从其他帧获取数据,处理方法与之也是完全类似的。由于帧内各数据段由逗号分割,因此在处理缓存数据时一般是通过搜寻ASCII码"$"来判断是否是帧头,在对帧头的类别进行识别后再通过对所经历逗号个数的计数来判断出当前正在处理的是哪一种定位导航参数,并作出相应的处理。

将所需信息提取到内存,包括时间、日期以及经纬度等信息。在实际应用中,往往要根据需要对其做进一步的运算处理,如从GPS接收机中获得的时间信息为格林尼治时间,因此,需要在获取时间上加8小时才能得到北京时间。而且GPS使用的WGS-84坐标系也与我国采用的坐标系不同,有时也要对此加以变换。而这些变换运算必须通过数值运算完成。

6. 实验说明

本实验的主要目的是通过提取并解析卫星定位信息,获取当前时间、经度、纬度等信息,并通过串口显示出来。该实验主要包括4个部分。

(1)初始化GPS模块。本实验系统使用的GPS模块使用PXA270的串口0,缺省波特率为4 800,因此,必须在接收数据之前对GPS模块以及串口进行初始化。初始化操作通过函数gps_init实现。

void gps_init( )

(2)卫星定位信息的提取。通过函数gps_recv_cmd接收GPS模块的NMEA 0183语句信息,该函数声明如下,其中cmd为接收到的数据的缓冲区。

void gps_recv_cmd(char*cmd)

(3)卫星定位信息的解析。接收到的信息通过函数GPSReceive进行解析以得到需要的定位信息,该函数声明如下:

void GPSReceive(GPSINFO*pinfo,UInt8*pStreamIn,UInt32 len);

其中,pStreamIn为需要解析的定位信息,也就是在上一步中获得到的卫星定位信息,len为该信息的数据长度。

GPSReceive(&info,cmd_str,strlen(cmd_str));

计算得到的定位信息保存在变量pinfo中,GPSINFO定义如下:

```
typedef struct GPSINFO{
    int     bIsGPGGA;                    //1 表示为 GPGGA 命令,0 为非 GPGGA 命令,仅解析该命令
    double  latitude;                    //纬度
    UInt8   latNS;                       //'N'北纬    'S'南纬
    double  longitud;                    //经度
    UInt8   lgtEW;                       //'E'东经    'W'西经
    UInt8   hour,bjhour,min,sec,secFrac; //格林尼治时间,bjhour 为转换后的北京时间
    UInt8   satellites;                  //卫星数
```

```
    Int16    altitude;                    //高度
    UInt8    altUnit;                     //米
}GPSINFO;
```

在该函数中,仅仅处理了 GPGGA 语句,采用 bIsGPGGA 命令表示当前语句是否为 GPG-GA 语句。

(4)卫星定位信息的打印。由于 GPS 使用了 PXA270 的串口 0,因此结果必须输出到串口 1,在该实验之前请将串口线连接到 CVT-PXA270 的串口 1。然后打开超级中断工具,并将其波特率设置为 4 800,其余设置与其他的实验一样。解析到的卫星定位信息可以通过下面的函数显示出来。

```
void TRACE_MSG(GPSINFO*pinfo){
    Uart_Select(1);
    Uart_Printf("UTC 时间:% d 时% d 分% d 秒% d 毫秒\n",pinfo -> hour,pinfo -> min,pinfo -> sec,pinfo -> secFrac);
    Uart_Printf("北京时间:% d 时% d 分% d 秒% d 毫秒\n",pinfo -> bjhour,pinfo -> min,pinfo -> sec,pinfo -> secFrac);
    Uart_Printf("纬度:% s 纬% f\n",(pinfo -> latNS=='N' ? "北":"南"),pinfo -> latitude);
    Uart_Printf("经度:% s 经% f\n",(pinfo -> lgtEW=='E' ? "东":"西"),pinfo -> longitud);
    Uart_Printf("\n");
}
```

【实验步骤】

(1)参照模板项目 gps(modules\gps\gps.apj),新建一个项目 gps,添加相应的文件,并修改 gps 项目的设置。

(2)创建 gps.c 并加入到项目 gps 中。

(3)编写 GPS 初始化函数和 GPS 定位信息提取和解析函数,并将结果打印到串口 1 上。

(4)编译 gps。

(5)将计算机的串口连接到 CVT-PXA270 的串口 1 上。

(6)运行超级终端,选择正确的串口号,并将串口设置为:波特率(4 800)、奇偶校验 (None)、数据位数(8)和停止位数(1),无流控,并打开串口。

(7)下载程序并运行,如果程序运行正确,在超级终端中将可以看到类似如下的输出。

UTC 时间:23 时 59 分 47 秒 0 毫秒

北京时间:7 时 59 分 47 秒 0 毫秒

纬度:北纬 30.305666

经度:东经 114.243198

【实验报告要求】

(1)简述 GPS 基本原理以及 NMEA 0183 的基本语句。

(2)简述 GPS 信息提取和解析的基本过程。

第 6 章　BootLoader 实验

6.1　u‑boot 基础实验

【实验目的】
(1) 了解 BootLoader 在嵌入式系统中的作用。
(2) 掌握 u‑boot 的基本功能。

【实验内容】
学习 u‑boot 的基础知识和常用命令,并按照实验步骤实际操作。

【预备知识】
掌握嵌入式系统软件开发基础知识。

【实验设备】
(1) 硬件:CVT‑PXA270 嵌入式实验箱、PC 机 Pentium500 以上,硬盘 10G 以上。
(2) 软件:PC 机操作系统 redhat linux 9.0+Linux 开发环境。

【基础知识】

1. BootLoader 的概念

BootLoader 是系统通电后运行的第一段软件代码。回忆一下 PC 的体系结构我们可以知道,PC 机中的引导加载程序由 BIOS(其本质就是一段固件程序)和位于硬盘 MBR 中的引导程序一起组成。BIOS 在完成硬件检测和资源分配后,将硬盘 MBR 中的引导程序读到系统的 RAM 中,然后将控制权交给引导程序。引导程序的主要运行任务就是将内核映像从硬盘上读到 RAM 中,然后跳转到内核的入口点去运行,即开始启动操作系统。而在嵌入式系统中,通常并没有像 BIOS 那样的固件程序,因此,整个系统的加载启动任务就完全由 BootLoader 来完成。在基于 XScale 核的嵌入式系统中,系统在通电或复位时将从地址 0x00000000 开始执行,而在这个地址处安排的通常就是系统的 BootLoader 程序。

简单地说,BootLoader 就是在操作系统内核或用户应用程序运行之前运行的一段小程序。通过这段小程序,我们可以初始化硬件设备、建立内存空间的映射图,从而将系统的软、硬件环境带到一个合适的状态,以便为最终调用操作系统内核或用户应用程序准备好正确的环境。对于一个嵌入式系统来说,可能有的包括操作系统,有的小型系统也可以只包括应用程序,但是在这之前都需要 BootLoader 为它准备一个正确的环境。通常,BootLoader 是依赖于硬件而实现的,特别是在嵌入式领域,为嵌入式系统建立一个通用的 BootLoader 是很困难的。

(1) BootLoader 的移植和修改。每种不同的 CPU 体系结构都有不同的 BootLoader。除了依赖于 CPU 的体系结构外,BootLoader 实际上也依赖于具体的嵌入式板级设备的配置,如板卡的硬件地址分配、RAM 芯片的类型、其他外部设备的类型等。也就是说,对于两块不同的嵌入式板而言,即使它们是基于同一种 CPU 而构建的,如果他们的硬件资源和配置不一致,要想让运行在一块板子上的 BootLoader 程序也能运行在另一块板子上,也还是需要作一些必要的修改。

(2) BootLoader 的安装。系统通电或复位后,所有的 CPU 通常都从 CPU 制造商预先安排的地址上取指令。PXA270 在复位时都从地址 0x00000000 取它的第一条指令。而嵌入式系统通常都有某种类型的固态存储设备(如 ROM、EEPROM 或 FLASH 等)被安排在这个起始地址上,并将 BootLoder 程序存储到这段存储器上。在系统通电后,CPU 将首先执行保存在该地址上的 BootLoader 程序。

(3) 用来控制 BootLoader 的设备或机制。串口通信是最简单也是最廉价的一种双机通信设备,所以往往在 BootLoader 中主机和目标机之间都通过串口建立连接,BootLoader 程序在执行时通常会通过串口来进行 I/O,如输出打印信息到串口,从串口读取用户控制字符等。如果认为串口通信速度不够,也可以采用网络或者 USB 通信,那么在 BootLoader 中就需要编写相应的驱动。

(4) BootLoader 的启动过程。多阶段的 BootLoader 能提供更为复杂的功能以及更好的可移植性。从固态存储设备上启动的 BootLoader 大多都是 2 阶段的启动过程,即启动过程可以分为 stage 1 和 stage 2 两部分。

(5) BootLoader 的操作模式。大多数 BootLoader 都包含两种不同的操作模式:"启动加载"模式和"下载"模式,这种区别仅对于开发人员才有意义。但从最终用户的角度看,BootLoader 的作用就是加载操作系统,而并不存在所谓的启动加载模式与下载工作模式的区别。

启动加载(Bootloading)模式:这种模式也称为"自主"(Autonomous)模式。即 BootLoader 从目标机上的某个固态存储设备上将操作系统加载到 RAM 中运行,整个过程并没有用户的介入。这种模式是 BootLoader 的正常工作模式,因此在嵌入式产品发布的时候,BootLoader 显然必须工作在这种模式下。

下载(Downloading)模式:在这种模式下,目标机上的 BootLoader 将通过串口连接或网络连接等通信手段从主机下载文件,如下载应用程序、数据文件、内核映像等。从主机下载的文件通常首先被 BootLoader 保存到目标机的 RAM 中,然后再被 BootLoader 写到目标机上的固态存储设备中。BootLoader 的这种模式通常在系统更新时使用。工作于这种模式下的 BootLoader 通常都会向它的终端用户提供一个简单的命令行接口。

(6) BootLoader 与主机之间进行文件传输所用的通信设备及协议。最常见的情况就是,目标机上的 BootLoader 通过串口与主机之间进行文件传输,传输可以简单地采用直接数据收发,当然在串口上也可以采用 xmodem/ymodem/zmodem 协议以及在以太网上采用 TFTP 协议。

此外,在论及这个话题时,主机方所用的软件也要考虑。例如在通过以太网连接和 TFTP 协议来下载文件时,主机方必须有一个软件用来提供 TFTP 服务。

(7) 通常一个嵌入式 BootLoader 提供以下特征。

★ 初始化硬件,尤其是内存控制器。

★ 提供 Linux 内核的启动参数。

★ 启动 Linux 内核。

此外,大多数 BootLoader 也提供简化开发过程的特征。

★ 读写存储器。

★ 通过串口或者以太网口上载新的二进制映像文件到目标板的 RAM。

★ 从 RAM 中拷贝二进制映像文件到 FLASH 存储器中。

2. u-boot 简介

u-boot 是由德国 DENX 小组开发的交叉平台 BootLoader，其全称为"Universal Boot Loader"。u-boot 的开发目标是支持尽可能多的嵌入式处理器和嵌入式操作系统。它提供数百种嵌入式开发板和各种 CPU，包括 PowerPC、ARM、XScale、MIPS、Coldfire、NIOS、Microblaze 和 x86 等，它除了支持 Linux 系统的引导外，还支持 NetBSD、VxWorks、QNX、RTEMS、ARTOS、LynxOS 等多种嵌入式操作系统的引导。

u-boot 最开始的名字为"8xxROM"，它是为 PowerPC 写的一个 BootLoader，后来，当该项目在 2000 年被提交到 Sourceforge（sourceforge.net）上时，由于 Sourceforge 不允许以数字开头，因此，改名为"PPCBoot"。PPCBoot 的开放性和强大的功能被越来越多的人接受并将其移植到不同的平台。到 2002 年 9 月，PPCBoot 支持四种不同的 ARM 处理器，并且在 2002 年 11 月正式更名为"u-boot"。

u-boot 的用户接口类似于 Linux 的 shell 界面，通过串口连接以后，用户可以交互式地输入命令和看到结果。

u-boot 的启动界面如下所示：

u-boot 2.1.6(Nov 1 2006-05:41:09)

u-boot code: A3080000 -> A30A9FAC BSS: -> A30AF870

RAM Configuration:

Bank# 0: a0000000 64 MB

Flash: 32 MB

CVT-PXA270#

启动时，首先检查系统配置，上述结果中可以知道，该系统的 RAM 配置为 64Mbytes，FLASH 配置为 32Mbytes。然后开始进入命令行界面（以提示符"CVT-PXA270#"表示），在该命令行界面中用户可以输入操作命令。

3. u-boot 命令行接口

u-boot 中所有操作都是通过其命令行输入命令完成。本节叙述 u-boot 的命令行接口，请注意，由于 u-boot 的可配置性，因此，当前配置并不一定支持所有的命令。用户可以使用 help 命令查看当前配置支持的所有命令。

u-boot 中所有命令的数字都是以十六进制格式输入。有些命令的处理结果依赖于 u-boot 的配置以及一些环境变量的设置。

在 u-boot 中输入命令并不一定需要输入全名，而是可以省略后面的一些字符，如"help"命令等同于"h"、"he"和"hel"。

下面介绍一些常用的 u-boot 命令。

（1）信息查看命令。

★ bdinfo：打印目标板配置信息。

CVT‐PXA270# **bdinfo**
arch_number=0x00000196
env_t   =0x00000000
boot_params=0xA0000100
DRAM bank   =0x00000000
-> start   =0xA0000000
-> size   =0x04000000
ethaddr   =01:23:45:67:89:AB
ip_addr   =192.168.1.45
baudrate   =115200 bps
CVT‐PXA270#

★ flinfo：获取可用的 FLASH 的信息。

CVT‐PXA270# **flinfo**

Bank# 1: CFI conformant FLASH(32 x 16)   Size: 32 MB in 128 Sectors
Erase timeout 4096 ms，write timeout 0 ms，buffer write timeout 1024 ms，buffer size 32
  Sector Start Addresses:
    00000000(RO) 00040000(RO) 00080000   000C0000   00100000
    00140000   00180000   001C0000   00200000   00240000
    00280000   002C0000   00300000   00340000   00380000
    003C0000   00400000   00440000   00480000   004C0000
    00500000   00540000   00580000   005C0000   00600000
    00640000   00680000   006C0000   00700000   00740000
    00780000   007C0000   00800000   00840000   00880000
    008C0000   00900000   00940000   00980000   009C0000
    00A00000   00A40000   00A80000   00AC0000   00B00000
    00B40000   00B80000   00BC0000   00C00000   00C40000
    00C80000   00CC0000   00D00000   00D40000   00D80000
    00DC0000   00E00000   00E40000   00E80000   00EC0000
    00F00000   00F40000   00F80000   00FC0000   01000000
    01040000   01080000   010C0000   01100000   01140000
    01180000   011C0000   01200000   01240000   01280000
    012C0000   01300000   01340000   01380000   013C0000
    01400000   01440000   01480000   014C0000   01500000
    01540000   01580000   015C0000   01600000   01640000
    01680000   016C0000   01700000   01740000   01780000
    017C0000   01800000   01840000   01880000   018C0000
    01900000   01940000   01980000   019C0000   01A00000
    01A40000   01A80000   01AC0000   01B00000   01B40000
    01B80000   01BC0000   01C00000   01C40000   01C80000

01CC0000	01D00000	01D40000	01D80000	01DC0000
01E00000	01E40000	01E80000	01EC0000	01F00000
01F40000	01F80000	01FC0000		

其输出包含 FLASH 型号（28F128J3A）、大小（32MB）、扇区数（128）、每一扇区的起始地址及其属性，上面的输出中，第一个扇区的起始地址为 0x0，且其属性为只读（标记"RO"）。

★ help：打印帮助信息。

如果不带任何参数，将打印当前支持的所有命令，如果将某一命令名字作为其参数，将得到该命令的更加详细的信息。

CVT-PXA270# **help**

CVT-PXA270# **help flinfo**

flinfo
  - print information for all Flash memory banks
flinfo N
  - print information for Flash memory bank# N

（2）存储器操作命令。

★ base：设置或打印地址偏移。

CVT-PXA270# **base**

Base Address：0x00000000

CVT-PXA270# **md 0 c**

00000000: ea000012 e59ff014 e59ff014 e59ff014 ....
00000010: e59ff014 e59ff014 e59ff014 e59ff014 ....
00000020: a3080180 a30801e0 a3080240 a30802a0 ....@.......

CVT-PXA270# **base a0000000**

Base Address: 0xa0000000

使用该命令打印或设置存储器操作命令所使用的"基地址"，缺省值是 0。当需要反复访问一个地址区域时，可以设置该区域的起始地址为基地址，其余的存储器命令参数都相对于该地址进行操作。如上面所示，设置 0xa0000000 地址为基地址以后，md 操作就相对于该基地址进行。

★ CRC32：校验和计算。

该命令能够用于计算某一段存储器区域的 CRC32 校验和。

CVT-PXA270# **crc 100004 3fc**

CRC32 for a0100004 ... a01003ff==>a7be209e

★ cmp：存储区比较。

使用 cmp 命令，用户可以测试两个存储器区域是否相同。该命令或者测试由第三个参数指定的整个区域，或者在第一个存在差异的地方停下来。

CVT-PXA270# **cmp 100000 a0000000 400**

word at 0x00100000(0xe59f2084)!=word at 0xa0000000(0x00000000)
Total of 0 words were the same

CVT-PXA270# **md 100000 c**

00100000: e59f2084 e5923000 e3833902 e5823000 ....0...9...0..

```
00100010: e59f2078 e5923000 e3833902 e5823000    x ...0...9...0..
00100020: e59f206c e5923000 e3c33103 e3833101    l ...0...1...1..
```
CVT‑PXA270# **md a0000000 c**
```
a0000000: 00000000 aabbccdd 12345678 885e115a    ........xV4.Z.^.
a0000010: 415fc0c1 f2babc64 21082192 12b7ea59    .._Ad....!.!Y...
a0000020: 387d5ce5 d0c41251 54f8255a 25295214    .\}8Q...Z.T.R)
```

cmp 命令能以不同的宽度访问存储器：32 位、16 位或者 8 位。如果使用 cmp 或 cmp.l，则使用缺省宽度（32 位），如果使用 cmp.w，则使用 16 位宽度，cmp.b 使用 8 位宽度。

请注意！第三个参数表示的是比较数据的长度，其单位为"数据宽度"，视所使用的命令不同而不同，如采用 32 位宽度时，单位为 32 位数据，即 4 个字节。

CVT‑PXA270# **cmp.l 100000 a0000000 400**
word at 0x00100000(0xe59f2084)!=word at 0xa0000000(0x00000000)
Total of 0 words were the same

CVT‑PXA270# **cmp.w 100000 a0000000 800**
halfword at 0x00100000(0x2084)!=halfword at 0xa0000000(0x0000)
Total of 0 halfwords were the same

CVT‑PXA270# **cmp.b 100000 a0000000 1000**
byte at 0x00100000(0x84)!=byte at 0xa0000000(0x00)
Total of 0 bytes were the same

★ cp：存储区拷贝。

该命令用于存储区拷贝，和 cmp 命令一样，该命令支持".l"、".w"和".b"扩展命令。

CVT‑PXA270# **cp a000000 100000 10000**

★ md：存储区显示。

该命令以十六进制和 ASCII 码方式显示存储区，该命令支持".l"、".w"和".b"扩展命令。

★ mm：存储区修改。

该命令提供一种交互式地修改存储器内容的方式。它将显示地址和当前内容，然后提示用户输入，如果用户输入一个合法的十六进制值，该值将被写到当前地址。然后将提示下一个地址。如果用户没有输入任何值，而只是输入 ENTER，当前地址内容将不作改变。该命令直到输入一个非十六进制值（如"."）结束。该命令支持".l"、".w"和".b"扩展命令。

CVT‑PXA270# **mm a0000000**
```
a0000000: 0111621a ? 0
a0000004: a8a32319 ? aabbccdd
a0000008: 13088615 ? 12345678
a000000c: 885e115a ? .
```

CVT‑PXA270# **md a0000000 10**
```
a0000000: 00000000 aabbccdd 12345678 885e115a    ........xV4.Z..
a0000010: 415fc0c1 f2babc64 21082192 12b7ea59    .._Ad....!.!Y...
a0000020: 387d5ce5 d0c41251 54f8255a 25295214    .\}8Q...Z.T.R)
a0000030: 90650ab6 116c2a37 91ec132d b39bd43d    ..e.7*l.−...=...
```

★ mw：内存填充。

该命令提供一种存储区初始化的方法。当不使用 count 参数时，value 值被写入指定的地址，当使用 count 时，整个的存储区将被写入 value 值。该命令支持".l"、".w"和".b"扩展命令。

CVT – PXA270# **mw a0000000 12345678 10**

CVT – PXA270# **md a0000000 10**

a0000000: 12345678 12345678 12345678 12345678   xV4.xV4.xV4.xV4.
a0000010: 12345678 12345678 12345678 12345678   xV4.xV4.xV4.xV4.
a0000020: 12345678 12345678 12345678 12345678   xV4.xV4.xV4.xV4.
a0000030: 12345678 12345678 12345678 12345678   xV4.xV4.xV4.xV4.

★ nm：存储区修改。

该命令能够被用于交互式地写若干次不同的数据到同一地址，与 mm 不同的是，它的地址总是同一地址，而 mm 将进行累加。该命令支持".l"、".w"和".b"扩展命令。

CVT – PXA270# **nm a0000000**

a0000000: 12345609 ? 87654321
a0000000: 87654321 ? .

CVT – PXA270# **md a0000000 1**

a0000000: 87654321   !Ce.

（3）FLASH 存储器操作命令。

★ cp：存储区拷贝。

CVT – PXA270# **md a0000000 10**

a0000000: ab000000 12345678 12345678 12345678   ....xV4.xV4.xV4.
a0000010: 87654321 12345678 12345678 12345678   !Ce.xV4.xV4.xV4.
a0000020: 87654321 12345678 12345678 12345678   !Ce.xV4.xV4.xV4.
a0000030: 87654321 12345678 12345678 12345678   !Ce.xV4.xV4.xV4.

CVT – PXA270# **cp a0000000 a0000010 1**

CVT – PXA270# **md a0000000 10**

a0000000: ab000000 12345678 12345678 12345678   ....xV4.xV4.xV4.
a0000010: ab000000 12345678 12345678 12345678   ....xV4.xV4.xV4.
a0000020: 87654321 12345678 12345678 12345678   !Ce.xV4.xV4.xV4.
a0000030: 87654321 12345678 12345678 12345678   !Ce.xV4.xV4.xV4.

当目标区域没有被擦除或者被写保护时，写到该区域将可能导致失败。

CVT – PXA270# **protect off 1:2**

Un – Protect Flash Sectors 2 – 2 in Bank#1

. done

CVT – PXA270# **erase 1:2**

Erase Flash Sectors 2 – 2 in Bank#1

. done

CVT – PXA270# **cp a0000000 80000 10**

Copy to Flash... done

请注意！第三个参数 count 的单位为数据宽度，如果你希望使用字节长度。

★ flinfo：获取可用的 FLASH 的信息。

该命令在"(1)信息查看命令"中已经说明。

★ erase：擦除 FLASH 存储器。

在 u-boot 中，一个 bank 就是连接到 CPU 的同一片选信号的一个或者多个 FLASH 芯片组成的 FLASH 存储器区域。扇区是一次擦除操作的最小区域，擦除操作都是以扇区为单位的。在 u-boot 中，bank 的编号从 1 开始，而扇区编号从 0 开始。

该命令用于擦除一个或多个扇区。它的使用比较复杂，最常用的用法就是传递待擦除区域的开始和结束地址到命令中，而且这两个地址必须是扇区的开始地址和起始地址。

CVT-PXA270# **era 80000 bffff**

. done

Erased 1 sectors

另外一个方法是选择 FLASH 扇区和 bank 作为参数。

CVT-PXA270# **erase 1:2**

Erase Flash Sectors 2-2 in Bank# 1

. done

还有一种方法可以擦除整个 bank，如下所示。注意！其中有一个警告信息提示有写保护扇区存在并且这些扇区没有被擦除。

CVT-PXA270# **erase all**

Erase Flash Bank# 1 - Warning: 2 protected sectors will not be erased!

.... done

Erase Flash Bank# 2

.... done

★ protect：使能或者禁止 FLASH 保护功能。

该命令也是一个比较复杂的命令。它用于设置 FLASH 存储器的特定区域为只读模式，或取消只读属性。FLASH 设置为只读模式后，不能被拷贝（cp 命令）或者擦除（erase 命令）。

FLASH 保护的级别依赖于所使用的 FLASH 芯片和 FLASH 设备驱动的实现方法。在大多数 u-boot 的实现中仅仅提供简单的软件保护，它可以阻止意外的擦除或者重写重要区域（如 u-boot 代码以及 u-boot 环境变量等），且仅仅对于 u-boot 有效，任何操作系统并不识别该保护。

(4) 执行控制命令。

★ go：开始某地址处的应用程序。

CVT-PXA270# **help go**

go addr[arg ...]

- start application at address 'addr'

passing 'arg' as arguments

u-boot 支持独立的应用程序。这些程序不要求操作系统运行时的复杂的运行环境，而只需要它们能够被加载并且被 u-boot 调用执行。该命令用于启动这些独立的应用程序。可选的参数被毫无须改地传递到应用程序。

（5）下载命令。

★ tftpboot：使用 TFTP 协议经由网络加载映像文件。

CVT‐PXA270# **help tftp**

tftpboot[loadAddress][bootfilename]

（6）环境变量操作命令。

★ printenv：打印环境变量。

CVT‐PXA270# **help printenv**

printenv

- print values of all environment variables

printenv name ...

- print value of environment variable 'name'

该命令打印一个、几个或者所有的 u‐boot 环境变量。下面的命令将打印 3 个环境变量：ipaddr、hostname 和 netmask。

CVT‐PXA270# **printenv ipaddr netmask**

ipaddr=192.168.1.45

netmask=255.255.255.0

如下命令将打印所有的环境变量和它们的值，再加上一些统计数据，如：存储环境变量的大小。

CVT‐PXA270# **printenv**

★ saveenv：保存环境变量到非易失性存储介质。

CVT‐PXA270# **help saveenv**

saveenv - No help available.

对于 u‐boot 的改变仅仅在 RAM 中有效，一旦系统重新启动，这些改变将丢失。如果想这些改变永久保存，用户必须使用 saveenv 命令将环境变量的设置保存到非易失性介质中，u‐boot 在启动时将自动从非易失性介质中加载。

CVT‐PXA270# **saveenv**

Saving Enviroment to Flash...

Un Protected 1 sectors

Erasing Flash...

. done

Erased 1 sectors

Writing to Flash... done

Protected 1 sectors

★ setenv：设置环境变量。

CVT‐PXA270# **help setenv**

setenv name value ...

- set environment variable 'name' to 'value ...'

setenv name

- delete environment variable 'name'

为了修改 u-boot 环境变量,用户必须使用 setenv 命令。当只使用一个参数时,将删除该环境变量。如下所示:

CVT-PXA270# **printenv loaddemo**

loaddemo=tftp a0000000 demo.bin;go a0000000

CVT-PXA270# **setenv loaddemo**

CVT-PXA270# **print loaddemo**

##Error: "loaddemo" not defined

当使用多个参数调用时,第一个参数表示环境变量的名称,所有后面的参数组成该环境变量的值。改变量将自动创建新的环境并将覆盖已经存在的同名环境变量。

CVT-PXA270# **printenv serverip**

serverip=192.168.1.180

CVT-PXA270# **setenv serverip 192.168.1.179**

CVT-PXA270# **printenv serverip**

serverip=192.168.1.179

当一个变量包含对命令行解析器有特殊意义的字符(如$字符用于变量替换)时,使用反斜线符号(\)以避开这些特殊字符,如:one\$。

★ run:运行一个环境变量中的命令。

CVT-PXA270# **help run**

run var[...]

- run the commands in the environment variable(s) 'var'

用户可以使用 u-boot 环境变量存储命令甚至命令序列。为了执行一个命令,使用 run 命令。

CVT-PXA270# **setenv test echo This is a test\;printenv ipaddr\;echo Done.**

CVT-PXA270# **printenv test**

test=echo This is a test;printenv ipaddr;echo Done.

CVT-PXA270# **run test**

This is a test

ipaddr=192.168.1.45

Done.

4. u-boot 环境变量

u-boot 环境被保存于非易失性存储器(如 FLASH)的一段区域,当 u-boot 启动的时候被拷贝到 RAM。它用于保存用于配置系统的环境变量。u-boot 环境采用 CRC32 校验和保护。本节列举了大多数重要的环境变量。用户可以使用这些变量配置 u-boot。

(1) autoload:如果设置为 no 或者是任何以 n 开头的字符串,rarpb、bootp 或者 dhcp 命令将实现仅仅从 BOOTP/DHCP 服务器中实现配置查找,而不使用 TFTP 加载任何映像。

(2) autostart:如果设置为 yes,使用 rarpb、bootp、dhcp、tftp、disk 或 docb 命令加载的映像将自动执行(相当于内部调用 bootm)。

(3) baudrate:控制台波特率的十进制数值。当使用 setenv baudrate ...命令改变波特率时,u-boot 将切换控制台终端的波特率并在进入新的速度设置后等待一个换行符。如果失败,将不得不复位目标板(由于没有保存新的设置,系统将保持老的波特率),如果没有 baudrate 变量被定义,缺省的波特率是 115 200。

(4)bootargs:该变量的内容被传递到 Linux 内核作为启动参数。

(5)bootcmd:改变量定义一个命令字符串,该字符串将被自动执行。当初始化倒数计时没有被中断时,该命令仅仅在 bootdelay 也被定义时被执行。

(6)bootdelay:系统复位后,在执行 bootcmd 变量的内容前,u-boot 将等待 bootdelay 秒。在这段时间将显示倒计时,可以通过按下任意键中断 bootcmd 的运行。如果希望不作任何延时,请设置该变量为 0。

(7)bootfile:使用 TFTP 加载的缺省的映像名。

(8)ethaddr:第一个以太网接口的以太网 MAC 地址(Linux 中的 eth0)。该变量只能被设置一次,u-boot 拒绝在设置后输出或者覆盖该变量。

(9)eth1addr:第二个以太网接口的以太网 MAC 地址(Linux 中的 eth1)。

(10)eth2addr:第三个以太网接口的以太网 MAC 地址(Linux 中的 eth2)。依此类推。

(11)ipaddr:IP 地址,tftp 命令使用。

(12)loadaddr:tftp 或者 loads 等命令的缺省加载地址。

(13)loads_echo:如果设置为 1,串口下载过程中接收到的所有字符都进行回显。

(14)serverip:TFTP 服务器 IP 地址,tftp 命令需要。

【实验步骤】

实验 A:u-boot 基本命令实验。

(1)打开超级终端,设置波特率为 115 200,8 位数据位,无奇偶校验。

(2)将 CVT-PXA270 教学实验箱复位,在超级终端中应该可以看到 u-boot 的启动界面,按回车键进入命令行界面。

(3)分别在 u-boot 中输入如下命令,并观察实验结果。

CVT-PXA270# **help**

CVT-PXA270# **flinfo**

CVT-PXA270# **help flinfo**

CVT-PXA270# **bdinfo**

实验 B:u-boot 内存操作实验。

(1)在 u-boot 中输入如下命令,以实现将 0xa0000000 开始的 0x100 字节数据拷贝到 0xa1000000 处。

CVT-PXA270# **md a0000000 100**

CVT-PXA270# **md a1000000 100**

CVT-PXA270# **cmp. b a0000000 a1000000 100**

CVT-PXA270# **cp. b a0000000 a10000000 100**

CVT-PXA270# **cmp. b a0000000 a1000000 100**

观察在输入 cp.b 命令前后的 cmp.b 命令执行结果。

(2)在 u-boot 中输入如下命令,以实现内存修改。

CVT-PXA270# **md. b a0000000 10**

CVT－PXA270# **mm a0000000**

CVT－PXA270# **md. b a0000000 10**

CVT－PXA270# **mw. b a0000000 ff 10**

CVT－PXA270# **md. b a0000000 10**

观察每次 md.b 命令的结果。

实验 C：tftp 程序下载和引导操作实验。

在 u－boot 中输入如下命令，实现如下功能：将主机上的 zImage 程序通过 tftp 下载到 0xa0008000 地址，并从该地址处运行 zImage 程序。

CVT－PXA270# **tftp 0xa0008000 zImage**

CVT－PXA270# **go a0008000**

实验 D：u－boot 环境变量操作实验。

(1) 在 u－boot 中输入如下命令，创建一个环境变量，并运行该环境变量。

CVT－PXA270# **printenv**

CVT－PXA270# **setenv test 'echo this is a test'**

CVT－PXA270# **printenv**

CVT－PXA270# **saveenv**

CVT－PXA270# **run test**

(2) 在 u－boot 中输入如下命令，创建一个环境变量，实现实验 C 的 tftp 下载功能。

CVT－PXA270# **printenv**

CVT－PXA270# **setenv test 'tftp a0008000 zImage；go a0008000'**

CVT－PXA270# **printenv**

CVT－PXA270# **saveenv**

CVT－PXA270# **run test**

(3) 在 u－boot 中输入如下命令，实现自主引导，u－boot 启动后自动执行第二步中创建的 test 环境变量。

CVT－PXA270# **setenv bootcmd 'run test'**

CVT－PXA270# **saveenv**

CVT－PXA270# **reset**

【实验报告要求】

(1) BootLoader 在嵌入式系统中的作用是什么？它的基本功能包括哪些？

(2) 简述典型 BootLoader 的框架。

(3) 在 u－boot 中如何配置实现对 diag.bin 程序的自主引导？

6.2 u－boot 移植实验

【实验目的】

(1) 掌握 u－boot 的配置和编译方法。

(2)掌握 CVT-PXA270 中 u-boot 的升级方法。

【实验内容】

(1)配置、编译 u-boot。

(2)升级 u-boot。

【预备知识】

(1)了解 u-boot 的基本操作。

(2)了解 u-boot 烧写 FLASH 的基本方法。

【实验设备】

(1)硬件:CVT-PXA270 嵌入式实验箱、PC 机 Pentium500 以上,硬盘 10G 以上。

(2)软件:PC 机操作系统 redhat linux 9.0+Linux 开发环境。

【基础知识】

1. u-boot 基本程序结构

本节将简单地分析 u-boot 的基本功能和其源代码的目录结构。

u-boot 提供了多种强大的功能,而且其源代码多是从 Linux 内核源代码修改而来,其功能可以实现高度裁剪。u-boot 的主要功能有如下几种。

(1)通电自检功能:SDRAM、FLASH 大小自动检测、SDRAM 故障检测、CPU 型号检测等。

(2)设备驱动:串口、FLASH、以太网卡、LCD 键盘等,在 CVT-PXA270 中添加了串口、FLASH、以太网卡等驱动。

(3)程序加载和引导:支持串口程序加载和 TFTP 程序加载等多种方式,在本系统中主要使用 TFTP 程序加载方式。支持 Linux、VXWORKS 等多种操作系统映像文件的加载,而且支持传递参数给操作系统的加载方式。

u-boot 的源代码可以从其官方网站上下载(http://sourceforge.net/projects/u-boot),安装后其主要目录结构如下所示。

(1)board:目标板相关文件,主要包含各种目标板的目标板初始化相关代码。如果源代码中没有你所使用的系统,这部分代码是需要进行移植的。本系统使用 board/smdk2410 目录下的相关文件。

(2)common:独立于处理器体系结构的通用代码,这部分代码通常是不需要移植的。

(3)cpu:与处理器相关的文件。系统的片级初始化就在这里进行。如本系统使用 cpu/arm920t 目录下的 start.S 文件作为这个 u-boot 的入口文件,包括 ARM 异常向量表、中断处理以及一些芯片初始化动作均在此文件中进行,或者在该文件中调用,读者可自行分析该文件。

(4)driver:通用设备驱动程序。这部分可以根据板级配置的不同进行定制。

(5)doc:u-boot 的说明文档。

(6)include:u-boot 头文件,其中 configs 目录下包含所有与目标板相关的配置头文件,也是移植过程中需要经常修改的地方。在本系统中使用 include/configs/smdk2410.h 头文件。

(7)net:与网络相关的文件目录,如 bootp、nfs、tftp 等。

(8)tools:编译过程中的一些工具文件及其源代码。

2. 配置、编译 u‑boot

$cd/home/cvtech/cvtpxa270/u‑boot‑1.1.4
$make

编译成功后,将在/home/cvtech/cvtpxa270/u‑boot‑1.1.4 目录下生成 u‑boot.bin 文件,这个文件就是 u‑boot 映像文件,将该文件拷贝到/tftpboot 目录下:

$cp u‑boot.bin/tftpboot

3. 升级 u‑boot

CVT‑PXA270# **protect off 1:0**
Un‑Protect Flash Sectors 0‑0 in Bank# 1
CVT‑PXA270# **erase 1:0**
Erase Flash Sectors 0‑0 in Bank# 1
Erasing sector 0 ... done
CVT‑PXA270# **tftp a0000000 u‑boot.bin**
RTL8019AS Founded!
MAC:0x8‑0x0‑0x3e‑0x26‑0xa‑0x5b
MAC: 0x0:0x0:0x0:0x0:0x0:0x0
TFTP from server 192.168.1.180; our IP address is 192.168.1.45
Filename 'u‑boot.bin'.
Load address: 0xa0000000
Loading:########################
done
Bytes transferred=138348(21c6c hex)
CVT‑PXA270# **cp a0000000 0 10000**
Copy to Flash...\done

成功后重新通电,执行的将是新的 u‑boot。请注意!这种方法是在系统中原有 u‑boot 正常的情况下进行的,如果由于操作失误或者中途断电等原因导致烧写失败,将能使得 u‑boot 无法正常启动,因此不能使用上述方法烧写,而只能使用仿真器进行烧写,使用仿真器烧写 BootLoader 的方法请参阅产品用户手册,这里不作说明。

【实验步骤】
(1)配置、编译 u‑boot。
(2)升级 u‑boot。
(3)重新运行 u‑boot。

【实验报告要求】
(1)简述 u‑boot 的基本功能。
(2)简述 u‑boot 的移植要点。

第 7 章　嵌入式 Linux 操作系统实验

7.1　Linux 内核移植实验

【实验目的】
(1)掌握交叉编译环境的建立和使用。
(2)熟悉 Linux 开发环境,掌握 Linux 内核的配置和裁剪。
(3)了解 Linux 的启动过程。

【实验内容】
(1)了解 Linux 基础知识以及 Linux 开发环境。
(2)根据教学实验系统的硬件资源,配置并编译 Linux 核心。
(3)下载并运行 Linux 核心,检查运行结果。

【预备知识】
(1)了解 Linux 的一些基本操作命令以及 Linux 系统下用户环境的设置。
(2)了解交叉编译工具的组成以及这些工具的使用。

【实验设备】
(1)硬件:CVT-PXA270 教学实验箱、PC 机。
(2)软件:PC 机操作系统+虚拟机+Linux 开发环境。

【基础知识】
从本实验开始的 Linux 相关实验均是在 Linux 操作系统下进行,推荐使用 RedHat 9.0 或者 Fedora10,本实验要求有基本的 Linux 平台操作知识,在实验之前请熟悉 Linux 基本命令。

1. Linux 内核移植

Linux 是一种很受欢迎的操作系统,它与 UNIX 系统兼容,开放源代码。它原本被设计为桌面系统,现在广泛应用于服务器领域。而更大的影响在于它正逐渐应用于嵌入式设备。

Linux 内核的移植可以分为板级移植和片级移植。对于 Linux 发行版本中已经支持的 CPU 通常只需要针对板级硬件进行适当的修改即可,这种移植叫做板级移植。而对于 Linux 发行版本中没有支持的 CPU 则需要添加相应 CPU 的内核移植,这种移植叫做片级移植。片级移植相对板级移植来说要复杂许多,需要对 Linux 内核有详尽的了解,不适合于教学。本实验采用的 Linux 中已经包含 PXA270 处理器的移植包,本实验将在此基础上介绍 Linux 板级移植的基本过程和方法。

图 7-1 所示为本实验所采用的实验环境以及开发流程。在主机的 Fedora10 或者 RedHat Linux 操作系统下安装 Linux 发行包以及交叉编译器 arm-linux-gcc。然后对 Linux 进行配置

（Make Menuconfig）并选择适合本实验系统的相关配置，配置完成后进行编译生成 Linux 映像文件 zImage。然后通过 u－boot 将该文件下载到目标板并执行。

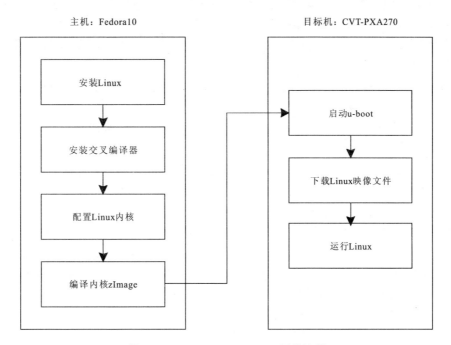

图 7－1　CVT－PXA270 Linux 开发流程

2. Linux 内核源代码的安装

本实验系统的 Linux 发行文件为 linux－2.6.26.tar.gz，在 RedHat 下将该文件拷贝到/opt/cvtech 目录下，然后在该目录下执行：tar zxvf linux－2.6.26.tar.gz，当 tar 程序运行完毕后，在/opt/cvtech 目录下会有一个 linux－2.6.26 的新目录，这个目录就是 Linux 的源码根目录，里面有进行 Linux 内核开发的所有源代码。

3. Linux 交叉编译环境的建立和使用

通常，程序是在一台计算机上编译，然后再分布到将要使用的其他计算机上。当主机系统（运行编译器的系统）和目标系统（产生的程序将在其上运行的系统）不兼容时，该过程就叫做交叉编译。除了兼容性这个明显的好处之外，交叉编译还由于以下两个原因而非常重要。

（1）当目标系统对其可用的编译工具没有本地设置时。

（2）当主机系统比目标系统要快得多，或者具有多得多的可用资源时。

本实验的主机采用 x86 体系结构的 Fedora10 或者 RedHat Linux 系统。目标系统是 PXA270 处理器。

GNU 的交叉编译器，包括以下组件：①Gcc 交叉编译器，即在宿主机上开发编译目标上可运行的二进制文件；②Binutils 辅助工具，包括 objdump、objcopy 等；③Gdb 调试器。

4. Linux 内核的配置和编译

1) Linux 源代码结构

Linux 的源代码组织成如下结构：

根目录是 /opt/cvtech/linux - 2.6.26。

内核的文件组织结构为：

arch/arm：与架构和平台相关的代码都放在 arch 目录下。针对 ARM 的 Linux，有一个子目录和它对应——arm。

drivers：这个目录包含了所有的设备驱动程序。驱动程序又被分成 block、char、net 等几种类型。

fs：这里有支持多种文件系统的源代码，几乎一个目录就是一个文件系统，如 MSDOS、VFAT、proc 和 ext2 等。

include：相关的头文件。它们被分成通用和平台专用两部分。目录 asm -$(ARCH) 包含了平台相关的头文件，在它下面进一步分成 arch -$(MACHINE) 以及 arch -$(PROCESSOR) 等子目录。与板子相关的头文件放在 arch -$(MACHINE) 下，与 CPU 相关的头文件放在 arch -$(PROCESSOR) 下。例如，对于没有 MMU 的处理器，arch - arm 用于存放硬件相关的定义。

init：含一些启动 kernel 所需做的所有初始化动作，里面有一个 main.c，针对 kernel 做初始化动作，设置一些参数等，并对外围设备初始化。

ipc：提供进程间通信机制的源代码，如信号量、消息队列和管道等。

kernel：包含进程调度算法的源代码，以及与内核相关的处理程序，例如系统调用。

mm：该目录用来存放内存管理的源代码，包括 MMU。

net：支持网络相关的协议源代码。

lib：包含内核要用到的一些常用函数。如字符串操作，格式化输出等。

script：这个目录中包含了在配置和编译内核时要用到的脚本文件。

2) 配置和编译 Linux 核心

（1）配置内核。

 $cd /opt/cvtech/linux - 2.6.26
 $make menuconfig

通过以上命令启动 Linux 配置程序，如图 7 - 2 所示。

启动菜单配置工具后，选择 Load an Alternate Configuration File 选项，然后确认（用上下移动键，将蓝色光标移动选择到 Load an Alternate Configuration File，然后键入回车键）。该选项将载入 CVT - PXA270 的标准配置文件 config - pxa270，该文件保存在 /opt/cvtech/linux - 2.6.26 目录下，请不要修改这个文件。

在提示框中键入 config - pxa270 配置文件名，然后选择 Ok 确认，将退回到主菜单。然后按 Esc 键退出，并将提示是否保存，请选择 Yes 保存。

（2）编译。可以通过 make 或者 make zImage 进行编译，它们的差别在于 make zImage 将 make 生成的核心进行压缩，并加入一段解压的启动代码，本实验采用 make zImage 编译。

 $make zImage

生成的 Linux 映像文件 zImage 保存在 /opt/cvtech/linux - 2.6.26/arch/arm/boot/ 目录下。

第 7 章　嵌入式 Linux 操作系统实验

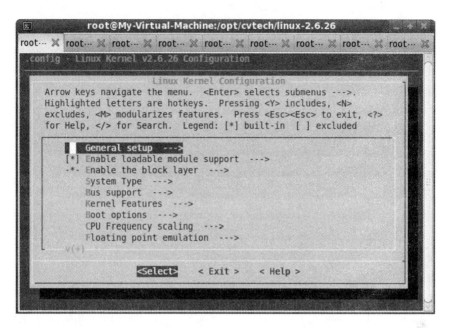

图 7-2　CVT-PXA270 Linux 配置

5. 下载 Linux 核心并运行

编译成功后的 Linux 核心为："/opt/cvtech/linux-2.6.26/arch/arm/boot/zImage"。

通过 CVT-PXA270 的 u-boot 将该核心 zImage 下载到 SDRAM，具体过程如下所示。

如果内核没有将 zImage 文件自动拷贝到共享目录下，请先将生成的 zImage 拷贝到/mnt/hgfs/share 目录下。（如果 Fedora10 中已经可以使用 tftp，则不需要此步骤）。

$cp /opt/cvtech/linux-2.6.26/arch/arm/boot/zImage/mnt/hgfs/share

然后启动 u-boot，并在 u-boot 中使用网络 TFTP 下载 zImage。

【实验步骤】

(1) 编译 Linux 核心。

$cd /opt/cvtech/linux-2.6.26

$make menuconfig

选择 Load an Alternate Configuration File，加载 config-pxa270 配置文件，保存并退出。

$make zImage

编译成功后，拷贝 zImage 到下载目录。

$cp /opt/cvtech/linux-2.6.26/arch/arm/boot/zImage/mnt/hgfs/share

(2) 下载 Linux 核心并运行。连接好串口、网线，打开超级终端，启动 tftpd32.exe 工具。

实验箱通电，启动 u-boot。

在 u-boot 中使用 tftp 下载 zImage。图 7-3 显示下载内核，图 7-4 显示下载文件系统，图 7-5 显示运行内核。

这三条命令也可以用一条命令代替：run loadlinux。这里需要了解的是 u-boot 的环境变

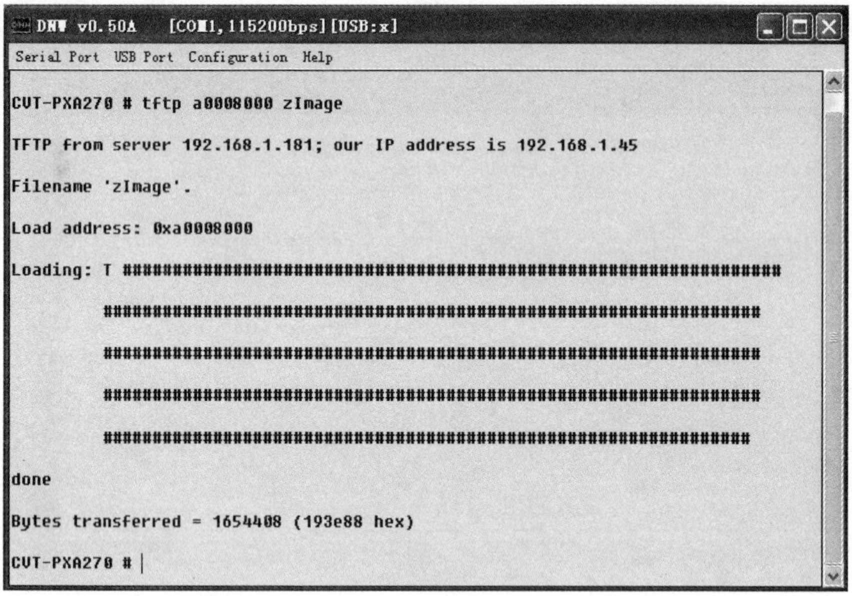

图 7 - 3 下载内核

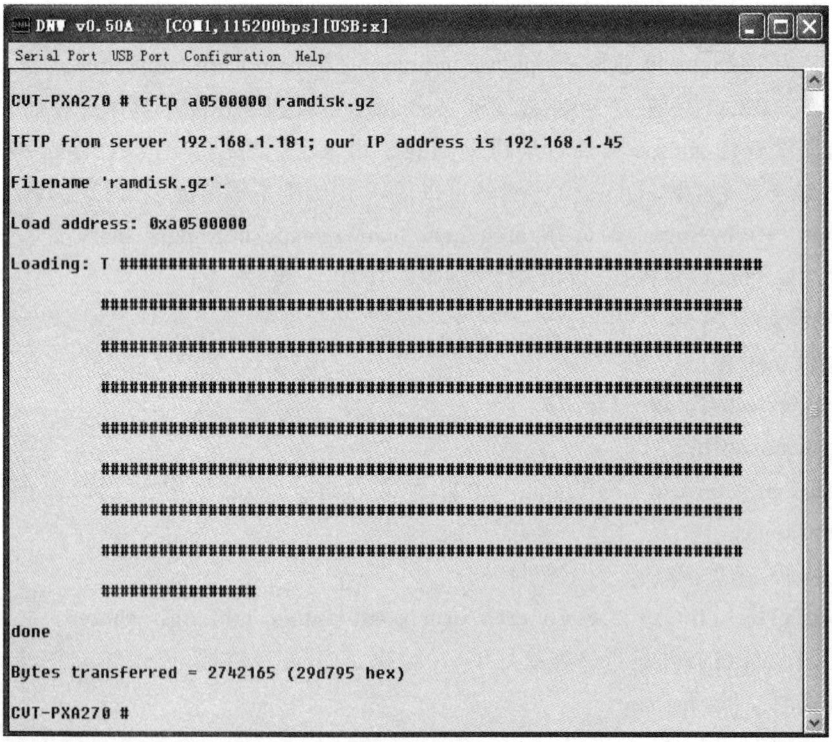

图 7 - 4 下载文件系统

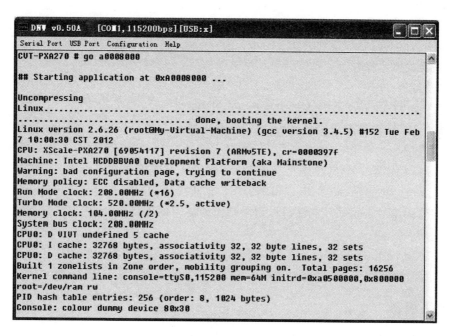

图 7-5 运行内核

量。查看 u-boot 的环境变量 printenv。

查看环境变量,烧写 linux 命令:run burnlinuxzImage 和 run burnlinuxramdisk,理解并应用。

(3)重新配置 Linux,删除网络、显示器、触摸屏等硬件,编译、下载并运行。

【实验报告要求】

(1)交叉编译环境包括哪些工具?它的作用是什么?

(2)简述 Linux 的启动过程。

(3)简述 Linux 的内核架构以及编译过程。

7.2 Linux 基本应用程序编写实验

【实验目的】

(1)熟悉 CVT-PXA270 教学系统中的 Linux 开发环境。

(2)掌握简单的 Linux 应用程序 helloworld 的编译。

(3)掌握 CVT-PXA270 教学系统中 Linux 应用程序的调试。

【实验内容】

(1)编写 helloworld 应用程序。

(2)编写 Makefile 文件。

(3)编译 helloworld 应用程序。

(4)下载并调试 helloworld 应用程序。

【预备知识】

(1)C 语言的基础知识。

(2)程序调试的基础知识和方法。

(3)Linux 的基本操作。

【实验设备】

(1)硬件:CVT-PXA270 嵌入式实验箱、PC 计算机。

(2)软件:PC 机操作系统+虚拟机+Linux 开发环境。

【基础知识】

helloworld 程序是一个只在输出控制台(计算机屏幕或者串口控制台)上打印出"Hello, World!"(英语,意为"你好,世界!")字串的程序。该程序通常是计算机程序设计语言的初学者所要学习编写的第一个程序。它还可以用来确定该语言的编译器、程序开发环境以及运行环境已经正确安装。

本实验也将 helloworld 程序作为第一个学写的程序,并通过实际的动作让学生了解嵌入式 Linux 应用程序开发和 PC 机中 Linux 应用程序开发的异同。

1. 交叉编译

通常,程序是在一台计算机上编译,然后再分布到将要使用的其他计算机上。当主机系统(运行编译器的系统)和目标系统(产生的程序将在其上运行的系统)不兼容时,该过程就叫做交叉编译。

除了兼容性这个明显的好处之外,交叉编译还由于以下两个原因而非常重要。

(1)当目标系统对其可用的编译工具没有本地设置时。

(2)当主机系统比目标系统要快得多,或者具有多得多的可用资源时。

本实验所使用的开发系统是 x86 体系结构的 Linux 系统(RedHat9.0)。而我们的目的是要开发能够运行在 CVT-PXA270 教学实验箱中的 Linux 应用程序。由于 CVT-PXA270 教学实验箱中的 Linux 本身不具有自己的编译工具,因此,我们必须在 RedHat 或 Fedora 中进行交叉编译,编译完成后将执行码下载到 CVT-PXA270 教学实验箱中的 Linux,然后运行或者调试。这样做的另外一个好处是,采用 RedHat 或 Fedora 的主机系统通常其 CPU 速度、接口等软、硬件资源都比 CVT-PXA270 教学实验箱中的 Linux 要丰富得多,因此,在其上进行交叉编译效率要高得多。

在同一平台编译能够在不同平台上运行的程序的最主要差别在于所采用的编译器不同。在 RedHat9.0 中编译 x86 平台的采用 gcc 编译器,而编译 ARM 平台的采用 arm-elf-gcc 或者 arm-linux-gcc 编译器。在本实验箱中,所有 Linux 实验均采用 arm-linux-gcc 编译器编译。

2. helloworld 的编译

helloworld 可以说是最简单的应用程序,通过如下命令进行编译。

$gcc -o helloworld helloworld.c

其中-o 指定输出文件到 helloworld,helloworld.c 为编译的源文件。该命令执行后,将对 helloworld.c 文件进行编译,并将生成 helloworld 可执行文件。这个文件就是在指定平台上可以运行的执行程序,如果使用 gcc 进行编译即为可在 x86 平台上运行的程序,如果使用 arm-linux‐gcc 进行编译则为可以在 ARM 平台上运行的程序。

3. Makefile 文件

Makefile 文件的作用有点类似于 DOS 下的批处理文件,通过编写 Makefile 文件,用户可以将一个很复杂的程序(可能包含上百个甚至更多的源文件或者目录)通过简单的 make 命令进行编译。

【实验说明】

(1)建立工作目录。注:本实验以及后续的所有实验中用"$"符号表示在主机的 Linux 控制台上输入的命令行。用"#"符号表示在目标机的 Linux 控制台上输入的命令行。

　　$cd /opt/cvtech/examples2.6
　　$mkdir helloworld
　　$cd helloworld

(2)编写程序源代码。在 Linux 下的文本编辑器有许多,常用的是 vim,Xwindow 界面下的 gedit 等,我们在开发过程中推荐使用 gedit。源代码如下:

```
#include <stdio.h>
int main(){
    printf("Hello,World!\n");
}
```

(3)在主机端编译并运行 helloworld 程序。

　　$gcc ‐o helloworld helloworld.c
　　$./helloworld

将在主机的显示器上打印如下字符串:

Hello,World!

(4)编译在目标机运行的 helloworld 程序。

　　$arm‐linux‐gcc ‐o helloworld helloworld.c

由于编译器采用的是 arm‐linux‐gcc 编译器,使用上述命令编译出来的程序只能在 ARM 处理器上运行,不能在 x86 平台下运行,因此,如果在 RedHat 或 Fedora 中运行该程序,将会出现错误信息。

　　$ ./helloworld
　　bash: ./helloworld: cannot execute binary file

(5)下载 helloworld 程序到 CVT‐PXA270 中调试。CVT‐PXA270 通过 NFS 将主机的/tftpboot/目录挂接到目标机的/mnt/nfs 目录中,因此,需要将第四步编译的程序 helloworld 拷贝到主机的/tftpboot/目录或其子目录下:

　　$cp helloworld /tftpboot/

在主机端输入如下命令将主机端/tftpboot/目录挂接到/mnt/nfs/目录下:

　　#mount 192.168.1.180:/tftpboot/ /mnt/nfs ‐o lock

然后就可以在 ARM 上运行 helloworld 程序:

　　#cd /mnt/nfs/
　　#./helloworld

正确的结果将在 MiniCom(或超级终端)上打印如下字符串：
Hello，World!

(6)编写 Makefile 文件。使用 vi 编辑工具编辑 Makefile，请注意文件名的 M 必须大写，其余为小写，如下所示。注意其中每行前面的空格位置必须使用 Tab 键。

```
CC=arm-linux-gcc
LD=arm-linux-ld
EXEC=helloworld
OBJS=helloworld.o

CFLAGS +=
LDFLAGS +=

all:$(EXEC)

$(EXEC):$(OBJS)
    $(CC)$(LDFLAGS)-o $@ $(OBJS)$(LDLIBS$(LDLIBS_$@))
    cp $(EXEC)/tftpboot/

clean:
    -rm -f $(EXEC)*.elf *.gdb *.o
```

上述为一个典型的 Makefile 脚本文件的格式。各个部分的含义如下。

①所采用的编译器和链接器。

```
CC=arm-linux-gcc
LD=arm-linux-ld
```

②生成的执行文件和链接过程中的目标文件。

```
EXEC=helloworld
OBJS=helloworld.o
```

③编译和链接的参数。

```
$(EXEC):$(OBJS)
CFLAGS +=
LDFLAGS +=
```

④编译命令，执行完成将生成 helloworld 映像文件。

```
$(CC)$(LDFLAGS)-o $@ $(OBJS)$(LDLIBS$(LDLIBS_$@))
```

⑤清除。

```
clean:
    -rm -f $(EXEC)*.elf *.gdb *.o $(OBJS):
```

⑥使用 make 进行编译。

使用如下命令编译 ARM 平台的 helloworld 程序。

```
$ make clean
```

$ make

arm‑linux‑gcc ‑c‑o helloworld.o helloworld.c

arm‑linux‑gcc ‑o helloworld helloworld.o

使用如下命令编译 x86 平台的 helloworld 程序。

$ make clean

$ make CC=gcc

gcc   ‑c‑o helloworld.o helloworld.c

gcc   ‑o helloworld helloworld.o

分别参照步骤 3 和步骤 5 运行两种不同版本的程序,将得到相同的结果。

【实验步骤】

　$cd　/opt/cvtech/examples2.6

　$cd　helloworld

　$make

　$cp　helloworld/tftpboot/

连接好串口并打开超级终端工具。

打开实验箱,启动 Linux。

在超级终端下输入：

♯mount 192.168.1.180:/tftpboot/mnt/nfs ‑o nolock

♯cd/mnt/nfs

♯./helloworld

实验显示结果：

Hello,World!

【实验报告要求】

(1)简述交叉编译的基本概念,简述 x86 平台和 ARM 平台编译环境的异同。

(2)简述 Makefile 文件的作用和基本组成。

(3)CVT‑PXA270 中怎样将编写的应用程序下载到 Linux 中？怎样在 Linux 中运行该程序？

7.3　Linux 多线程应用程序设计实验

【实验目的】

(1)了解 Linux 下多线程程序设计的基本原理。

(2)学习 ptread 库函数的使用。

【实验内容】

(1)编写 thread 应用程序。

(2)编写 Makefile 文件。

(3)下载并调试 thread 应用程序。

【预备知识】

(1)C 语言的基础知识。

(2)程序调试的基础知识和方法。
(3)Linux 的基本操作。
(4)掌握 Linux 下的程序编译与交叉编译过程。

【实验设备】
(1)硬件:CVT-PXA270 嵌入式实验箱、PC 计算机。
(2)软件:PC 机操作系统+Linux 开发环境。

【基础知识】

1. 多线程

在 Linux 系统下,启动一个新的进程必须分配给它独立的地址空间,建立众多的数据表来维护它的代码段、堆栈段和数据段,这是一种"昂贵"的多任务工作方式。而运行于一个进程中的多个线程,它们彼此之间使用相同的地址空间,共享大部分数据,启动一个线程所花费的空间远远小于启动一个进程所花费的空间,而且,线程间彼此切换所需的时间也远远小于进程间切换所需要的时间。

另外线程间具有非常方便的通信机制。对不同进程来说,它们具有独立的数据空间,要进行数据的传递只能通过通信的方式进行,这种方式不仅费时,而且很不方便。线程则不然,由于同一进程下的线程之间共享数据空间,所以一个线程的数据可以直接为其他线程所用,这不仅快捷,而且方便。

2. 多线程程序设计

Linux 系统下的多线程遵循 POSIX 线程接口,称为 pthread。编写 Linux 下的多线程程序,需要使用头文件 pthread.h,连接时需要使用库 libpthread.a。顺便说一下,Linux 下 pthread 的实现是通过系统调用 clone()来实现的。Clone()是 Linux 所特有的系统调用,它的使用方式类似 fork。下面是主要的多线程 API 函数。

(1)pthread_create。

函数 pthread_create 用来创建一个线程,它的原型为:

extern int pthread_create __ P ((pthread_t *__ thread, __ const pthread_attr_t *__ attr, void *(*__ start_routine)(void *), void *__ arg));

第一个参数为一个 pthread_t 类型的指向线程标识符的指针,pthread_t 定义如下:

typedef unsigned long int pthread_t;

第二个参数用来设置线程属性。第三个参数是线程运行函数的起始地址最后一个参数是运行函数的参数。如果不需要参数,该参数可以设为空指针。

当创建线程成功时,函数返回 0,若不为 0,则说明创建线程失败,常见的错误返回代码为 EAGAIN 和 EINVAL。前者表示系统限制创建新的线程,例如线程数目过多了;后者表示第二个参数代表的线程属性值非法。创建线程成功后,新创建的线程则运行参数三和参数四确定的函数,原来的线程则继续运行下一行代码。

(2)pthread_join。

函数 pthread_join 用来等待一个线程的结束。函数原型为:

extern int pthread_join __ P ((pthread_t __ th, void **__ thread_return));

第一个参数为被等待的线程标识符,第二个参数为一个用户定义的指针,它可以用来存储被等待线程的返回值。这个函数是一个线程阻塞的函数,调用它的函数将一直等待到被等待的线程结束为止,当函数返回时,被等待线程的资源被收回。

(3)pthread_exit。

一个线程的结束有两种途径,一种是象我们上面的例子一样,函数结束了,调用它的线程也就结束了;另一种方式是通过函数 pthread_exit 来实现。它的函数原型为:

extern void pthread_exit __ P ((void *__ retval))__ attribute __ ((__ noreturn __));

唯一的参数是函数的返回代码,只要 pthread_join 中的第二个参数 thread_return 不是 NULL,这个值将被传递给 thread_return。最后要说明的是,一个线程不能被多个线程等待,否则第一个接收到信号的线程成功返回,其余调用 pthread_join 的线程则返回错误代码 ESRCH。

【实验说明】

(1)建立工作目录。

注:本实验以及后续的所有实验中用"$"符号表示在 Linux 控制台上输入的命令行。

$cd /opt/cvtech/examples2.6

$mkdir thread - test

$cd thread - test

(2)编写 pthread 程序源代码。

下面的代码为一个简单的多线程应用程序。

```
/*thread.c*/
/*********************************
NAME:pthread.c
COPYRIGHT:www.cvtech.com.cn
*********************************/

#include<stddef.h>
#include<stdio.h>
#include<unistd.h>
#include"pthread.h"

void reader_function(void);
void writer_function(void);
char buffer;
int buffer_has_item=0;
pthread_mutex_t mutex;
main()
{
    pthread_t reader;
    pthread_mutex_init(&mutex,NULL);
```

```c
        pthread_create(&reader,NULL,(void*)&reader_function,NULL);
        writer_function();
        return 0;
}
void writer_function(void)
{
    while(1)
    {
        pthread_mutex_lock(&mutex);
        if(buffer_has_item==0)
        {
            buffer='s';
            printf("write test\n");
            buffer_has_item=1;
        }
        pthread_mutex_unlock(&mutex);
    }
}
void reader_function(void)
{
    while(1)
    {
        pthread_mutex_lock(&mutex);
        if(buffer_has_item==1)
        {
            buffer='\0';
            printf("read test\n");
            buffer_has_item=0;
        }
        pthread_mutex_unlock(&mutex);
    }
}
```

(3)编写 Makefile 文件。
(4)编译 thread 程序。
$make clean
$make
$cp pthread /tftpboot/
如果正确,将生成 thread 程序。

(5)下载 thread 程序到 CVT‑PXA270 中调试。
#mount 192.168.1.180:/tftpboot//mnt/nfs ‑o nolock
#cd /mnt/nfs/
#./pthread

【实验步骤】
$cd /opt/cvtech/examples2.6
$cd pthread‑test
$make
$cp pthread /tftpboot/
连接好串口,并打开超级终端工具。
打开实验箱,启动 Linux。
在超级终端下输入:
#mount 192.168.1.180:/tftpboot /mnt/nfs ‑o nolock
#cd /mnt/nfs
#./pthread
实验结果显示:
write test
read test
write test
read test
……

【实验报告要求】
(1)简述 Linux 下的多线程编程。
(2)简述基本的 Linux 多线程 API 函数及其使用方法。

7.4 Linux 数码管程序编写实验

【实验目的】
(1)掌握 Linux 驱动程序 SEG 的编程。
(2)掌握 Linux 应用程序加载驱动程序的方法。
(3)掌握 Linux 静态加载驱动程序模块的方法。

【实验内容】
(1)编写 cvtpxa270_seg.c 驱动程序。
(2)编写 Makefile 文件。
(3)编写 segtest 应用程序。
(4)编译 cvtpxa270_seg 和 segtest 应用程序。
(5)下载并调试 cvtpxa270_seg 和 segtest 应用程序。

【预备知识】
(1)C 语言的基础知识。

(2)软件调试的基础知识和方法。
(3)Linux 的基本操作。
(4)Linux 应用程序的编写。

【实验设备】
(1)硬件:CVT-PXA270 嵌入式实验箱、PC 计算机。
(2)软件:PC 机操作系统 + Linux 开发环境。

【基础知识】

1. Linux 驱动程序

在 Linux 中,系统调用是操作系统内核和应用程序之间的接口,设备驱动程序是操作系统内核和机器硬件之间的接口。设备驱动程序为应用程序屏蔽了硬件的细节,这样在应用程序看来,硬件设备只是一个设备文件,应用程序可以像操作普通文件一样对硬件设备进行操作。设备驱动程序是内核的一部分,它完成以下的功能。

(1)对设备初始化和释放。
(2)把数据从内核传送到硬件和从硬件读取数据。
(3)读取应用程序传送给设备文件的数据和回送应用程序请求的数据。
(4)检测和处理设备出现的错误。

在 Linux 操作系统下有三类主要的设备文件类型:字符设备、块设备和网络设备。字符设备和块设备的主要区别是:在对字符设备发出读/写请求时,实际的硬件 I/O 一般就紧接着发生了,块设备则不然,它利用一块系统内存作缓冲区,当用户进程对设备请求能满足用户的要求,就返回请求的数据,如果不能,就调用请求函数来进行实际的 I/O 操作。块设备是主要针对磁盘等慢速设备设计的,以免耗费过多的 CPU 时间来等待。

用户进程通过设备文件来与实际的硬件打交道。每个设备文件都有其文件属性(c/b),表示是字符设备还是块设备。另外,每个文件都有两个设备号,第一个是主设备号,标识驱动程序,第二个是从设备号,标识使用同一个设备驱动程序的不同的硬件设备,比如有两个软盘,就可以用从设备号来区分它们。设备文件的主设备号必须与设备驱动程序在登记时申请的主设备号一致,否则用户进程将无法访问到驱动程序。

2. 编写简单的驱动程序

本实验将编写一个简单的字符设备驱动程序。虽然它的功能很简单,但是通过它可以了解 Linux 的设备驱动程序的工作原理。该程序 cvtpxa270_seg 实现对 CVT-PXA270 中的数码管进行控制。它主要包含如下几个部分。

(1)包含文件。

```
#include <linux/kernel.h>
#include <linux/module.h>
#include <linux/fs.h>
#include <linux/errno.h>        /*for -EBUSY */
#include <linux/ioport.h>       /*for verify_area */
#include <linux/init.h>         /*for module_init */
```

include <asm/uaccess.h>   /*for get_user and put_user */

(2)模块初始化。由于用户进程是通过设备文件同硬件打交道,对设备文件的操作方式不外乎就是一些系统调用,如 open,read,write,close…注意! 不是 fopen,fread。但是,如何把系统调用和驱动程序关联起来呢? 这需要了解一个非常关键的数据结构。

```
struct file_operations {
    int (*seek)(struct inode *,struct file *,off_t ,int);
    int (*read)(struct inode *,struct file *,char ,int);
    int (*write)(struct inode *,struct file *,off_t ,int);
    int (*readdir)(struct inode *,struct file *,struct dirent *,int);
    int (*select)(struct inode *,struct file *,int ,select_table *);
    int (*ioctl)(struct inode *,struct file *,unsined int ,unsigned long);
    int (*mmap)(struct inode *,struct file *,struct vm_area_struct *);
    int (*open)(struct inode *,struct file *);
    int (*release)(struct inode *,struct file *);
    int (*fsync)(struct inode *,struct file *);
    int (*fasync)(struct inode *,struct file *,int);
    int (*check_media_change)(struct inode *,struct file *);
    int (*revalidate)(dev_t dev);
}
```

这个结构的每一个成员的名字都对应着一个系统调用。用户进程利用系统调用在对设备文件进行诸如 read/write 操作时,系统调用通过设备文件的主设备号找到相应的设备驱动程序,然后读取这个数据结构相应的函数指针,接着把控制权交给该函数。这是 Linux 的设备驱动程序工作的基本原理。既然是这样,则编写设备驱动程序的主要工作就是编写子函数,并填充 file_operations 的各个域。如下所示,cvtpxa270_seg 实现了 ioctl 的文件操作,其处理函数为 device_ioctl,并在模块初始化函数 seg_init 中调用 misc_register 函数进行注册。

```
static struct file_operations seg_fops={
    .owner   =THIS_MODULE,
    .ioctl   =seg_ioctl,
};

static struct miscdevice misc={
    .minor=MISC_DYNAMIC_MINOR,
    .name=DEVICE_NAME,
    .fops=&seg_fops,
};

static int __init seg_init( void )
{
    int ret;
```

```
        (*(char *)0xf0107000)=0x0;
        ret=misc_register(&misc);
        printk(DEVICE_NAME" initialized\n");
        return ret;
    };

    static int seg_ioctl(
        struct inode *inode,
        struct file *file,
        unsigned int cmd,
        unsigned long arg)
    {
        printk(("Device Ioctl\n"));
        /*Switch according to the ioctl called */
        switch(cmd)
        {
        case 0:
            (*(char *)0xf0106000)=0xc0;
            break;
        ... ...
        return 0;
    }
```

(3)模块退出操作。模块退出时,必须删除设备驱动程序并释放占用的资源,使用misc_deregister删除设备驱动程序。代码如下。

```
    static void __exit seg_exit(void)
    {
       misc_deregister(&misc);
    }
```

3. 设备驱动程序模块的动态加载

在 Linux 系统中,驱动程序可以采用两种方式加载。
(1)可以和内核一起编译,在内核启动时自动加载该驱动。
(2)驱动程序模块动态加载方式,使用 insmod 和 rmmod 加载和卸载驱动程序模块。

本实验使用动态加载方式进行,在用 insmod 命令将编译好的模块调入内存时,init_module 函数被调用。

在用 rmmod 卸载模块时,cleanup_module 函数被调用。

在 Linux 中使用如下命令安装驱动程序:

#insmod cvtpxa270_seg.ko

在 Linux 中使用如下命令安装驱动程序：

#rmmod cvtpxa270_seg

为了正确使用设备驱动程序，必须先创建设备文件：

#mknod /dev/cvtpxa270_seg c major(232)0

c 是字符设备，major 是主设备号，就是在/proc/devices 里看到的。

【实验步骤】

(1)建立工作目录。

$cd /opt/cvtech/

$cd linux-2.6.26

(2)编写 cvtpxa270_seg 驱动程序源代码。数码管的驱动程序在内核的目录中(/opt/cvtech/linux-2.6.26/drivers/char/cvtpxa270_seg.c)。

$gedit /opt/cvtech/linux-2.6.26/drivers/char/cvtpxa270_seg.c

查看驱动源码，熟悉编写驱动过程。

(3)编译 seg 驱动程序。

$make menuconfig

启动配置菜单，进到 Devices Drivers -> Character devices，查看 cvtpxa270 seg support 驱动是否加载，选中"*"，如图 7-6 所示。配置完成后，保存，退出，对内核进行编译。

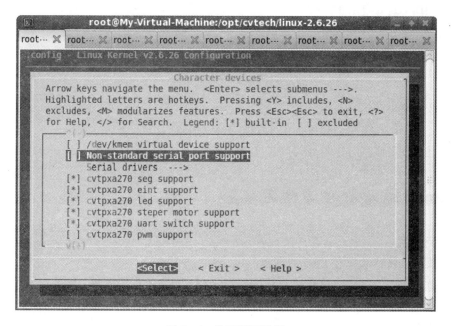

图 7-6 数码管配置图

$make zImage

如果编译正确，将出现 cvtpxa270_seg.o 文件，这个文件就是 cvtpxa270_seg.o 驱动模块文件。

(4)编译 segtest 应用程序。

$cd /opt/cvtech/examples2.6/seg

$make

$cp segtest /tftpboot/

如果编译正确,将生成 segtest 文件,这个文件就是测试 cvtpxa270_seg.o 的应用程序。

(5)下载 segtest 两个文件到 CVT-PXA270 中。

下载完成后,可以使用 ls 命令查看该文件是否存在,如果存在,则在控制台输入如下命令测试 SEG 驱动。

#mount 192.168.1.180:/tftpboot/ /mnt/nfs -o nolock

#cd /mnt/nfs/

然后运行 segtest 测试程序。

#./segtest

出现正确的结果,数码管正确显示(图 7-7)。

```
mount 192.168.1.181:/tftpboot /mnt/nfs -o nolock
[root@cvtech]#cd /mnt/nfs/
[root@cvtech]#./segtest
open OK 3
Device Ioctl
Device Ioctl
Device Ioctl
Device Ioctl
Device Ioctl
```

图 7-7 数码管实验结果

【实验报告要求】

(1)简述 Linux 设备驱动程序的基本概念和编写方法。

(2)简述 Linux 应用程序怎样访问设备驱动程序。

7.5 Linux 跑马灯程序编写实验

【实验目的】

(1)掌握 Linux 驱动程序 LED 的编程。

(2)掌握 Linux 应用程序加载驱动程序的方法。

(3)掌握 Linux 静态加载驱动程序模块的方法。

【实验内容】

(1)编写 cvtpxa270_led.c 驱动程序。

(2)编写 Makefile 文件。

(3)编写 ledtest 应用程序。

(4)编译 cvtpxa270_led 和 ledtest 应用程序。

(5)下载并调试 cvtpxa270_led 和 ledtest 应用程序。

【预备知识】

(1)C 语言的基础知识。

(2)软件调试的基础知识和方法。

(3)Linux 的基本操作。

(4)Linux 应用程序的编写。

【实验设备】

(1)硬件:CVT－PXA270 嵌入式实验箱、PC 计算机。

(2)软件:PC 机操作系统 ＋ Linux 开发环境。

【基础知识】

1. Linux 驱动程序

在 Linux 中,系统调用是操作系统内核和应用程序之间的接口,设备驱动程序是操作系统内核和机器硬件之间的接口。设备驱动程序为应用程序屏蔽了硬件的细节,这样在应用程序看来,硬件设备只是一个设备文件,应用程序可以像操作普通文件一样对硬件设备进行操作。设备驱动程序是内核的一部分,它完成以下的功能。

(1)对设备初始化和释放。

(2)把数据从内核传送到硬件和从硬件读取数据。

(3)读取应用程序传送给设备文件的数据和回送应用程序请求的数据。

(4)检测和处理设备出现的错误。

在 Linux 操作系统下有三类主要的设备文件类型:字符设备、块设备和网络设备。字符设备和块设备的主要区别是:在对字符设备发出读/写请求时,实际的硬件 I/O 一般就紧接着发生了,块设备则不然,它利用一块系统内存作缓冲区,当用户进程对设备请求能满足用户的要求,就返回请求的数据,如果不能,就调用请求函数来进行实际的 I/O 操作。块设备是主要针对磁盘等慢速设备设计的,以免耗费过多的 CPU 时间来等待。

用户进程通过设备文件来与实际的硬件打交道。每个设备文件都有其文件属性(c/b),表示是字符设备还是块设备。另外,每个文件都有两个设备号,第一个是主设备号,标识驱动程序,第二个是从设备号,标识使用同一个设备驱动程序的不同的硬件设备,比如有两个软盘,就可以用从设备号来区分它们。设备文件的主设备号必须与设备驱动程序在登记时申请的主设备号一致,否则用户进程将无法访问到驱动程序。

2. 编写简单的驱动程序

本实验将编写一个简单的字符设备驱动程序。虽然它的功能很简单,但是通过它可以了解 Linux 的设备驱动程序的工作原理。该程序 cvtpxa270_led 实现对 CVT－PXA270 中的跑马灯进行控制。它主要包含如下几个部分。

(1)包含文件。

\# include <linux/miscdevice.h>

\# include <linux/kernel.h>

\# include <linux/module.h>

```
#include <linux/fs.h>
#include <linux/errno.h>      /*for -EBUSY */
#include <linux/ioport.h>     /*for verify_area */
#include <linux/init.h>       /*for module_init */
#include <asm/uaccess.h>      /*for get_user and put_user */
```

(2)模块初始化。由于用户进程是通过设备文件同硬件打交道,对设备文件的操作方式不外乎就是一些系统调用,如 open,read,write,close...注意! 不是 fopen,fread。但是如何把系统调用和驱动程序关联起来呢? 这需要了解一个非常关键的数据结构。

这个结构的每一个成员的名字都对应着一个系统调用。用户进程利用系统调用在对设备文件进行诸如 read/write 操作时,系统调用通过设备文件的主设备号找到相应的设备驱动程序,然后读取这个数据结构相应的函数指针,接着把控制权交给该函数。这是 Linux 的设备驱动程序工作的基本原理。既然是这样,则编写设备驱动程序的主要工作就是编写子函数,并填充 file_operations 的各个域。如下所示,cvtpxa270_led 实现了 ioctl 的文件操作,其处理函数为 device_ioctl,并在模块初始化函数 led_init 中调用 misc_register 函数进行注册。

```
static struct file_operations led_fops={
    .owner   =THIS_MODULE,
    .ioctl   =led_ioctl,
};
static struct miscdevice misc={
    .minor=MISC_DYNAMIC_MINOR,
    .name=DEVICE_NAME,
    .fops=&led_fops,
};
static int __init led_init(void)
{
    int ret;
    (*(char *)0xf0105000)=0x0;
    ret=misc_register(&misc);
    printk (DEVICE_NAME" initialized\n");
    return ret;
};
```

(3)模块退出操作。模块退出时,必须删除设备驱动程序并释放占用的资源,使用 misc_deregister 删除设备驱动程序。代码如下所示。

```
static void __exit led_exit(void)
{
    misc_deregister(&misc);
}
```

【实验步骤】

(1)建立工作目录。

$cd /opt/cvtech/

$cd linux-2.6.26

(2)编写 cvtpxa270_led 驱动程序源代码。

跑马灯的驱动程序在内核的目录中(/opt/cvtech/linux-2.6.26/drivers/char/cvtpxa270_led.c)。

$gedit /opt/cvtech/linux-2.6.26/drivers/char/cvtpxa270_led.c

查看驱动源码,熟悉编写驱动过程。

(3)编译 led 驱动程序。

$make menuconfig

启动配置菜单,进到 Devices Drivers -> Character devices,查看 cvtpxa270 led support 驱动是否加载,选中"*",如图 7-8 所示。配置完成后,保存,退出,对内核进行编译。

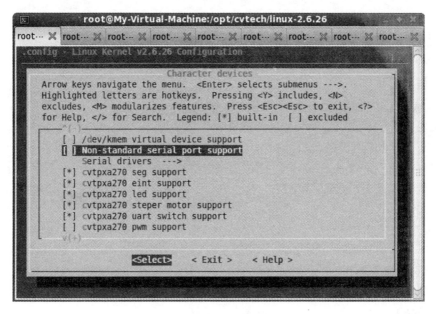

图 7-8 跑马灯驱动配置

$make zImage

如果编译正确,将出现 cvtpxa270_led.o 文件,这个文件就是 cvtpxa270_led.o 驱动模块文件。

(4)编译 ledtest 应用程序。

$cd /opt/cvtech/examples2.6/ledtest

$make

$cp ledtest /tftpboot/

如果编译正确,将生成 ledtest 文件,这个文件就是测试 cvtpxa270_led.o 的应用程序。

(5)下载 ledtest 两个文件到 CVT-PXA270 中。

下载完成后,可以使用 ls 命令查看该文件是否存在,如果存在,则在控制台输入如下命令测试 LED 驱动。

#mount 192.168.1.180:/tftpboot/ /mnt/nfs -o nolock

#cd /mnt/nfs/
然后运行 ledtest 测试程序:
#./ledtest
跑马灯将正确显示,屏幕输出如下:
Open OK 3
Device Ioctl
Device Ioctl
… …

【实验报告要求】
(1)简述 Linux 设备驱动程序的基本概念和编写方法。
(2)简述 Linux 应用程序怎样访问设备驱动程序。

7.6 Linux 串口通信实验

【实验目的】
了解 Linux 下串行端口程序设计的基本原理。

【实验内容】
(1)编写 serial 应用程序。
(2)编写 Makefile 文件。
(3)下载并调试 serial 应用程序。

【预备知识】
(1)C 语言的基础知识。
(2)程序调试的基础知识和方法。
(3)Linux 的基本操作。
(4)掌握 Linux 下的程序编译与交叉编译过程。

【实验设备】
(1)硬件:CVT-PXA270 嵌入式实验箱、PC 计算机。
(2)软件:PC 机操作系统 + Linux 开发环境。

【基础知识】
Linux 操作系统从一开始就对串行口提供了很好的支持,为进行串行通信提供了大量的函数,本实验主要是为了掌握在 Linux 中进行串行通信编程的基本方法。

1. 串口编程相关头文件

```
#include <stdio.h>    /*标准输入输出定义*/
#include <stdlib.h>   /*标准函数库定义*/
#include <unistd.h>   /*linux 标准函数定义*/
#include <sys/types.h>
#include <sys/stat.h>
#include <fcntl.h>    /*文件控制定义*/
```

```
#include <termios.h>    /*PPSIX 终端控制定义*/
#include <errno.h>      /*错误号定义*/
#include <pthread.h>    /*线程库定义*/
```

2. 打开串口

在 Linux 下串口文件是位于/dev 下,控制台/dev/console(或者/dev/ttySAC0),串口 1 为/dev/ttySAC1,串口 2 为/dev/ttySAC2,打开串口是通过使用标准的文件打开函数操作:

```
int fd;
/*以读写方式打开串口*/
fd=open("/dev/ttySAC1", O_RDWR);
if(-1==fd){
perror("error");
}
```

3. 设置串口

最基本的设置串口包括波特率设置,校验位和停止位设置。串口的设置主要是设置 termios 结构体的各成员值。

```
struct termio {
    unsigned short c_iflag; /*输入模式标志*/
    unsigned short c_oflag; /*输出模式标志*/
    unsigned short c_cflag; /*控制模式标志*/
    unsigned short c_lflag; /*local mode flags */
    unsigned char c_line; /*line discipline */
    unsigned char c_cc[NCC]; /*control characters */
};
```

(1)波特率设置。

下面是修改波特率的代码:

```
    struct termios Opt;
    tcgetattr(fd, &Opt);
    cfsetispeed(&Opt,B19200); /*设置为 19200Bps*/
    cfsetospeed(&Opt,B19200);
    tcsetattr(fd,TCANOW,&Opt);
```

(2)校验位的设置。

无校验 8 位:

```
    Option.c_cflag &=~PARENB;
    Option.c_cflag &=~CSTOPB;
    Option.c_cflag &=~CSIZE;
    Option.c_cflag |=~CS8;
```

奇校验(Odd)7 位:

　　　　Option.c_cflag |=～PARENB;
　　　　Option.c_cflag &=～PARODD;
　　　　Option.c_cflag &=～CSTOPB;
　　　　Option.c_cflag &=～CSIZE;
　　　　Option.c_cflag |=～CS7;
偶校验(Even)7位：
　　　　Option.c_cflag &=～PARENB;
　　　　Option.c_cflag |=～PARODD;
　　　　Option.c_cflag &=～CSTOPB;
　　　　Option.c_cflag &=～CSIZE;
　　　　Option.c_cflag |=～CS7;
Space 校验 7 位：
　　　　Option.c_cflag &=～PARENB;
　　　　Option.c_cflag &=～CSTOPB;
　　　　Option.c_cflag &=&～CSIZE;
　　　　Option.c_cflag |=CS8;
(3)设置停止位。
1 位：
　　　　options.c_cflag &=～CSTOPB;
2 位：
　　　　options.c_cflag |=CSTOPB;
　　需要注意的是，如果不是开发终端之类的，只是串口传输数据，而不需要串口来处理，那么使用原始模式(Raw Mode)方式来通信，设置方式如下。
　　　　options.c_lflag &=～(ICANON | ECHO | ECHOE | ISIG); /*Input*/
　　　　options.c_oflag &=～OPOST; /*Output*/
(4)读写串口。设置好串口之后，读写串口就很容易了，把串口当作文件读写就可以了。
发送数据：
　　　　char buffer[1024];
　　　　int Length=1024;
　　　　int nByte;
　　　　nByte=write(fd, buffer, Length);
　　读取串口数据使用文件操作 read 函数读取，如果设置为原始模式(Raw Mode)传输数据，那么 read 函数返回的字符数是实际串口收到的字符数。可以使用操作文件的函数来实现异步读取，如 fcntl 或者 select 等来操作。
　　　　char buff[1024];
　　　　int Len=1024;
　　　　int readByte=read(fd, buff, Len);
(5)关闭串口。关闭串口就是关闭设备文件。
　　　　close(fd);

4.实验程序流程图(图 7-9)

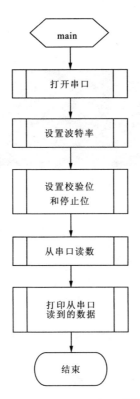

图 7-9 CVT-PXA270 Linux 串口通信程序流程图

【实验步骤】

(1)建立工作目录。

　　$cd /opt/cvtech/examples2.6

　　$mkdir serial

　　$cd serial

(2)编写 serial 程序源代码。参照上节内容以及程序流程图编写串口通信程序,从串口接收数据,并将接收到的数据打印出来。

(3)编写 Makefile 文件。

(4)编译 serial 程序。

　　$make clean

　　$make

　　$cp serial/tftpboot

如果编译正确,将生成 serial 程序。

(5)下载 serial 程序到 CVT-PXA270 中调试。通过 ftp 或者 nfs 将第四步编译的程序 serial 下载到 CVT-PXA270 的 Linux 的/mnt/nfs 目录下。下载完成后,可以使用 ls 命令查看该文件是否存在,如果存在,则在控制台输入如下命令。

＃mount 192.168.1.180:/tftpboot/ /mnt/nfs/ -o nolock
＃cd /mnt/nfs/examples2.6
＃./serial

图 7-10 是串口通信实验结果。

```
[root@Cvtech nfs]# ./serial
please enter any data to the ttyS0, Enter key to confirm
hello cvtech!
Len 14
hello cvtech!
```

图 7-10　串口通信实验结果

(6)修改一些参数,再次运行调试,加深对串口编程的理解。
【实验报告要求】
(1)简述 Linux 下的串口编程。
(2)编写一个程序实现开发主机与 CVT-PXA270 下的串口 1 的通信。
(3)编写一个简单的文件收发程序完成串口文件下载。
(4)编写一个使用多线程来完成串口收发的 Linux 程序。

7.7　Linux 下的定时器编程实验

【实验目的】
(1)掌握 Linux 下的定时器编程方法。
(2)掌握 Linux 下的常用时间函数编程方法。

【实验内容】
(1)编写定时器程序 timer。
(2)编写 Makefile 文件。
(3)下载并调试 timer。

【预备知识】
(1)C 语言的基础知识。
(2)程序调试的基础知识和方法。
(3)Linux 的基本操作。
(4)掌握 Linux 下的程序编译与交叉编译过程。
(5)掌握 Linux 下基本的应用程序编写方法。

【实验设备】
(1)硬件:CVT-PXA270 嵌入式实验箱、PC 计算机。
(2)软件:PC 机操作系统 + Linux 开发环境。

【基础知识】

在应用程序编程中,经常需要进行与时间相关的编程动作,如获取当前时间,对某一段工作进行计时处理以及定时执行某一动作等等。本实验将介绍如何在 Linux 调用时间相关函数完成上述功能。

1. 获取当前时间

在程序当中,可以使用下面两个函数输出系统当前的时间。

    time_t time(time_t *tloc);
    char *ctime(const time_t *clock);

time 函数返回从 1970 年 1 月 1 日 0 点以来的秒数,存储在 time_t 结构之中。这个函数的返回值可能没有什么实际意义。但是我们可以使用第二个函数将秒数转化为字符串。

2. 计时处理

有时候我们要计算程序执行的时间,比如我们要对算法进行时间分析。这个时候可以使用下面这个函数。

    int gettimeofday(struct timeval *tv, struct timezone *tz);

第一个参数为 timeval 类型的结构,该结构声明如下:

```
struct timeval {
    long tv_sec; /*秒数 */
    long tv_usec; /*微秒数 */
};
```

gettimeofday 将时间保存在结构 tv 之中。

3. 定时器

Linux 操作系统为每一个进程提供了 3 个内部间隔计时器。

ITIMER_REAL:减少实际时间。到时的时候发出 SIGALRM 信号。

ITIMER_VIRTUAL:减少有效时间(进程执行的时间)。到时的时候产生 SIGVTALRM 信号。

ITIMER_PROF:减少进程的有效时间和系统时间(为进程调度用的时间)。到时的时候产生 SIGPROF 信号。

具体的操作函数是:

int getitimer(int which, struct itimerval *value);

int setitimer(int which, struct itimerval *newval, struct itimerval *oldval);

相关结构类型声明如下:

```
struct itimerval {
    struct timeval it_interval;
    struct timeval it_value;
}
```

getitimer 函数得到间隔计时器的时间值并保存在 value 中。setitimer 函数设置间隔计时器的时间值为 newval,并将旧值保存在 oldval 中。which 表示使用 3 个计时器中的哪一个。itimerval 结构中的 it_value 是减少的时间,当这个值为 0 的时候就发出相应的信号了,然后设置为 it_interval 值。

【实验步骤】

(1)建立工作目录。

$cd /opt/cvtech/examples2.6

$cd timer

(2)编写 timer.c 程序源代码。

```c
#include <stdio.h>
#include <sys/time.h>
#include <signal.h>

struct timeval tpstart,tpend;
float timeuse;
static timer_count=0;

void prompt_info(int signo)
{
    time_t t=time(NULL);
    /*[1] 2 seconds turned, print something */
    printf("[%d] prompt_info called\n", ++timer_count);
    /*[2] get current time and print it */
    ctime(&t);
    printf("    current time %s", ctime(&t));
    /*[3] stop get time, and print it */
    gettimeofday(&tpend,NULL);
    timeuse=1000000*(tpend.tv_sec-tpstart.tv_sec)+tpend.tv_usec-tpstart.tv_usec;
    timeuse/=1000000;
    printf("    Used Time:% f\n",timeuse);
}

void init_sigaction(void)
{
    struct sigaction act;
    act.sa_handler=prompt_info;
    act.sa_flags=0;
    sigemptyset(&act.sa_mask);
    sigaction(SIGPROF,&act,NULL);
```

```
    *begin get the time */
    gettimeofday(&tpstart,NULL);
}

void init_time()
{
    struct itimerval value;
    value.it_value.tv_sec=2;
    value.it_value.tv_usec=0;
    value.it_interval=value.it_value;
    setitimer(ITIMER_PROF,&value,NULL);
}

int main()
{
    init_sigaction();
    init_time();
    while(1);
    exit(0);
}
```

(3)编写 Makefile 文件。参照"Linux 基本应用程序编写实验",编写 Makefile 文件。
(4)编译 timer 程序。

$make clean
$make
$cp timer /tftpboot/
如果编译正确,将生成 timer 程序。
(5)下载 timer 程序到 CVT-PXA270 中调试。
#mount 192.168.1.180:/tftpboot//mnt/nfs -o nolock
#cd /mnt/nfs/
#./timer
执行结果如图 7-11 所示。
若程序正确执行,将每隔两秒钟在屏幕上输出一次信息:"prompt_info called"字符串后跟当前的系统时间,以及从第一次启动定时器开始获取的时间间隔。

【实验报告要求】
(1)简述如何在 Linux 应用程序中使用定时器。
(2)编程实现如下功能:在一个进程中同时实现多个(比如 8 个)定时器分别完成不同的功能。

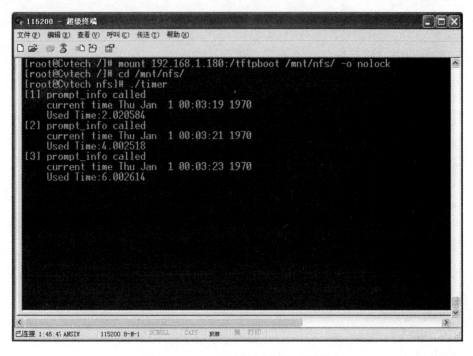

图 7-11　Linux 下的定时器实验结果

7.8　Linux 下的以太网驱动实验

【实验目的】

(1)掌握 Linux 下的网络设备驱动程序的基本知识。
(2)掌握 Linux 下 SMSC LAN91C111 兼容网卡的实现方法。

【实验内容】

(1)阅读相关代码。
(2)分析网络设备驱动程序的启动过程及数据发送和接收方法。

【预备知识】

(1)C 语言的基础知识。
(2)程序调试的基础知识和方法。
(3)Linux 的基本操作。
(4)掌握 Linux 下的程序编译与交叉编译过程。
(5)掌握 Linux 下基本的驱动程序编写方法。

【实验设备】

(1)硬件:CVT-PXA270 嵌入式实验箱、PC 计算机。
(2)软件:PC 机操作系统 ＋ Linux 开发环境。

【基础知识】

1. Linux 网络设备驱动程序基本结构

Linux 的网络系统主要是基于 BSD unix 的 socket 机制。在系统和驱动程序之间定义有专门的数据结构(sk_buff)进行数据的传递。系统里支持对发送数据和接收数据的缓存,提供流量控制机制,提供对多协议的支持。

Linux 中有一个网络设备抽象接口,这个接口提供了对所有网络设备的操作方法。由以 dev_base 为头指针的设备链表来集体管理所有网络设备,该设备链表中的每个元素代表一个网络设备接口。该接口由数据结构 struct device 来表示网络设备在内核中的运行情况,所有的设备都由该结构描述并建立在统一的接口之上。这些设备既可以是纯软件的网络设备接口,如环路(Loopback),也可以是具体的硬件网络设备接口,如以太网卡等。

数据结构 device 中有很多访问网络设备的基本函数接口,包括供设备初始化和往系统注册用的 init 函数,打开和关闭网络设备的 open 和 stop 函数,处理数据包发送的函数 hard_start_xmit,以及中断处理函数等。有关 device 数据结构(在内核中也就是 net_device)的详细内容,请参看"/linux/include/linux/netdevice.h"。

2. Linux 网络设备接口基本函数接口

网络设备做为一个对象,提供一些基本函数接口供系统访问。正是这些有统一接口的方法,掩蔽了硬件的具体细节,让系统对各种网络设备的访问都采用统一的形式,做到硬件无关性。

(1)初始化。驱动程序必须有一个初始化方法。它主要是由 device 数据结构中的 init 函数指针所指的初始化函数来完成的,当内核启动或加载网络驱动模块的时候,就会调用该初始化方法。在这其中将首先检测网络物理设备是否存在,这是通过检测物理设备的硬件特征来完成,然后再对设备进行资源配置,这些完成之后就要构造设备的 device 数据结构。最后向 Linux 内核注册该设备并申请内存空间。

(2)打开设备。打开设备操作是由 device 中的 open 函数指针所指向的函数完成的。open 在网络设备驱动程序里是网络设备被激活的时候被调用。所以实际上很多在初始化中的工作可以放到这里来做。比如资源的申请,硬件的激活。如果 dev->open 返回非 0(error),则硬件的状态还是 down。

(3)关闭设备。close 方法做和 open 相反的工作。可以释放某些资源以减少系统负担。close 是在设备状态由 up 转为 down 时被调用的。另外,如果是作为模块装入的驱动程序,close 方法必须返回成功(0==success)。

(4)数据包的发送与接收。数据包的发送和接收是实现 Linux 网络驱动程序中两个关键的过程,对这两个过程处理的好坏将直接影响到驱动程序的整体运行质量。在发送数据包时,首先通过 device 域中的建立硬件包头函数指针 hard_header 来建立硬件包头信息,然后通过协议接口层函数 dev_queue_xmit(详见"/linux/net/core/dev.c")来调用 device 域中的 hard_start_xmit 函数指针来完成数据包的发送。该函数将把存放在套接字缓冲区中的数据发送到物理设备,该缓冲区是由数据结构 sk_buff(详见"/linux/include/linux/sk_buff.h")来表示的。

数据包的接收一般是通过中断机制来完成的,当有数据到达时,就产生中断信号,并调用中断处理程序,即数据包接收程序来处理数据包的接收,然后网络协议接口层调用 netif_rx 函数(详见"/linux/net/core/dev.c")把接收到的数据包传输到网络协议的上层进行处理。

3. lan91c111 兼容网卡驱动程序

CVT-PXA270 教学实验系统采用 SMSC LAN91C111 网卡芯片,在 Linux 已经有移植。其网络驱动程序的源代码请参见参考文件"linux-2.6.26/drivers/net/smc91x.c"。在 CVT-PXA270 的基本内核中已经将该网卡驱动程序加载进内核。

(1)网络接口初始化。在 smc_init()函数中通过调用 dmfe_probe 函数完成网络接口初始化。它主要进行网卡芯片检测,同时初始化系统中网络设备信息以用于网络数据的发送和接收。

(2)网络接口设备打开和关闭。网络接口设备打开就是激活网络接口,使它能接收来自网络的数据并且传递到网络协议栈的上面,也可以将数据发送到网络上。设备关闭就是停止操作。

(3)数据包接收和发送。在驱动程序层次上的发送和接收数据都是通过低层对硬件的读写来完成的。当网络上的数据到来时,将触发硬件中断,根据注册的中断向量表确定处理函数,进入中断向量处理程序,将数据送到上层协议进行处理。

【实验步骤】

(1)阅读网卡驱动程序相关源代码:"linux-2.6.26/drivers/net/smc91x.c"。

(2)编译内核,并通过 tftp 将编译的内核下载到 CVT-PXA270 中,观察启动信息中网卡相关的部分,如下所示。

loop: module loaded
smc91x.c: v1.1, sep 22 2004 by Nicolas Pitre <nico@cam.org>
eth0: SMC91C11xFD (rev 2)at c4812300 IRQ 77 DMA 8 [nowait]
eth0: Ethernet addr: 00:0c:6e:3e:57:11

(3)测试网卡驱动。通过 ping 局域网内其他机器测试网卡工作是否正常,如下所示。

#ping 192.168.1.161
PING 192.168.1.161(192.168.1.161): 56 data bytes.
64 bytes from 192.168.1.161(192.168.1.161): icmp_seq=18 ttl=64 time=324.7 ms
64 bytes from 192.168.1.161(192.168.1.161): icmp_seq=19 ttl=64 time=1.3 ms
64 bytes from 192.168.1.161(192.168.1.161): icmp_seq=20 ttl=64 time=1.3 ms
64 bytes from 192.168.1.161(192.168.1.161): icmp_seq=21 ttl=64 time=1.2 ms
64 bytes from 192.168.1.161(192.168.1.161): icmp_seq=22 ttl=64 time=1.3 ms
……

(4)修改网卡 IP 地址。执行如下指令将 IP 地址修改为 192.168.1.16,图 7-12 和图 7-13 分别是修改 IP 地址前、后的网络配置。

#ifconfig eth0 192.168.1.16

【实验报告要求】

(1)简述 Linux 网络驱动程序的基本结构和 SMSC LAN91C111 兼容网卡的实现方法。

```
64 bytes from 192.168.1.161: icmp_seq=45 ttl=64 time=1.3 ms
64 bytes from 192.168.1.161: icmp_seq=46 ttl=64 time=1.3 ms

--- 192.168.1.161 ping statistics ---
47 packets transmitted, 29 packets received, 38% packet loss
round-trip min/avg/max = 1.2/12.4/324.7 ms
[root@Cvtech /]#
[root@Cvtech /]# ifconfig
eth0      Link encap:Ethernet  HWaddr 00:11:22:33:44:55
          inet addr:192.168.1.6  Bcast:192.168.1.255  Mask:255.255.255.0
          UP BROADCAST RUNNING MULTICAST  MTU:1500  Metric:1
          RX packets:49 errors:0 dropped:0 overruns:0 frame:0
          TX packets:41 errors:0 dropped:0 overruns:0 carrier:0
          collisions:0 txqueuelen:1000
          RX bytes:0 (0.0 B)  TX bytes:0 (0.0 B)
          Interrupt:51 Base address:0x8300

lo        Link encap:Local Loopback
          inet addr:127.0.0.1  Mask:255.0.0.0
          UP LOOPBACK RUNNING  MTU:16436  Metric:1
          RX packets:18 errors:0 dropped:0 overruns:0 frame:0
          TX packets:18 errors:0 dropped:0 overruns:0 carrier:0
          collisions:0 txqueuelen:0
          RX bytes:2016 (1.9 KiB)  TX bytes:2016 (1.9 KiB)

[root@Cvtech /]#
```

图 7－12　修改 IP 地址前的网络配置

```
[root@Cvtech /]# ifconfig eth0 192.168.1.16
[root@Cvtech /]# ifconfig
eth0      Link encap:Ethernet  HWaddr 00:11:22:33:44:55
          inet addr:192.168.1.16  Bcast:192.168.1.255  Mask:255.255.255.0
          UP BROADCAST RUNNING MULTICAST  MTU:1500  Metric:1
          RX packets:81 errors:0 dropped:0 overruns:0 frame:0
          TX packets:41 errors:0 dropped:0 overruns:0 carrier:0
          collisions:0 txqueuelen:1000
          RX bytes:0 (0.0 B)  TX bytes:0 (0.0 B)
          Interrupt:51 Base address:0x8300

lo        Link encap:Local Loopback
          inet addr:127.0.0.1  Mask:255.0.0.0
          UP LOOPBACK RUNNING  MTU:16436  Metric:1
          RX packets:18 errors:0 dropped:0 overruns:0 frame:0
          TX packets:18 errors:0 dropped:0 overruns:0 carrier:0
          collisions:0 txqueuelen:0
          RX bytes:2016 (1.9 KiB)  TX bytes:2016 (1.9 KiB)

[root@Cvtech /]#
```

图 7－13　修改 IP 地址后的网络配置

(2)分析 Linux 网络驱动程序的基本数据结构和函数实现，并画出网络驱动设备发送和接收数据的流程图。

7.9 Linux 下的 SOCKET 通信实验

【实验目的】
(1)掌握 Linux 下 SOCKET 编程的基本方法。
(2)掌握 Linux 下的常用 SOCKET 编程函数。

【实验内容】
(1)编写服务器程序 server 和客户端程序 client。
(2)编写一个聊天程序的服务器程序 listener 和客户端程序 talker。
(3)编写 Makefile 文件。
(4)下载并调试上述程序。

【预备知识】
(1)C 语言的基础知识。
(2)程序调试的基础知识和方法。
(3)Linux 的基本操作。
(4)掌握 Linux 下的程序编译与交叉编译过程。
(5)掌握 Linux 下基本的应用程序编写方法。

【实验设备】
(1)硬件:CVT-PXA270 嵌入式实验箱、PC 计算机。
(2)软件:PC 机操作系统 + Linux 开发环境。

【基础知识】

1. SOCKET 基本函数说明

Linux 系统是通过提供套接字(socket)来进行网络编程的。网络程序通过 socket 和其他几个函数的调用,会返回一个通信的文件描述符,我们可以将这个描述符看成普通的文件的描述符来操作,这就是 linux 的设备无关性的好处。我们可以通过向描述符读写操作实现网络之间的数据交流。

(1)socket。

int socket(int domain, int type, int protocol)

domain:说明网络程序所在的主机采用的通信协族(AF_UNIX 和 AF_INET 等)。AF_UNIX 只能够用于单一的 Unix 系统进程间通信,而 AF_INET 是针对 Internet 的,因而可以允许在远程主机之间通信。

type:网络程序所采用的通信协议(SOCK_STREAM、SOCK_DGRAM 等)。SOCK_STREAM 表明使用的是 TCP 协议,这样会提供按顺序的、可靠、双向、面向连接的比特流。SOCK_DGRAM 表明使用的是 UDP 协议,这样只会提供定长的、不可靠、无连接的通信。

protocol:由于指定了 type,这个地方一般只要用 0 来代替就可以了。socket 为网络通信做基本的准备。成功时返回文件描述符,失败时返回-1,看 errno 可知道出错的详细情况。

(2)bind。

int bind(int sockfd, struct sockaddr*my_addr, int addrlen)

sockfd:是由 socket 调用返回的文件描述符。
addrlen:是 sockaddr 结构的长度。
my_addr:是一个指向 sockaddr 的指针。sockaddr 的定义如下。
struct sockaddr{
    unisgned short　　as_family;
    char　　sa_data[14];
};

不过由于系统的兼容性,我们一般不用这个头文件,而使用另外一个结构(struct sockaddr_in)来代替。sockaddr_in 的定义如下。

struct sockaddr_in{
    unsigned short　　　　　　sin_family;
    unsigned short int　　　　　sin_port;
    struct in_addr　　　　　　 sin_addr;
    unsigned char　　　　　　　sin_zero[8];
}

sin_family 一般为 AF_INET,sin_addr 设置为 INADDR_ANY 表示可以和任何的主机通信,sin_port 是我们要监听的端口号。sin_zero[8]是用来填充的。Bind 函数将本地的端口同 socket 返回的文件描述符,捆绑在一起。成功则返回 0,失败的情况和 socket 一样。

(3)listen。

int listen(int sockfd,int backlog)

sockfd:是 bind 后的文件描述符。

backlog:设置请求排队的最大长度。当有多个客户端程序和服务端相连时,使用这个表示可以介绍的排队长度。listen 函数将 bind 的文件描述符变为监听套接字。返回的情况和 bind 一样。

(4)accept。

int accept(int sockfd, struct sockaddr*addr,int*addrlen)

sockfd:是 listen 后的文件描述符。

addr,addrlen 是用来给客户端的程序填写的,服务器端只要传递指针就可以了。bind,listen 和 accept 是服务器端用的函数,accept 调用时,服务器端的程序会一直阻塞到有一个客户程序发出了连接。accept 成功时返回最后的服务器端的文件描述符,这个时候服务器端可以向该描述符写信息了。失败时返回-1。

(5)connect。

int connect(int sockfd, struct sockaddr*serv_addr,int addrlen)

sockfd:socket 返回的文件描述符。

serv_addr:储存了服务器端的连接信息。其中 sin_add 是服务端的地址。

addrlen:serv_addr 的长度。

connect 函数是客户端用来同服务端连接的。成功时返回 0,sockfd 是同服务端通信的文件描述符,失败时返回-1。

到第三阶段,可以存取资料了,要读取资料,我们可以用 recv()函式。

(6) recv：接收数据。

int recv(int sockfd，void*buf，int maxbuf，int options)

sockfd:socket 返回的文件描述符。

buf:是收到数据后存放的缓冲位置。

maxbuf:是缓冲区 buf 的大小。

options:是一些选项 MSG_OOB，MSG_PEEK，MSG_WAITALL，MSG_ERRQUEUE，MSG_NOSIGNAL，MSG_ERRQUEUE）。recv()会回传收到信息的大小值，如有错误，会回传负数值。

(7) send：发送数据。

int send(int sockfd，void*buffer，int msg_len，int options)

其中 sockfd、buffer 和 msg_len 和 recv()的相同，只不过是这次把要传输的信息先放进 buffer。而 options 有 MSG_OOB，MSG_DONTROUTE，MSG_DONTWAIT，MSG_NOSIGNAL，send()会回传传输的总大小值。

2. 基本 TCP SOCKET 编程

(1) TCP 客户端编程实例。

一个典型的 TCP 客户端程序先建立 socket 文件描述符，接着便是连接服务器，然后便可以写进或读取数据，而这个过程可以重复，直至写入和读取完所需信息后，才关闭连接。

下面是一个简单的 TCP 客户端程序 client.c，在这个程序中你必须提供一个命令行参数：服务端所在机器主机名。当然，服务端必须在客户端运行以前就已经正常运行。

```
/*
**client.c -- a stream socket client demo
*/

#include <stdio.h>
#include <stdlib.h>
#include <unistd.h>
#include <errno.h>
#include <string.h>
#include <netdb.h>
#include <sys/types.h>
#include <netinet/in.h>
#include <sys/socket.h>

#define PORT 3490 // the port client will be connecting to
#define MAXDATASIZE 100 // max number of bytes we can get at once
int main(int argc, char *argv[ ])
{
    int sockfd, numbytes;
    char buf[MAXDATASIZE];
```

```c
    struct hostent *he;
    struct sockaddr_in their_addr;  // connector's address information

    if (argc !=2){
        fprintf(stderr,"usage: client hostname\n");
        exit(1);
    }

    if ((he=gethostbyname(argv[1]))==NULL){    // get the host info
        perror("gethostbyname");
        exit(1);
    }

    if ((sockfd=socket(AF_INET, SOCK_STREAM, 0))==-1){
        perror("socket");
        exit(1);
    }

    their_addr.sin_family=AF_INET;        // host byte order
    their_addr.sin_port=htons(PORT);      // short, network byte order
    their_addr.sin_addr=*((struct in_addr *)he -> h_addr);
    memset(&(their_addr.sin_zero), '\0', 8);   // zero the rest of the struct

    if (connect(sockfd, (struct sockaddr *)&their_addr, sizeof(struct sockaddr))==-1){
        perror("connect");
        exit(1);
    }

    if ((numbytes=recv(sockfd, buf, MAXDATASIZE-1, 0))==-1){
        perror("recv");
        exit(1);
    }
    buf[numbytes]='\0';
    printf("Received: %s",buf);
    close(sockfd);
    return 0;
}
```

(2) TCP 服务器编程实例。

TCP 服务器端通过如下步骤建立：① 通过函数 socket() 建立一个套接口。② 通过函数

bind()绑定一个地址(IP 地址和端口地址)。这一步确定了服务器的位置,使客户端知道如何访问。③ 通过函数 listem()监听(listen)端口的新的连接请求。④ 通过函数 accept()接受新的连接。

下面是一个简单的 TCP 服务器程序 server.c,该程序对于每一个连接的客户端直接发送"Hello,world!\n"字符串。

```c
/*
**server.c -- a stream socket server demo
*/

#include <stdio.h>
#include <stdlib.h>
#include <unistd.h>
#include <errno.h>
#include <string.h>
#include <sys/types.h>
#include <sys/socket.h>
#include <netinet/in.h>
#include <arpa/inet.h>
#include <sys/wait.h>
#include <signal.h>

#define MYPORT 3490     // the port users will be connecting to
#define BACKLOG 10      // how many pending connections queue will hold
void sigchld_handler(int s)
{
    while(wait(NULL)>0);
}

int main(void)
{
    int sockfd, new_fd;  // listen on sock_fd, new connection on new_fd
    struct sockaddr_in my_addr;      // my address information
    struct sockaddr_in their_addr;   // connector's address information
    int sin_size;
    struct sigaction sa;
    int yes=1;

    if ((sockfd=socket(AF_INET, SOCK_STREAM, 0))==-1){
        perror("socket");
```

```c
        exit(1);
    }

    if (setsockopt(sockfd, SOL_SOCKET, SO_REUSEADDR, &yes, sizeof(int))==-1){
        perror("setsockopt");
        exit(1);
    }

    my_addr.sin_family=AF_INET;          // host byte order
    my_addr.sin_port=htons(MYPORT);      // short, network byte order
    my_addr.sin_addr.s_addr=INADDR_ANY;  // automatically fill with my IP
    memset(&(my_addr.sin_zero), '\0', 8); // zero the rest of the struct

    if (bind(sockfd, (struct sockaddr *)&my_addr, sizeof(struct sockaddr))==-1){
        perror("bind");
        exit(1);
    }

    if (listen(sockfd, BACKLOG)==-1){
        perror("listen");
        exit(1);
    }

    sa.sa_handler=sigchld_handler; // reap all dead processes
    sigemptyset(&sa.sa_mask);
    sa.sa_flags=SA_RESTART;
    if (sigaction(SIGCHLD, &sa, NULL)==-1){
        perror("sigaction");
        exit(1);
    }

    while(1){  // main accept() loop
        sin_size=sizeof(struct sockaddr_in);
        if ((new_fd=accept(sockfd, (struct sockaddr *)&their_addr, &sin_size))==-1){
            perror("accept");
            continue;
        }
        printf("server: got connection from % s\n",inet_ntoa(their_addr.sin_addr));
        if (!fork()){ // this is the child process
```

```
            close(sockfd); // child doesn't need the listener
            if (send(new_fd, "Hello, world!\n", 14, 0)==-1)
                perror("send");
            close(new_fd);
            exit(0);
        }
        close(new_fd);   // parent doesn't need this
    }
    return 0;
}
```

3. 基本 UDP SOCKET 编程

(1)UDP 数据报服务器端程序实例。

像 TCP 程序一样,用 UDP 可以建立一个套接口并将其绑定到特定地址。UDP 服务端不监听(listen)和接受(accept)外来的连接,客户也不必显式地连接到服务器。

下面是一个简单的 UDP 服务器程序 listener.c,该程序接收每一个连接的客户端发送来的信息并将其打印出来。

```
/*
**listener.c -- a datagram sockets "server" demo
*/
#include <stdio.h>
#include <stdlib.h>
#include <unistd.h>
#include <errno.h>
#include <string.h>
#include <sys/types.h>
#include <sys/socket.h>
#include <netinet/in.h>
#include <arpa/inet.h>
#define MYPORT 4950      // the port users will be connecting to
#define MAXBUFLEN 100

int main(void)
{
    int sockfd;
    struct sockaddr_in my_addr;     // my address information
    struct sockaddr_in their_addr;  // connector's address information
    int addr_len, numbytes;
    char buf[MAXBUFLEN];
```

```c
/*setup socket */
if ((sockfd=socket(AF_INET, SOCK_DGRAM, 0))==-1){
    perror("socket");
    exit(1);
}

my_addr.sin_family=AF_INET;              // host byte order
my_addr.sin_port=htons(MYPORT);          // short, network byte order
my_addr.sin_addr.s_addr=INADDR_ANY;      // automatically fill with my IP
memset(&(my_addr.sin_zero), '\0', 8);    // zero the rest of the struct

/*bind */
if (bind(sockfd, (struct sockaddr *)&my_addr,
    sizeof(struct sockaddr))==-1){
    perror("bind");
    exit(1);
}

/*receive the string from the client and print it */
while(1)
{
    addr_len=sizeof(struct sockaddr);
    if ((numbytes=recvfrom(sockfd, buf, MAXBUFLEN-1, 0,
    (struct sockaddr *)&their_addr, &addr_len))==-1){
        perror("recvfrom");
        exit(1);
    }
    buf[numbytes]='\0';
    printf("%s says:%s",inet_ntoa(their_addr.sin_addr), buf);
}

close(sockfd);
return 0;
}
```

(2)UDP 数据报客户端程序实例。

下面是一个简单的 UDP 客户端程序 talker.c,在这个程序中你必须提供一个命令行参数：服务端所在机器主机名。当然,服务端必须在客户端运行以前就已经正常运行,服务端必须绑定到一个确定的端口和地址好让客户端知道向哪里发送数据。

```c
/*
**talker.c -- a datagram "client" demo
*/
#include <stdio.h>
#include <stdlib.h>
#include <unistd.h>
#include <errno.h>
#include <string.h>
#include <sys/types.h>
#include <sys/socket.h>
#include <netinet/in.h>
#include <arpa/inet.h>
#include <netdb.h>

#define MYPORT 4950      // the port users will be connecting to

int main(int argc, char *argv[])
{
    int sockfd;
    struct sockaddr_in their_addr; // connector's address information
    struct hostent *he;
    int numbytes;
    char send_buf[256];

    /*parameters check */
    if (argc !=2){
        fprintf(stderr,"usage: talker hostname\n");
        exit(1);
    }

    /*argv[1]=server ip address */
    if ((he=gethostbyname(argv[1]))==NULL){    // get the host info
        perror("gethostbyname");
        exit(1);
    }

    /*setup socket */
    if ((sockfd=socket(AF_INET, SOCK_DGRAM, 0))==-1){
        perror("socket");
```

```
            exit(1);
    }

    /*receive string from console and send it to the server */
    while(1)
    {
        char *ptr;
        their_addr.sin_family=AF_INET;         // host byte order
        their_addr.sin_port=htons(MYPORT); // short，network byte order
        their_addr.sin_addr=*((struct in_addr *)he -> h_addr);
        memset(&(their_addr.sin_zero)，'\0'，8);    // zero the rest of the struct

        /*get string from console */
        printf("send to server:");
        ptr=send_buf;
        do
        {
            *ptr=getchar();
            ptr ++;
        }while(*(ptr-1)!='\n');
        *ptr=0;

        /*send the string to server */
        if ((numbytes=sendto(sockfd，send_buf，strlen(send_buf)，0，
        (struct sockaddr *)&their_addr，sizeof(struct sockaddr)))==-1){
            perror("sendto");
            exit(1);
        }
    }
    close(sockfd);
    return 0;
}
```

【实验步骤】

(1)建立工作目录。

$cd /opt/cvtech/examples2.6

$cd socket

(2)参照上节内容分别编写 server.c、client.c、listener.c 和 talker.c 程序。

(3)编写 Makefile 文件。对于每个程序需要分别编译 arm 平台的执行文件,同时,为了在 PC 端进行测试,也编译了 PC 版本的执行文件,Makefile 文件如下所示。

```makefile
CC=arm-linux-gcc
LD=arm-linux-ld
EXEC=client.arm
OBJS=client.o
EXEC1=server.arm
OBJS1=server.o
EXEC2=listener.arm
OBJS2=listener.o
EXEC3=talker.arm
OBJS3=talker.o

CFLAGS +=
LDFLAGS +=

all: $(EXEC) $(EXEC1) $(EXEC2) $(EXEC3)

$(EXEC): $(OBJS)
    $(CC) $(LDFLAGS) -o $@ $(OBJS) $(LDLIBS $(LDLIBS_$@))
    cp $(EXEC) /tftpboot/examples/

$(EXEC1): $(OBJS1)
    $(CC) $(LDFLAGS) -o $@ $(OBJS1) $(LDLIBS $(LDLIBS_$@))
    cp $(EXEC1) /tftpboot/examples/

$(EXEC2): $(OBJS2)
    $(CC) $(LDFLAGS) -o $@ $(OBJS2) $(LDLIBS $(LDLIBS_$@))
    cp $(EXEC2) /tftpboot/examples/

$(EXEC3): $(OBJS3)
    $(CC) $(LDFLAGS) -o $@ $(OBJS3) $(LDLIBS $(LDLIBS_$@))
    cp $(EXEC2) /tftpboot/examples/

    gcc -o client client.c
    gcc -o server server.c
    gcc -o listener listener.c
    gcc -o talker talker.c

clean:
    -rm -f $(EXEC) $(EXEC1) $(EXEC2) $(EXEC3) *.elf *.gdb *.o
```

(4)编译。

$make clean

$make

如果编译正确，将生成 arm 平台的程序：server.arm、client.arm、listener.arm 和 talker.arm 以及 PC 平台的程序：server、client、listener 和 talker。

(5)下载 TCP 测试程序到 CVT－PXA270 中调试。

#**mount 192.168.1.180：/tftpboot/ /mnt/nfs －o nolock**

#**cd /mnt/nfs/**

#**./server.arm**

server: got connection from 192.168.1.180

同时在 PC 上执行：

$./client 192.168.1.6

Received：Hello World!

正确的执行结果是：每执行一次 client，在 CVT－PXA270 的控制台上将输出相应的连接信息。

#**./server.arm**

server: got connection from 192.168.1.180

相反，也可以在 PC 上执行 server，而在 CVT－PXA270 上执行 client.arm，并观察结果。

(6)下载 UDP 测试程序到 CVT－PXA270 中调试。

#**cd /mnt/nfs/**

#**./listener.arm**

192.168.1.180 says:123

同时在 PC 上执行：

$./talker 192.168.1.46

Sent to server：123

正确的执行结果是：在 client 中输入字符串，然后回车，在服务器端将接收到该字符串并打印出来。相反，也可以在 PC 上执行 listener，而在 CVT－PXA270 上执行 talker.arm，并观察结果。

【实验报告要求】

(1)简述 Linux SOCKET 编程的常用函数，并举例说明其用法。

(2)编程实现如下功能：实现一个简单的聊天程序，实现双击互动聊天。

7.10 Linux 下显示驱动及应用实验

【实验目的】

(1)掌握 Linux 下显示驱动程序的基本结构。

(2)掌握 Linux 下显示应用程序的编写方法。

【实验内容】

(1)学习 Linux 下显示驱动程序。

(2)编写 Linux 下显示应用程序。

【预备知识】
(1)C 语言的基础知识。
(2)程序调试的基础知识和方法。
(3)Linux 的基本操作。
(4)掌握 Linux 下的程序编译与交叉编译过程。
(5)掌握 Linux 下基本的应用程序编写方法。

【实验设备】
(1)硬件:CVT-PXA270 嵌入式实验箱、PC 计算机。
(2)软件:PC 机操作系统 + Linux 开发环境。

【基础知识】
本实验是一个 LCD 显示实验,程序将在开发板的 LCD 屏幕上依次显示红色、绿色、蓝色和格状色彩,通过该实验,初学者可以初步了解嵌入式 LCD 显示程序的开发。
CVT-PXA270 的 LCD 驱动程序源码为:"linux-2.6.26/drivers/video/fb.c"。
CVT-PXA270 的 LCD 应用程序实验代码如下:

```
#include <unistd.h>
#include <stdio.h>
#include <fcntl.h>
#include <linux/fb.h>
#include <sys/mman.h>

#define LCD_TFT
#ifdef LCD_TFT
#define RED_COLOR      0xf800
#define GREEN_COLOR    0x07e0
#define BLUE_COLOR     0x001f
#else
#define RED_COLOR      0xE0
#define GREEN_COLOR    0x1C
#define BLUE_COLOR     0x03
#endif

/*
*framebuffer application code,the start code of Linux GUI application
*compile:
*           $/usr/local/arm/2.95.3/bin/arm-linux-gcc -o fbtest fbtest.c
*           $cp fbtest /tftpboot/examples
*run in target:
*           #mount 192.168.1.180:/tftpboot/ /mnt/nfs
*           #cd /mnt/nfs/examples
```

```c
 *              # ./fbtest
 */
int main(int argc, char **argv)
{
    int fbfd=0;
    struct fb_var_screeninfo vinfo;
    struct fb_fix_screeninfo finfo;
    long int screensize=0;
    char *fbp=0;
    int x=0, y=0;
    long int location=0;

    // Open the file for reading and writing
    fbfd=open("/dev/fb0", O_RDWR);
    if (!fbfd) {
        printf("Error: cannot open framebuffer device.\n");
        exit(1);
    }
    printf("The framebuffer device was opened successfully.\n");

    // Get fixed screen information
    if (ioctl(fbfd, FBIOGET_FSCREENINFO, &finfo)) {
        printf("Error reading fixed information.\n");
        exit(2);
    }

    // Get variable screen information
    if (ioctl(fbfd, FBIOGET_VSCREENINFO, &vinfo)) {
        printf("Error reading variable information.\n");
        exit(3);
    }

    // Figure out the size of the screen in bytes
    screensize=vinfo.xres *vinfo.yres *vinfo.bits_per_pixel / 8;

    printf("%dx%d, %dbpp, screensize=%d\n", vinfo.xres, vinfo.yres, vinfo.bits_per_pixel, screensize );

    // Map the device to memory
```

```c
        fbp=(char *)mmap(0, screensize, PROT_READ | PROT_WRITE, MAP_SHARED,
                         fbfd, 0);
    if ((int)fbp==-1){
        printf("Error: failed to map framebuffer device to memory.\n");
        exit(4);
    }
    printf("The framebuffer device was mapped to memory successfully.\n");

    x=100; y=100;          // Where we are going to put the pixel

    if(vinfo.bits_per_pixel==8)// 8bpp only
    {
        // 8bpp framebuffer test
        printf("8bpp framebuffer test\n");
        printf("a byte in fbp is a pixel of LCD, just set the value of fbp to put color to LCD \n");
        printf("byte format:\n");
        printf("  bit:| 7  6  5 |  4  3  2 | 1  0 | \n");
        printf("      |   red   |   green  | blue | \n");

        // Red Screen
        printf("Red Screen\n");
        for(y=0; y <240; y++)
        {
            for(x=0; x <320; x++)
            {
                *(fbp + y *320 + x)=RED_COLOR;
            }
        }
        sleep(2);

        // Green Screen
        printf("Green Screen\n");
        for(y=0; y <240; y++)
        {
            for(x=0; x <320; x++)
            {
                *(fbp + y *320 + x)=GREEN_COLOR;
            }
```

```c
        }
        sleep(2);

        // Blue Screen
        printf("Blue Screen\n");
        for(y=0; y<240; y++)
        {
            for(x=0; x<320; x++)
            {
                *(fbp + y *320 + x)=BLUE_COLOR;
            }
        }
        sleep(2);

        // Grid Screen
        printf("Grid Screen\n");
        for(y=0; y<240; y++)
        {
            for(x=0; x<320; x++)
            {
                *(fbp + y *320 + x)=x;
            }
        }
        sleep(2);
}else if(vinfo.bits_per_pixel==16)// 16bpp only
{
        // 16bpp framebuffer test
        printf("16bpp framebuffer test\n");
        printf("two byte in fbp is a pixel of LCD, just set the value of fbp to put color to LCD\n");
        printf("byte format:\n");
        printf("  bit:| 15 14 13 12 11 | 10  9  8  7  6  5 | 4  3  2  1  0 |\n");
        printf("      |      red       |       green       |     blue      |\n");

        // Red Screen
        printf("Red Screen\n");
        for(y=0; y<480; y++)
        {
            for(x=0; x<640; x++)
```

```
            {
                *(((unsigned short *)fbp)+ y *640 + x)=RED_COLOR;
            }
        }
        sleep(2);

        // Green Screen
        printf("Green Screen\n");
        for(y=0; y <480; y++)
        {
            for(x=0; x <640; x++)
            {
                *(((unsigned short *)fbp)+ y *640 + x)=GREEN_COLOR;
            }
        }
        sleep(2);

        // Blue Screen
        printf("Blue Screen\n");
        for(y=0; y <480; y++)
        {
            for(x=0; x <640; x++)
            {
                *(((unsigned short *)fbp)+ y *640 + x)=BLUE_COLOR;
            }
        }
        sleep(2);

        // Grid Screen
        printf("Grid Screen\n");
        for(y=0; y <480; y++)
        {
            for(x=0; x <640; x++)
            {
                *(((unsigned short *)fbp)+ y *640 + x)=x;
            }
        }
        sleep(2);
    }else
```

```
        {
            printf("8bpp && 16bpp only!!!\n");
        }
        munmap(fbp, screensize);
        close(fbfd);
        return 0;
}
```

【实验步骤】

(1) 建立工作目录。

$cd /opt/cvtech/examples2.6

$cd framebuffer

(2) 编写 fbtest.c 程序源代码。

(3) 编写 Makefile 文件。参照"Linux 基本应用程序编写实验",编写 Makefile 文件。

(4) 编译 fbtest 程序。

$make clean

$make

$cp fbtest /tftpboot/

如果编译正确,将生成 fbtest 程序。

(5) 下载 fbtest 程序到 CVT-PXA270 中调试。

#mount 192.168.1.180:/tftpboot/ /mnt/nfs -o nolock

#cd /mnt/nfs/

#./fbtest

显示控制程序执行结果如图 7-14 所示。

```
[root@Cvtech /]# mount 192.168.1.180:/tftpboot /mnt/nfs/ -o nolock
[root@Cvtech /]# cd /mnt/nfs/
[root@Cvtech nfs]# ./fbtest
The framebuffer device was opened successfully.
640x480, 16bpp, screensize = 614400
The framebuffer device was mapped to memory successfully.
16bpp framebuffer test
two byte in fbp is a pixel of LCD, just set the value of fbp to put color to

byte format:
  bit:| 15 14 13 12 11 | 10 9 8 7 6 5 | 4 3 2 1 0 |
      |      red       |     green    |    blue   |
Red Screen
Green Screen
Blue Screen
Grid Screen
```

图 7-14 显示驱动程序输出

图 7-15 是试验箱的显示屏被控制的结果。

【实验报告要求】

说明本实验中显示控制程序的原理及流程。

图 7-15 显示驱动控制结果

7.11 Linux 下 USB 接口实验

【实验目的】

(1)掌握 Linux 内核的 USB 接口配置和编程方法。
(2)掌握 CVT-PXA270 下的 U 盘使用方法。

【实验内容】

(1)学习 Linux 内核配置。
(2)编写 Linux 下如何使用 U 盘。

【预备知识】

(1)C 语言的基础知识。
(2)程序调试的基础知识和方法。
(3)Linux 的基本操作。
(4)掌握 Linux 下的程序编译与交叉编译过程。
(5)掌握 Linux 下基本的应用程序编写方法。

【实验设备】

(1)硬件:CVT-PXA270 嵌入式实验箱、PC 计算机。
(2)软件:PC 机操作系统 + Linux 开发环境。

【基础知识】

本实验以常用 U 盘使用为例,介绍 Linux 对 USB 设备的支持,包括内核配置和编译方法,以及 Linux 下 USB 设置的使用方法。

下面完成对 USB 设备的移植,其中包括 U 盘、USB 鼠标、USB 摄像头等驱动的移植。

1. USB 设备的配置

输入 #make menuconfig,进行如图 7-16 配置。

Devices Drivers →SCSI device support→

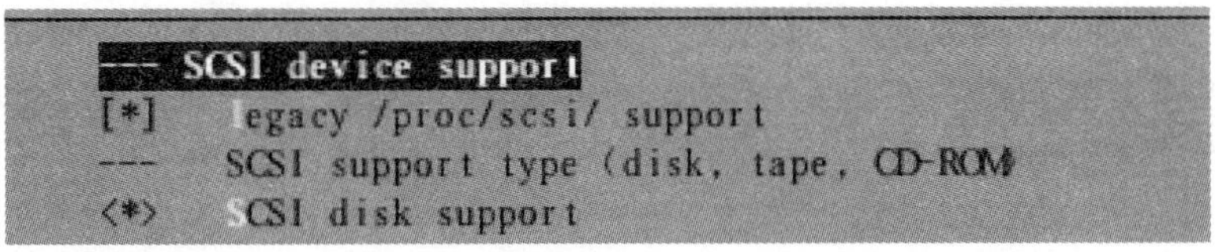

图 7-16 Devices Drivers→SCSI device support 菜单

选择 USB 支持(图 7-17、图 7-18)。

USB support→USB Mass Storage support

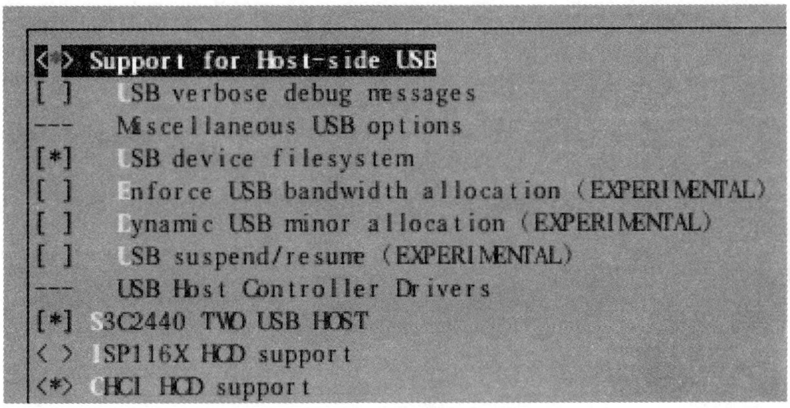

图 7-17 USB 支持配置

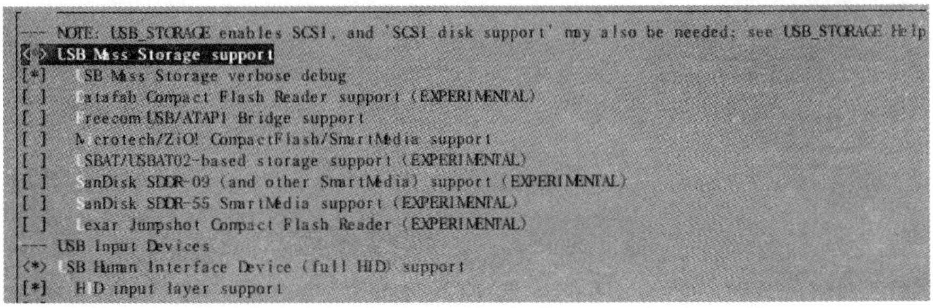

图 7-18 USB 存储支持配置

配置完成后。编译内核,下载到实验箱中(实验箱中的 linux 内核已经自带以上驱动)。

2. U 盘的挂载

编译，下载新的内核到实验箱中，系统启动后，插入 U 盘，输入以下命令。运行结果如图 7-19 所示。

　#mount　/dev/sda1　/mnt/usb/
　#cd　/mnt/usb
　#ls -l

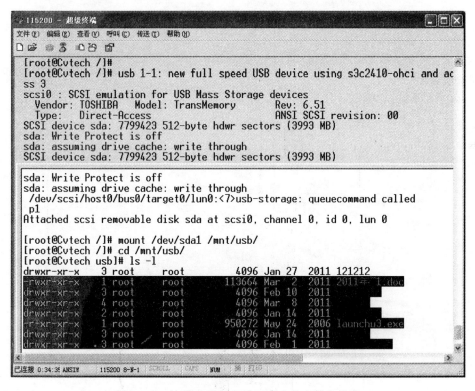

图 7-19　挂载 U 盘后查看 U 盘上的文件和目录

【实验报告要求】

（1）简述 USB 接口的内核选项。

（2）思考 USB WIFI、USB 摄像头等设备的用法。

7.12　Linux 步进电机程序编写实验

【实验目的】

（1）掌握 Linux 驱动程序步进电机的编程。

（2）掌握 Linux 应用程序加载驱动程序的方法。

（3）掌握 Linux 静态加载驱动程序模块的方法。

【实验内容】

(1)编写 cvtpxa270_steppermotor.c 驱动程序。
(2)编写 Makefile 文件。
(3)编写 steppermotor 应用程序。
(4)编译 cvtpxa270_steppermotor 和 steppermotort 应用程序。
(5)下载并调试 cvtpxa270_steppermotor 和 steppermotor 应用程序。

【预备知识】

(1)C 语言的基础知识。
(2)软件调试的基础知识和方法。
(3)Linux 的基本操作。
(4)Linux 应用程序的编写。

【实验设备】

(1)硬件:CVT‐PXA270 嵌入式实验箱、PC 计算机。
(2)软件:PC 机操作系统 + Linux 开发环境。

【基础知识】

1. Linux 驱动程序

在 Linux 中,系统调用是操作系统内核和应用程序之间的接口,设备驱动程序是操作系统内核和机器硬件之间的接口。设备驱动程序为应用程序屏蔽了硬件的细节,这样在应用程序看来,硬件设备只是一个设备文件,应用程序可以像操作普通文件一样对硬件设备进行操作。设备驱动程序是内核的一部分,它完成以下的功能。

(1)对设备初始化和释放。
(2)把数据从内核传送到硬件和从硬件读取数据。
(3)读取应用程序传送给设备文件的数据和回送应用程序请求的数据。
(4)检测和处理设备出现的错误。

在 Linux 操作系统下有三类主要的设备文件类型,字符设备、块设备和网络设备。字符设备和块设备的主要区别是:在对字符设备发出读/写请求时,实际的硬件 I/O 一般就紧接着发生了,块设备则不然,它利用一块系统内存作缓冲区,当用户进程对设备请求能满足用户的要求,就返回请求的数据,如果不能,就调用请求函数来进行实际的 I/O 操作。块设备主要是针对磁盘等慢速设备设计的,以免耗费过多的 CPU 时间来等待。

用户进程通过设备文件来与实际的硬件打交道。每个设备文件都有其文件属性(c/b),表示是字符设备还是块设备,另外每个文件都有两个设备号,第一个是主设备号,标识驱动程序,第二个是从设备号,标识使用同一个设备驱动程序的不同的硬件设备,比如有两个软盘,就可以用从设备号来区分他们。设备文件的主设备号必须与设备驱动程序在登记时申请的主设备号一致,否则用户进程将无法访问到驱动程序。

2. 编写简单的驱动程序

本实验将编写一个简单的字符设备驱动程序。虽然它的功能很简单,但是通过它可以了解 Linux 的设备驱动程序的工作原理。该程序 cvtpxa270_steppermotor 实现对 CVT‐PXA270

中的步进电机进行控制。它主要包含如下几个部分。

（1）包含文件。

\#include <linux/miscdevice.h>
\#include <linux/kernel.h>
\#include <linux/module.h>
\#include <linux/fs.h>
\#include <linux/errno.h>   /*for – EBUSY */
\#include <linux/ioport.h>   /*for verify_area */
\#include <linux/init.h>   /*for module_init */
\#include <asm/uaccess.h>   /*for get_user and put_user */

（2）模块初始化。由于用户进程是通过设备文件同硬件打交道,对设备文件的操作方式不外乎就是一些系统调用,如 open,read,write,close…,注意! 不是 fopen,fread,但是如何把系统调用和驱动程序关联起来呢? 这需要了解一个非常关键的数据结构。

```
struct file_operations {
    int (*seek)(struct inode *,struct file *,off_t ,int);
    int (*read)(struct inode *,struct file *,char ,int);
    int (*write)(struct inode *,struct file *,off_t ,int);
    int (*readdir)(struct inode *,struct file *,struct dirent *,int);
    int (*select)(struct inode *,struct file *,int ,select_table *);
    int (*ioctl)(struct inode *,struct file *,unsined int ,unsigned long);
    int (*mmap)(struct inode *,struct file *,struct vm_area_struct *);
    int (*open)(struct inode *,struct file *);
    int (*release)(struct inode *,struct file *);
    int (*fsync)(struct inode *,struct file *);
    int (*fasync)(struct inode *,struct file *,int);
    int (*check_media_change)(struct inode *,struct file *);
    int (*revalidate)(dev_t dev);
}
```

这个结构的每一个成员的名字都对应着一个系统调用。用户进程利用系统调用在对设备文件进行诸如 read/write 操作时,系统调用通过设备文件的主设备号找到相应的设备驱动程序,然后读取这个数据结构相应的函数指针,接着把控制权交给该函数。这是 linux 的设备驱动程序工作的基本原理。既然是这样,则编写设备驱动程序的主要工作就是编写子函数,并填充 file_operations 的各个域。如下所示,cvtpxa270_steppermotor 实现了 ioctl 的文件操作,其处理函数分别为 device_ioctl。并在模块初始化函数 steppermotor_init 中调用 misc_register 函数进行注册。

```
static struct file_operations steppermotor_fops={
    .owner    =THIS_MODULE,
    .ioctl    =steppermotor_ioctl,
};
```

```
static struct miscdevice misc={
    .minor=MISC_DYNAMIC_MINOR,
    .name=DEVICE_NAME,
    .fops=&steppermotor_fops,
};
static int __init steppermotor_init( void )
{
    int ret;
     (*(char *)0xf0105000)=0x0;

    ret=misc_register(&misc);
    printk (DEVICE_NAME" initialized\n");
    return ret;
};
```

(3)模块退出操作。模块退出时,必须删除设备驱动程序并释放占用的资源,使用 misc_deregister 删除设备驱动程序。代码如下所示。

```
static void __exit steppermotor_exit(void)
{
    misc_deregister(&misc);
}
```

【实验步骤】

(1)建立工作目录。

$cd /opt/cvtech/

$cd linux-2.6.26

(2)编写 cvtpxa270_steppermotor 驱动程序源代码。步进电机的驱动程序在内核的目录中(/opt/cvtech/linux-2.6.26/drivers/char/cvtpxa270_steppermotor.c)。

$gedit /opt/cvtech/linux-2.6.26/drivers/char/cvtpxa270_steppermotor.c

查看驱动源码,熟悉编写驱动过程。

(3)编译 steppermotor 驱动程序。

$make menuconfig

启动配置菜单,进到 Devices Drivers -> Character devices,查看 cvtpxa270 steper motor support 驱动是否加载,选为"*",如图 7-20 所示。配置完成后,保存,退出,对内核进行编译。

$make zImage

如果正确,将出现 cvtpxa270_steppermotor.o 文件,这个文件就是 cvtpxa270_steppermotor.o 驱动模块文件。

(4)编译 steppermotor 应用程序。

$cd /opt/cvtech/examples2.6/steppermotor

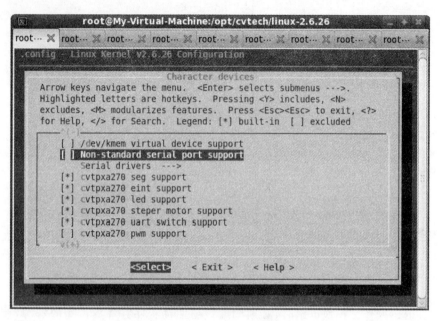

图 7-20 步进电机配置图

$make

$cp steppermotor /tftpboot/

如果编译正确,将生成 steppermotor 文件,这个文件就是测试 cvtpxa270_steppermotor.o 的应用程序。

(5)下载 steppermotortest 两个文件到 CVT-PXA270 中。下载完成后,可以使用 ls 命令查看该文件是否存在,如果存在,则在控制台输入如下命令测试 STEPPERMOTOR 驱动。

#mount 192.168.1.180:/tftpboot//mnt/nfs -o nolock

#cd /mnt/nfs/

然后运行 steppermotortest 测试程序:

#./steppermotor

若结果正确,步进电机将会正确转动,屏幕输出以下结果。

open OK 3

Device Ioctl

Device Ioctl

……

【实验报告要求】

(1)简述 Linux 设备驱动程序的基本概念和编写方法。

(2)简述 Linux 应用程序怎样访问设备驱动程序。

(3)思考如何控制电机的转动方向、转速、启动、停止等功能。

7.13 Linux下Web服务器的移植与建立实验

【实验目的】
(1)掌握Linux下建立Web服务器的方法。
(2)掌握CVT-PXA270 Linux动态Web技术的实现方法。

【实验内容】
(1)建立boa Web服务器。
(2)设计一个简单的CGI程序。

【预备知识】
(1)C语言的基础知识。
(2)程序调试的基础知识和方法。
(3)Linux的基本操作。
(4)掌握Linux下的程序编译与交叉编译过程。
(5)掌握Linux下基本的应用程序编写方法。

【实验设备】
(1)硬件:CVT-PXA270嵌入式实验箱、PC计算机。
(2)软件:PC机操作系统 + Linux开发环境。

【实验步骤】
Linux具有良好的网络支持,在上面建立Web服务器和设计动态Web网页是比较容易的事情。本实验讲述如何在CVT-PXA270教学实验系统中建立嵌入式Web服务器,以及怎样建立动态Web页面。

下面的移植步骤供参考,在实验箱提供的源码中,包含已经移植过的boa和CGI源码包。同样,提供的文件系统中,也已经添加了boa和CGI。

1. 移植boa

(1)下载boa源码包。

下载地址为"https://sourceforge.net/project/showfiles.php? group_id=78"。

得到boa-0.94.13.tar.gz,解压到工作目录中:

$tar zxvf   boa-0.94.13.tar.gz   -C   /opt/cvtech/

(2)配置boa。

$cd/opt/cvtech/boa-0.94.13/src

$./configure

会在boa-0.94.13/src目录下生成Makefile文件,修改Makefile:

$gedit   Makefile

在31和32行,指定交叉编译器,修改如下:

CC=/opt/cvtech/crosstools_3.4.5_softfloat/gcc-3.4.5-glibc-2.3.6/arm-linux/bin/arm-linux-gcc

CPP=/opt/cvtech/crosstools_3.4.5_softfloat/gcc-3.4.5-glibc-2.3.6/arm-linux/bin/arm-linux – g++ – E

修改 src/boa.c 文件:

$gedit src/boa.c

注释掉 225 到行 227 的内容:

//if (setuid(0)!=-1){
//   DIE("icky Linux kernel bug!");
//}

修改 src/compat.h 文件:

$gedit src/compat.h

修改 120 行内容如下:

#define TIMEZONE_OFFSET(foo) foo -> tm_gmtoff

（3）编译并且优化。

$cd src
$make
$/usr/local/arm/crosstools_3.4.5_softfloat/gcc-3.4.5-glibc-2.3.6/arm-linux/bin/arm-linux-strip boa

2. 移植 cgic 库

（1）下载 cgic 库，地址为"http://www.boutell.com/cgic/cgic205.tar.gz"。

下载后,解压到工作目录:

$tar   zxvf   cgic205.tar.gz   -C   /opt/cvtech/

（2）配置编译条件。

$cd /opt/cvtech/cgic205
$gedit Makefile

修改 Makefile 内容如下:

CFLAGS=-g -Wall

CC=/opt/cvtech/crosstools_3.4.5_softfloat/gcc-3.4.5-glibc-2.3.6/arm-linux/bin/arm-linux-gcc

AR=/opt/cvtech/crosstools_3.4.5_softfloat/gcc-3.4.5-glibc-2.3.6/arm-linux/bin/arm-linux-ar

RANLIB=/opt/cvtech/crosstools_3.4.5_softfloat/gcc-3.4.5-glibc-2.3.6/arm-linux/bin/arm-linux-ranlib

LIBS=-L./ -lcgic

all: libcgic.a cgictest.cgi capture

install: libcgic.a
    cp libcgic.a /usr/local/lib
    cp cgic.h /usr/local/include
    @echo libcgic.a is in /usr/local/lib. cgic.h is in /usr/local/include.

第 7 章 嵌入式 Linux 操作系统实验

libcgic.a: cgic.o cgic.h
  rm - f libcgic.a
  $(AR)rc libcgic.a cgic.o
  $(RANLIB)libcgic.a

#mingw32 and cygwin users: replace .cgi with .exe

cgictest.cgi: cgictest.o libcgic.a
  $(CC) $(CFLAGS)cgictest.o - o cgictest.cgi ${LIBS}

capture: capture.o libcgic.a
  $(CC) $(CFLAGS)capture.o - o capture ${LIBS}

clean:
  rm - f *.o *.a cgictest.cgi capture

(3)编译并优化。编译,生成 capture 的可执行文件和测试用的 cgictest.cgi 文件。
$make
$/opt/cvtech/crosstools_3.4.5_softfloat/gcc - 3.4.5 - glibc - 2.3.6/arm - linux/bin/arm - linux - strip capture

3. 配置 Web 服务器

(1)在文件系统中配置 boa。
$ cd/opt/cvtech/rootfs270/rd
如果 ramdisk.gz 没有解压,请先解压,解压后才会出现 rd 目录。
$mkdir web etc/boa
拷贝刚移植生成的 boa 到文件系统的 sbin/目录下:
$cp/opt/cvtech/boa - 0.94.13/src/boa sbin
拷贝 boa 的配置文件 boa.conf 到 etc/boa 目录下:
$cp/opt/cvtech/boa - 0.94.13/boa.conf etc/boa
修改 boa.conf,配置如下:
Port 80
//监听的端口号,缺省都是 80,一般无需修改

Listen 192.168.1.6
//bind 调用的 IP 地址

User root

Group root
//作为哪个用户运行,即它拥有该用户组的权限,一般都是 root,需要在/etc/group 文件中

有 root 组

ErrorLog /dev/console
//错误日志文件。如果没有以/XXX 开始,则表示从服务器的根路径开始。如果不需要错误日志,则用/dev/null。系统启动后看到的 boa 的打印信息就是由/dev/console 得到。

ServerName yellow
//服务器名称

DocumentRoot /web
//非常重要,这个是存放 html 文档的主目录

DirectoryIndex index.html
//html 目录索引的文件名

KeepAliveMax 1000
//一个连接所允许的 http 持续作用请求最大数目

KeepAliveTimeout 10
//http 持续作用中服务器在两次请求之间等待的时间数,以秒为单位,超时将关闭连接

MimeTypes /etc/mime.types
//指明 mime.types 文件位置

DefaultType text/plain

CGIPath /bin:/usr/bin:/usr/local/bin
//提供 CGI 程序的 PATH 环境变量值

ScriptAlias /cgi-bin/ /web/cgi-bin/
//非常重要,指明 CGI 脚本的虚拟路径对应的实际路径
(2)配置 CGIC 库。
$cd /opt/cvtech/rootfs270/rd/web
$mkdir cgi-bin
拷贝刚移植的 cgic 库和 cgic 测试文件到文件系统的 web/cgi-bin 目录下:
$cp /opt/cvtech/cgic205/capture   cgi-bin/
$cp /opt/cvtech/cgic205/cgictest.cgi   cgi-bin/
保存并生成新的文件系统。重新烧写到实验箱中,开机启动。
(3)测试。

①静态测试。Linux 启动后,启动 boa。

[**root@Cvtech /**]#**boa**

然后在 PC 端打开网页浏览器,输入测试网址:"http://192.168.1.6",就会出现如图 7-21 所示的网页。

图 7-21 访问 web 服务

②cgi 脚本测试。打开浏览器,输入访问地址:"http://192.168.1.6/cgi-bin/cgictest.cgi",即可打开如图 7-22 所示的测试界面。

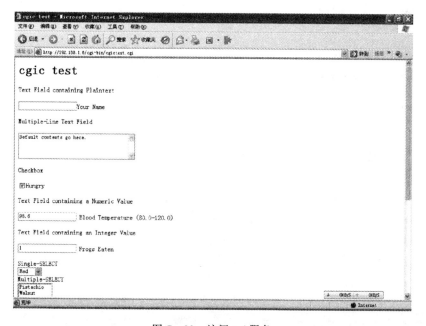

图 7-22 访问 cgi 服务

【实验报告要求】
(1)简述 Web 服务器的移植过程。
(2)思考如何在 Web 中添加显示物联网的信息。

7.14 Linux 下 GPS 定位实验

【实验目的】
(1)掌握 GPS 基本概念。
(2)学习在 Linux 下如何接收 GPS 模块信息。

【实验内容】
(1)接收 GPS 原始信息。
(2)解析 GPS 信息。

【预备知识】
(1)C 语言的基础知识。
(2)程序调试的基础知识和方法。
(3)Linux 的基本操作。
(4)掌握 Linux 下的程序编译与交叉编译过程。
(5)掌握 Linux 下基本的应用程序编写方法。

【实验设备】
(1)硬件:CVT-PXA270 嵌入式实验箱(带 GPS 模块),PC 计算机。
(2)软件:PC 机操作系统 + Linux 开发环境。

【基础知识】

1. GPS 简介

GPS 的英文全名是"Navigation Satellite Timing and Ranging /Global Position System",其意为"卫星测时测距导航/全球定位系统",缩写为 NAVSTAR/GPS,简称 GPS 系统。它是 20 世纪 70 年代由美国陆海空三军联合研制的新一代空间卫星导航定位系统。其主要目的是为陆、海、空三大领域提供实时、全天候和全球性的导航服务,并用于情报收集、核爆监测和应急通信等军事目的,是美国全球战略的重要组成。经过 20 余年的研究实验,耗资 300 亿美元,到 1994 年 3 月,全球覆盖率高达 98%的 24 颗 GPS 卫星星座已布设完成。

全球定位系统由三部分构成:①地面控制部分,由主控站(负责管理、协调整个地面控制系统的工作)、地面天线(在主控站的控制下,向卫星注入寻电文)、监测站(数据自动收集中心)和通信辅助系统(数据传输)组成;②空间部分,由 24 颗卫星组成,分布在 6 个道平面上;③用户装置部分,主要由 GPS 接收机和卫星天线组成。

全球定位系统的主要特点:①全天候;②全球覆盖;③三维定速定时高精度;④快速省时高效率;⑤应用广泛多功能。

全球定位系统的主要用途:①陆地应用,主要包括车辆导航、应急反应、大气物理观测、地球物理资源勘探、工程测量、变形监测、地壳运动监测、市政规划控制等;②海洋应用,包括远洋船最佳航程航线测定、船只实时调度与导航、海洋救援、海洋探宝、水文地质测量以及海洋平台定位、海平面升降监测等；③航空航天应用，包括飞机导航、航空遥感姿态控制、低轨卫星定轨、导弹制导、航空救援和载人航天器防护探测等。

GPS 卫星接收机种类很多，根据型号分为测地型、全站型、定时型、手持型、集成型；根据用途分为车载式、船载式、机载式、星载式、弹载式。经过 20 余年的实践证明，GPS 系统是一个高精度、全天候和全球性的无线电导航、定位和定时的多功能系统。GPS 技术已经发展成为多领域、多模式、多用途、多机型的国际性高新技术产业。该系统是以卫星为基础的无线电导航定位系统。GPS 接收机可接收到可用于授时的准确至纳秒级的时间信息；用于预报未来几个月内卫星所处概略位置的预报星历；用于计算定位时所需卫星坐标的广播星历，精度为几米至几十米（各个卫星不同，随时变化）；以及 GPS 系统信息，如卫星状况等。GPS 接收机对码的量测就可得到卫星到接收机的距离，由于含有接收机卫星钟的误差及大气传播误差，故称为伪距。对 0A 码测得的伪距称为 UA 码伪距，精度为 20m 左右，对 P 码测得的伪距称为 P 码伪距，精度为 2m 左右。GPS 接收机对收到的卫星信号，进行解码或采用其他技术，将调制在载波上的信息去掉后，就可以恢复载波。严格而言，载波相位应被称为载波拍频相位，它是收到的受多普勒频移影响的卫星信号载波相位与接收机本机振荡产生信号相位之差。一般在接收机钟确定的历元时刻量测，保持对卫星信号的跟踪，就可记录下相位的变化值，但开始观测时的接收机和卫星振荡器的相位初值是不知道的，起始历元的相位整数也是不知道的，即整周模糊度，只能在数据处理中作为参数解算。相位观测值的精度高至毫米，但前提是解出整周模糊度，因此只有在相对定位并有一段连续观测值时，才能使用相位观测值，而要达到优于米级的定位精度也只能采用相位观测值。

按定位方式，GPS 定位分为单点定位和相对定位（差分定位）。单点定位就是根据一台接收机的观测数据来确定接收机位置的方式，它只能采用伪距观测量，可用于车船等的概略导航定位。相对定位（差分定位）是根据两台以上接收机的观测数据来确定观测点之间的相对位置的方法，它既可采用伪距观测量也可采用相位观测量，大地测量或工程测量均应采用相位观测值进行相对定位。

在 GPS 观测量中包含了卫星和接收机的钟差、大气传播延迟、多路径效应等误差，在定位计算时还要受到卫星广播星历误差的影响，在进行相对定位时大部分公共误差被抵消或削弱，因此定位精度将大大提高，双频接收机可以根据两个频率的观测量抵消大气中电离层误差的主要部分，在精度要求高，接收机间距离较远时（大气有明显差别），应选用双频接收机。

在定位观测时，若接收机相对于地球表面运动，则称为动态定位，如用于车船等概略导航定位的精度为 30～100m 的伪距单点定位，或用于城市车辆导航定位的米级精度的伪距差分定位，或用于测量放样等的厘米级的相位差分定位（RTK），实时差分定位需要数据链将两个或多个站的观测数据实时传输到一起计算。在定位观测时，若接收机相对于地球表面静止，则称为静态定位，在进行控制网观测时，一般均采用这种方式由几台接收机同时观测，它能最大限度地发挥 GPS 的定位精度，专用于这种目的的接收机被称为大地型接收机，是接收机中性能最好的一类。目前，GPS 已经能够达到地壳形变观测的精度要求，IGS 的常年观测台站已经能构成毫米级的全球坐标框架。

2. GPS 原理

24 颗 GPS 卫星在离地面 12 000km 的高空上，以 12h 的周期环绕地球运行，使得在任意时刻,在地面上的任意一点都可以同时观测到 4 颗以上的卫星。由于卫星的位置精确可知,在 GPS 观测中,我们可得到卫星到接收机的距离,利用三维坐标中的距离公式,利用 3 颗卫星,就可以组成 3 个方程式,解出观测点的位置(X,Y,Z)。

考虑到卫星的时钟与接收机时钟之间的误差,实际上有 4 个未知数,X、Y、Z 和钟差,因而需要引入第 4 颗卫星,形成 4 个方程式进行求解,从而得到观测点的经纬度和高程。事实上,接收机往往可以锁住 4 颗以上的卫星,这时,接收机可按卫星的星座分布分成若干组,每组 4 颗,然后通过算法挑选出误差最小的一组用作定位,从而提高精度。由于卫星运行轨道、卫星时钟存在误差,大气对流层、电离层对信号的影响,以及人为的 SA 保护政策,使得民用 GPS 的定位精度只有 100m。为提高定位精度,普遍采用差分 GPS(DGPS)技术,建立基准站(差分台)进行 GPS 观测,利用已知的基准站精确坐标,与观测值进行比较,从而得出一修正数,并对外发布。接收机收到该修正数后,与自身的观测值进行比较,消去大部分误差,得到一个比较准确的位置。实验表明,利用差分 GPS,定位精度可提高到 5m。

3. GPS 模块

目前市场上的 GPS 模块有很多种,大多数是符合民用标准的,精度在 5～100m。一般的 GPS 模块通电后,会自动搜索卫星信号,并且把计算好的数据从串口输出。大部分 GPS 模块有两个串行接口(UART),一个用于配置模块,另一个用于输出卫星数据。波特率为 4 800bps 或 9 600bps,高一些的可以达到 38 400bps。

4. 关键代码

串口切换部分,参看硬件设计说明。

```
void uart_switch_init(void)
{
    char *Dev="/dev/uart_switch";
    uartswitchfd=OpenDev(Dev);
    ioctl(uartswitchfd,3);
}
```

串口初始化部分,设置波特率为 4 800。

```
void gps_init()
{
    int pfd,cfd;
    int nread;
    char buff[512];
    char *dev="/dev/ttyS1";
    ttyfd=OpenDev(dev);
    printf("test1\n");
    if(ttyfd>0)
        set_speed(ttyfd,4800);
    else
```

```
    {
        printf("Can't Open Serial Port!\n");
        exit(0);
    }
    if (set_Parity(ttyfd,8,1,'N')==FALSE)
    {
        printf("Set Parity Error\n");
        exit(1);
    }
    printf("test2\n");
}
```

GPS 信息解析部分。

```
static void ProcessMsgGPS(GPSINFO *pinfo, UInt8 *pMsg, UInt8 len)
{
    UInt8   buf[LEN_MSG_GPS+2];    // Buffer.
    UInt8*  params[MAX_PARAMS];    // parameters.
    UInt8   numParam;              // numbers of parameters.
    UInt8*  pParam;                // pt.
    UInt8*  pComma;

    printf("ProcessMsgGPS\n");
    // --- search identification "GP". ---
    if (strstr(pMsg, "GP")==0)
        return;

    // --- parser parameters. ---
    strcpy(buf, pMsg+6);
    strcat(buf, ",*");
    numParam=0;
    pParam=buf;
    while (*pParam !='*')
    {
        pComma=strchr(pParam, ',');
        params[numParam++]=pParam;
        *pComma=0;
        pParam=pComma +1;
    }
```

```
            // --- process parameters. ---
            if(strstr(pMsg+2, "GGA")!=0)
            {
                // GPGGA
                GetTime(pinfo, params[0]);                  // get UTC time

                GetLatitude(pinfo, params[1]);              // get latitude
                pinfo -> latNS=*params[2];                  // latitude : N or S
                GetLongitude(pinfo, params[3]);             // get longitude
                pinfo -> lgtEW=*params[4];                  // longitude : E or W
                pinfo -> satellites=atoi(params[6]);        // Number of satellites in use
                pinfo -> altitude=atoi(params[8]);          // altitude
                pinfo -> altUnit=*params[9];                // M=Meters

                /*设置接收到GPGGA标记 */
                pinfo -> bIsGPGGA=1;
            }
            else if(strstr(pMsg+2, "VTG")!=0)
            {
            }
        }
```

【实验步骤】

(1) CVT-PXA270 嵌入式网关开机。

(2) 打开虚拟机,进入对应工作目录。

$cd /opt/cvtech/examples2.6

$cd gpstest

(3) 编译 gpstest 程序。

$make clean

$make

$cp gps /tftpboot

如果编译正确,将生成 gps 程序。

(4) 下载 gps 程序到 CVT-PXA270 中调试。通过 ftp 或者 nfs 将第4步编译的程序 gps 下载到 CVT-PXA270 的 Linux 的/mnt/nfs 目录下。下载完成后,可以使用 ls 命令查看该文件是否存在,如果存在,则在控制台输入如下命令,结果如图 7-23 所示。

#mount 192.168.1.180:/tftpboot/ /mnt/nfs/ -o nolock

#cd /mnt/nfs/

#./gps

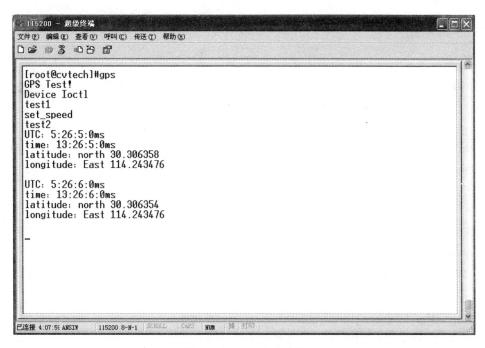

图 7-23 GPS 实验结果

7.15 Linux 下 USB 摄像头实验

【实验目的】
学习 CVT-PXA270 作嵌入式网关摄像头操作。

【实验内容】
(1)学习如何把摄像头运用到实验箱中。
(2)学习如何移植驱动到 Linux 内核中。

【预备知识】
(1)C 语言的基础知识。
(2)程序调试的基础知识和方法。
(3)Linux 的基本操作。
(4)掌握 Linux 下的程序编译与交叉编译过程。
(5)掌握 Linux 下基本的应用程序编写方法。

【实验设备】
(1)硬件:CVT-PXA270 嵌入式实验箱,PC 计算机。
(2)软件:PC 机操作系统 + Linux 开发环境。

【基础知识】

1. 源码获取

Z301 系统芯片组的 USB 摄像头移植。

用的源码包为：gspcav1 – 20071224.tar.gz　芯片组驱动。

　　　　　　　spcaview – 20061208.tar.gz

　　　　　　　servfox – R1_1_3.tar.gz

"http://mxhaard.free.fr"是一个专门制作 USB 摄像头驱动的开源网站。可修改 gspcav1 – 20071224.tar.gz，然后移植到内核 linux2.6.26 中。

2. 修改驱动源码

实验室提供的内核源码包中，已经完成了驱动移植的过程，可以直接使用。下面的步骤仅供学习参考。

(1) 解压 USB 摄像头驱动 gspcav1 – 20071224.tar.gz 到 linux 内核 drievers/media/vidoe 目录下。

```
$tar   zxvf  gspcav1 – 20071224. tar. gz
/home/cvtech/jx2410/linux2. 6. 26/drivers/media/video
$mv   gspcav1 – 20071224   gspcav
```

(2) 修改驱动源码。修改文件 drievers/media/video/Kconfig，在 854 行左右添加如下内容。

```
config USB_OV511
      tristate "USB OV511 Camera support"
      depends on VIDEO_V4L1
      --- help ---
      Say Y here if you want to connect this type of camera to your
      computer's USB port. See <file:Documentation/video4linux/ov511.txt>
      for more information and for a list of supported cameras.

      To compile this driver as a module，choose M here: the
      module will be called ov511.
config USB_SPCA5XX
      tristate "USB SPCA5XX Sunplus/Vimicro/Sonix jpeg Cameras"
      depends on USB && VIDEO_V4L1
      --- help ---
      Say Y or M here if you want to use one of these webcams:

      The built – in microphone is enabled by selecting USB Audio support.

      This driver uses the Video For Linux API. You must say Y or M to
      "Video For Linux" (under Character Devices) to use this driver.
```

Information on this API and pointers to "v4l" programs may be found at <file:Documentation/video4linux/API.html>.

To compile this driver as a module, choose M here: the module will be called spca5xx.

修改文件"drivers/media/video/Makefile",在 110 行左右添加内容如下:
obj -$(CONFIG_USB_OV511)   += ov511.o
obj -$(CONFIG_USB_SPCA5XX)   +=   gspcav/

修改文件"drivers/media/video/gspcav/Makefile",内容如下:
gspca - objs :=gspca_core.o decoder/gspcadecoder.o
obj -$(CONFIG_USB_SPCA5XX)+= gspca.o
clean:
    rm - f *.[oas] .*.flags *.ko .*.cmd .*.d .*.tmp *.mod.c
    rm - rf .tmp_versions

修改文件"drivers/media/video/gspcav/gspcav_core.c",在 35 行添加内容如下:
static const char gspca_version[ ]='01.00.20';
#define VID_HARDWARE_GSPCA 0xFF

(3)配置内核。修改完毕后,输入 **$make menuconfig**,配置内核如下:
Device Drivers →
    Multimedia devices →
        <*> Video For Linux
    [*]Enable Video For Linux API 1 (DEPRECATED)
    -*- Enable Video For Linux API 1 compatible Layer
    [*]Video capture adapters→
        [*]Autoselect pertinent encodes/decoders and other helper chips
        [*]V4L USB devices   →
            <*> USB SPCA5XX Sunplus/Vimicro/Sonix jpeg Cameras

退出,保存,重新编译内核,下载到实验箱中,系统启动后,插入 USB 摄像头,会正确识别摄像头,同时会在/dev/目录下产生名为"video0"的设备,如图 7 - 24 所示。

(4)编译应用程序。分别解压缩 spcaview - 20061208.tar.gz 和 servfox - R1_1_3.tar.gz:
    $ tar   zxvf   servfox - R1_1_3. tar. gz   /home/cvtech/jx2410
    $ tar   zxvf   spcaview - 20061208. tar. gz   /home/cvtech/jx2410
    $ cd   spcaview - 20061208
    $ make

得到 spcaview 采集的应用程序:
    $ cd   servfox - R1_1_3
    $ cp   Makefile. arm   Makefile

修改 Makefile 并编译:
CC=/usr/local/arm/crosstools_3.4.5_softfloat/gcc - 3.4.5 - glibc - 2.3.6/arm - linux/bin/arm -

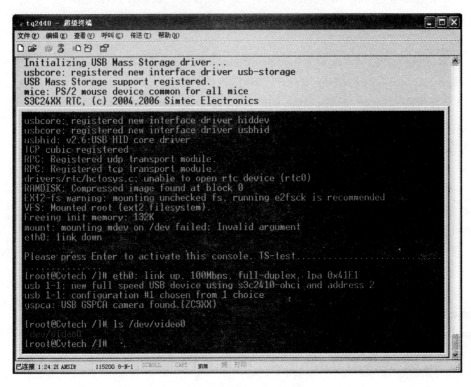

图 7-24 摄像头实验结果

linux-gcc

#make

得到 servfox 程序。把 servfox 放到文件系统当中,得到新的 ramdisk.gz。

【实验步骤】

(1)CVT-PXA270 嵌入式网关开机。

(2)打开虚拟机,进入对应工作目录,按照上面理论对应知识,编译出内核与应用程序。重新下载运行 linux,系统启动后,插入 USB 摄像头,在超级终端中,输入命令如下(启动 USB 摄像头),实验输出结果如图 7-25 所示。

#cd bin

#./servfox -d /dev/video0 -g -s 640x480 -w 7070

在 PC 端的 linux 中,输入命令:

$cd /opt/cvtech/spcaview-20061208/

$./spcaview -g -w 192.168.1.6:7070

获取的摄像头抓拍画面效果如图 7-26 所示。

第 7 章 嵌入式 Linux 操作系统实验

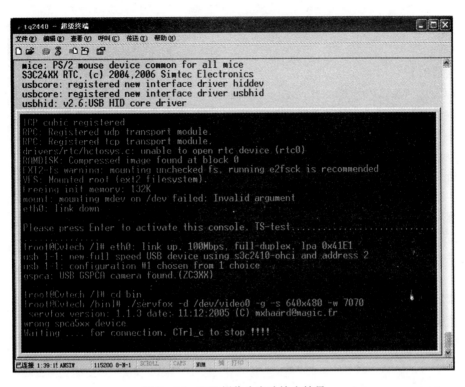

图 7-25 USB 摄像头实验输出结果

图 7-26 摄像头拍摄回来的画面

7.16 Linux 下 QT 编程实验

【实验目的】
学习 CVT-PXA270 作嵌入式网关 QT 编程。

【实验内容】
(1)建立 Qtopia-2.2 的开发平台。
(2)编写一个 QT 应用程序,在嵌入式平台图形界面中实现相关操作。

【预备知识】
(1)C 语言的基础知识。
(2)程序调试的基础知识和方法。
(3)Linux 的基本操作。
(4)掌握 Linux 下的程序编译与交叉编译过程。
(5)掌握 Linux 下基本的应用程序编写方法。
(6)掌握 Linux 下 C++的基础知识。

【实验设备】
(1)硬件:CVT-PXA270 嵌入式实验箱,PC 计算机。
(2)软件:PC 机操作系统 + Linux 开发环境。

【基础知识】
Qt/Embedded 开发一个嵌入式应用的过程。
(1)选定嵌入式硬件平台。
(2)在工作的机器上安装 Qt/Embedded 工具开发包。
(3)根据目标硬件平台,交叉编译 Qt/Embedded 的库。
(4)在工作的机器上进行应用程序的编码、调试。
(5)根据目标硬件平台,交叉编译嵌入式应用。
(6)在嵌入式硬件设备上调试运行应用。
(7)发布嵌入式应用。

【实验步骤】
(1)实验系统提供的 QT 源码如图 7-27 所示。把 QT 源码拷贝到/opt/cvtech/Qte 目录下。
cvt-x86-qtopia-2.2.0-konqueror_build 是编译 X86 下 QT 的脚本。
cvt-arm-qtopia-2.2.0-konqueror_build 是编译 ARM 下 QT 的脚本。
(2)使用 X86 脚本编译 QT(不建议使用 PC 仿真)。这里假设以上的软件包已经全部拷贝到 PC 的 Linux 中,且存放目录为/opt/cvtech/Qte,在 PC 的 Linux 的终端执行如下命令编译 QT。
　　$cd　/opt/cvtech/Qte/
　　$./cvt-x86-qtopia-2.2.0-konqueror_build
这里使用的是 Fedora10,是完全安装的,Fedora10 完全安装大概需要 4.8G 的空间,如果不完全安装会导致编译出错,原因是缺少必要的库。
编译完成后,执行环境变量设置命令:
$source setX86_QpeEnv

第 7 章 嵌入式 Linux 操作系统实验 · 241 ·

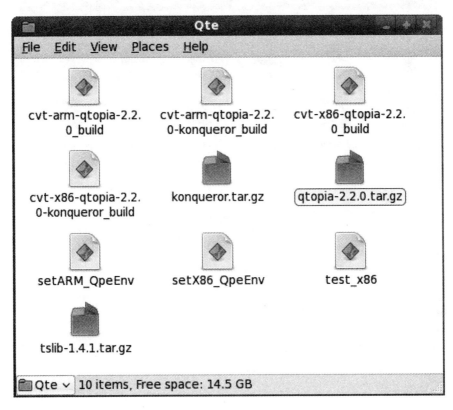

图 7-27 实验系统提供的 QT 源码

$. /test_x86

开始 X86 下的 QT 环境仿真，如图 7-28 所示。

(3)使用 ARM 脚本编译 QT(后面的实验都是按照 ARM 的环境进行)。

$. /cvt-arm-qtopia-2.2.0-konqueror_build

注意：需使用交叉编译器来编译。而且交叉编译得到的 QT 只能在 ARM 平台运行。

(4)"hello Qt"初探。第一次 Qt 程序将实现以下功能：按下设置的 open 按钮后，显示出"hello cvtech"的打印信息，按下 close 按钮后，退出该应用程序。

①建立工程文件。

在 PC 的 Linux 的/opt/cvtech/Qte/arm-qtopia-2.2.0/pro 目录下新建一个名为 hello 的目录，命令如下：

[root@cvtech Qte]$ source setARM_QpeEnv

[root@cvtech Qte]$ cd arm-qtopia-2.2.0/

[root@cvtech arm-qtopia-2.2.0]$ mkdir pro/hello

在后台启动 QT 的设计器：

[root@cvtech arm-qtopia-2.2.0]$ qt2/bin/designer &

新建项目文件，选择工具栏 File -> new -> Widget，然后点击 OK 按钮(图 7-29)。
设置 Form1 的属性，修改 name 为 hello，修改 caption 为 Hello Cvtech!!!。

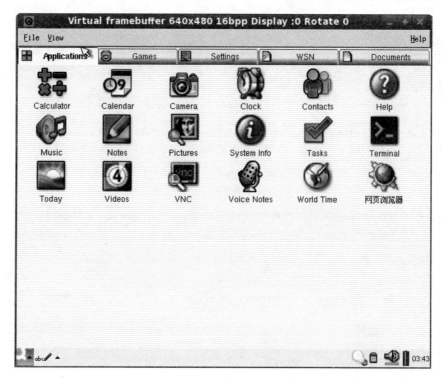

图 7-28　X86 下的 QT 环境仿真

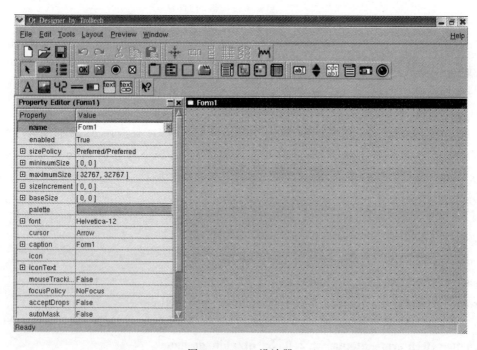

图 7-29　QT 设计器

第 7 章 嵌入式 Linux 操作系统实验

添加两个按钮 OK,分别修改 name 为 obutton 和 cbutton,分别修改 text 为 open 和 close。

然后再添加一个 text 图标 A,修改其 name 为 Tlabel,修改 text 为空。这里也可以设置 text 的字体大小。设置完成后,如图 7-30 所示。

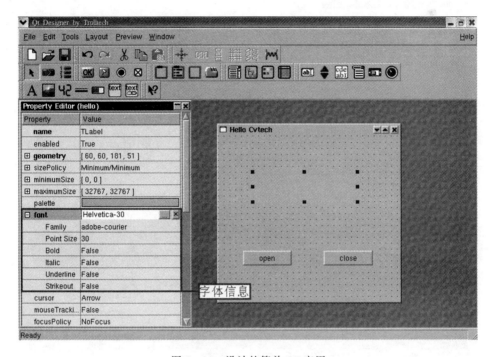

图 7-30 设计的简单 QT 应用

接下来添加按钮事件响应函数:选择工具栏中的 Edit -> slot,新建两个函数,分别为 open() 和 close(),如图 7-31 所示。

下面的操作涉及到了 QT 中的信号和槽(slot)的概念,槽实际上是按钮的对相应操作事件的响应函数。如图 7-32 所示,完成 open 按钮和 close 按钮的链接。点击按钮 ,然后点住 open 按钮不要松开,向上拉动到 Form1 的空白地方。

同样的方法,建立 close 按钮的 click 事件与 close()槽的关联,如图 7-33 所示。

由于系统自带 close 函数,因此不需要自己建立 close 函数。在 Edit -> slot 中去除 close()函数,如图 7-34 所示。

完成以上操作后,点击工具栏 File -> save,保存用户界面文件(.ui 文件)并退出设计器,如图 7-35 所示。

每次修改*.ui 文件后,必须使用下面的方法重新生成源码,否则会出现编译出错的情况。

②产生源代码。

[root@cvtech arm-qtopia-2.2.0]$cd pro/hello/

[root@cvtech hello]$ $QTDIR/bin/uic -o hello.h hello.ui

[root@cvtech hello]$ $QTDIR/bin/uic -o hello.cpp -impl hello.h hello.ui

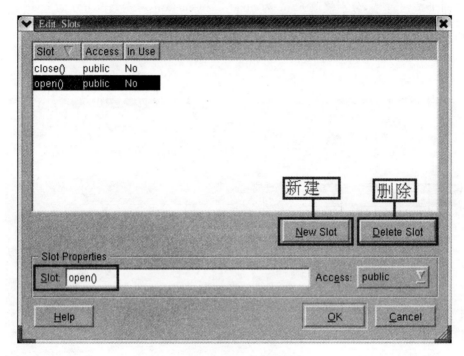

图 7-31 添加按钮事件响应函数

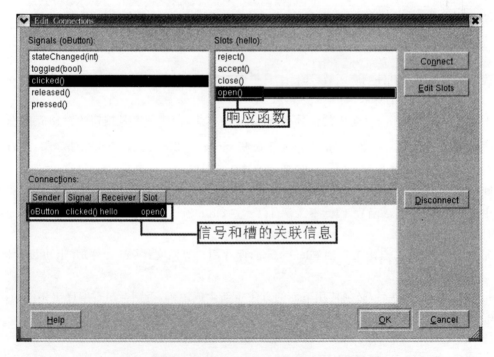

图 7-32 将 open 按钮的 click 事件与 open() 槽关联

第 7 章　嵌入式 Linux 操作系统实验

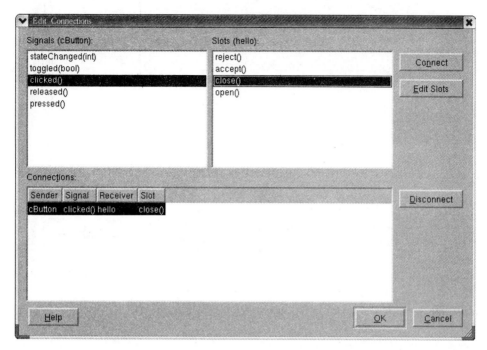

图 7-33　将 close 按钮的 click 事件与 close() 槽关联

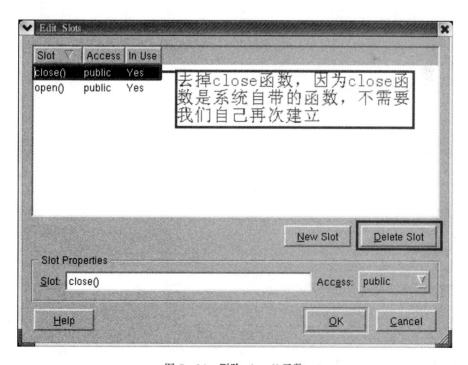

图 7-34　删除 close() 函数

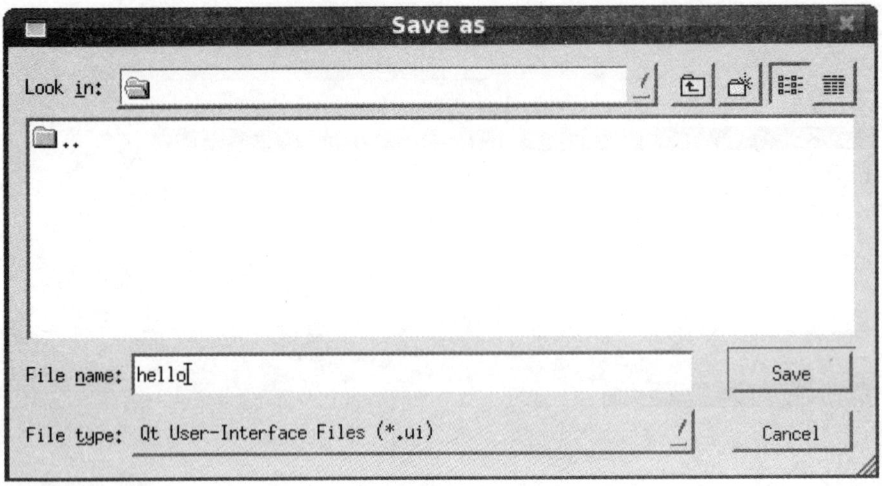

图 7-35 保存用户界面文件

[root@cvtech hello] $ $QTDIR/bin/moc　hello.h -o　moc_hello.cpp

③添加 main.cpp。

[root@cvtech hello] $gedit　main.cpp

输入如图 7-36 所示的内容。

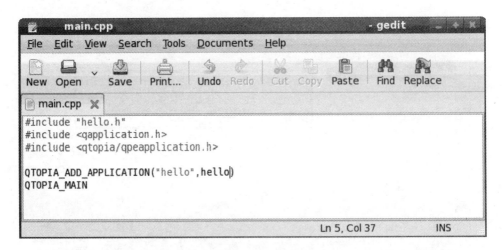

图 7-36 编辑源文件

④产生 hello.pro 文件。

[root@cvtech hello] $progen

[root@cvtech hello] $progen -o hello.pr

[root@cvtech hello] $gedit hello.pro

修改 hello.pro 内容,如图 7-37 所示。

⑤生成 Makefile 文件。

第 7 章 嵌入式 Linux 操作系统实验

图 7-37　hello.pro 文件的内容

[root@cvtech hello]$tmake -o Makefile hello.pro

[root@cvtech hello]$gedit Makefile

找一个图片作为 hello 程序的图标，命名为 hello.png。新建 hello.desktop 启动器，内容如图 7-38 所示。

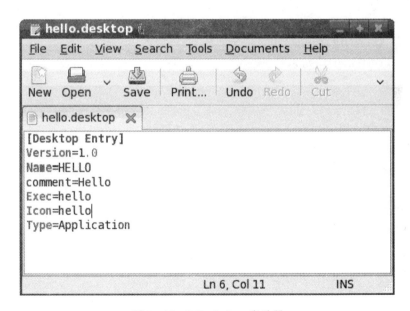

图 7-38　hello.desktop 启动器

⑥修改 hello.cpp 文件。

在 hello::open()函数中添加代码如下：

void hello::open()

{

```
    TLabel->setText(tr("Hello Cvtech!"));
    //qWarning( "hello::open(): Not implemented yet!" );
}
```
⑦移植到 CVT-PXA270 实验箱中。

[root@cvtech Qte] $cd arm-qtopia-2.2.0/pro/ -rf
[root@cvtech Qte] $source setARM_QpeEnv
[root@cvtech Qte] $cd arm-qtopia-2.2.0/pro/hello/
[root@cvtech hello] $tmake -o Makefile hello.pro
[root@cvtech hello] $gedit Makefile

修改 Makefile 文件如下：

```
#######Compiler, tools and options

CC       =    arm-linux-gcc
CXX      =    arm-linux-g++
CFLAGS   =   -pipe -Wall -W -O2 -DNO_DEBUG
CXXFLAGS =-pipe -DQWS -fno-exceptions -fno-rtti -Wall -W -O2 -DNO_DEBUG
INCPATH  =   -I$(QTDIR)/include -I$(QPEDIR)/include
LINK     =    arm-linux-gcc
LFLAGS   =
LIBS     =    $(SUBLIBS)-L$(QPEDIR)/lib -L$(QTDIR)/lib -lm -lqpe -lqtopia -lqte
MOC      =    $(QTDIR)/bin/moc
UIC      =    $(QTDIR)/bin/uic

TAR      =    tar -cf
GZIP     =    gzip -9f


#######Files


HEADERS=   hello.h
SOURCES=   hello.cpp \
     main.cpp
OBJECTS=   hello.o \
     main.o
INTERFACES=   hello.ui
UICDECLS=   hello.h
UICIMPLS=   hello.cpp
SRCMOC   =   moc_hello.cpp
OBJMOC   =   moc_hello.o
DIST     =
```

```
TARGET    =    hello
INTERFACE_DECL_PATH=.

####### Implicit rules

.SUFFIXES: .cpp .cxx .cc .C .c

.cpp.o:
    $(CXX)-c $(CXXFLAGS)$(INCPATH)-o $@ $<

.cxx.o:
    $(CXX)-c $(CXXFLAGS)$(INCPATH)-o $@ $<

.cc.o:
    $(CXX)-c $(CXXFLAGS)$(INCPATH)-o $@ $<

.C.o:
    $(CXX)-c $(CXXFLAGS)$(INCPATH)-o $@ $<

.c.o:
    $(CC)-c $(CFLAGS)$(INCPATH)-o $@ $<

####### Build rules

all: $(TARGET)
    cp hello /opt/cvtech/qtroot/qtrootfs/bin
    cp hello.png /opt/cvtech/qtroot/qtrootfs/pics
    cp hello.desktop /opt/cvtech/qtroot/qtrootfs/apps/WSN

$(TARGET): $(UICDECLS)$(OBJECTS)$(OBJMOC)
    $(LINK)$(LFLAGS)-o $(TARGET)$(OBJECTS)$(OBJMOC)$(LIBS)

moc: $(SRCMOC)

tmake: Makefile

Makefile: hello.pro
    tmake hello.pro -o Makefile
```

dist:
    $(TAR)hello.tar hello.pro $(SOURCES)$(HEADERS)$(INTERFACES)$(DIST)
    $(GZIP)hello.tar

clean:
    -rm -f $(OBJECTS) $(OBJMOC) $(DESKTOP) $(ICON) $(TARGET)
    -rm -f *~ core

#######Sub-libraries
######Combined headers
#######Compile

hello.o: hello.cpp \
        hello.h \
        hello.ui

main.o: main.cpp \
        hello.h \
        /opt/cvtech/Qte/arm-qtopia-2.2.0/qtopia/include/qtopia/qpeapplication.h

hello.h: hello.ui
    $(UIC)hello.ui -o $(INTERFACE_DECL_PATH)/hello.h

hello.cpp: hello.ui
    $(UIC)hello.ui -i hello.h -o hello.cpp

moc_hello.o: moc_hello.cpp \
        hello.h

moc_hello.cpp: hello.h
    $(MOC)hello.h -o moc_hello.cpp

执行如下命令,编译程序:
[root@cvtech hello]$make

接下来,重新生成新的 Qt CRAMFS 文件系统 qt-2.2。将其放入 U 盘中。重新启动实验箱,查看 hello 程序是否成功,结果如图 7-39 所示。

第 7 章 嵌入式 Linux 操作系统实验

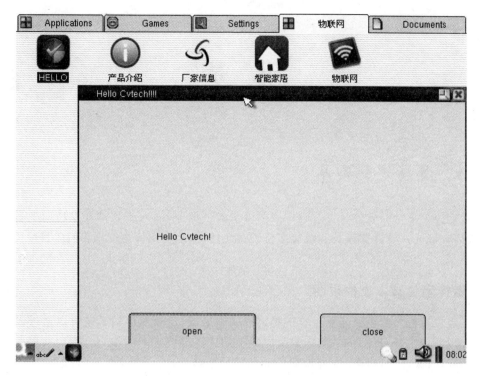

图 7-39 在 QT 上测试新建的程序

附 录

附录 A 链接定位脚本

链接定位是系统级软件开发过程中必不可少的一部分,嵌入式软件开发均属于系统级开发,绝大部分嵌入式软件都涉及到链接定位脚本文件;链接定位脚本使得我们的目标代码组织更加灵活。

1. 链接定位脚本文件说明

链接定位过程一般由链接器根据链接定位脚本完成,比较简单的系统可以通过设置链接器开关选项取代链接定位脚本;链接定位的关键是链接定位脚本的编写。我们从典型的目标文件结构开始,来介绍链接定位脚本文件的编写。图 A-1 是该系统一个目标文件的典型组织。

```
Section Headers:
  [Nr] Name            Type        Addr      Off    Size   ES Flg Lk Inf Al
  [ 0]                 NULL        00000000 000000 000000 00      0   0  0
  [ 1] .text           PROGBITS    0c700000 008000 00d950 00  AX  0   0  4
  [ 2] .glue_7         PROGBITS    0c70d950 015950 000000 00  AX  0   0  4
  [ 3] .glue_7t        PROGBITS    0c70d950 015950 000000 00  AX  0   0  4
  [ 4] .data           PROGBITS    0c70d950 015950 000790 00  WA  0   0  4
  [ 5] .rodata         PROGBITS    0c70e0e0 0160e0 000f5c 00  A   0   0  4
  [ 6] .bss            NOBITS      0c70f040 017040 002798 00  WA  0   0 16
  [ 7] .debug_info     PROGBITS    00000000 017040 02db29 00      0   0  1
  [ 8] .debug_line     PROGBITS    00000000 044b69 00c92a 00      0   0  1
  [ 9] .debug_abbrev   PROGBITS    00000000 051493 0048e8 00      0   0  1
  [10] .debug_frame    PROGBITS    00000000 056320 002928 00      0   0  4
  [11] .debug_aranges  PROGBITS    00000000 058c48 000a20 00      0   0  8
  [12] .debug_pubnames PROGBITS    00000000 059668 0013ce 00      0   0  1
  [13] .shstrtab       STRTAB      00000000 05aa36 000097 00      0   0  1
  [14] .symtab         SYMTAB      00000000 05ad50 002290 10     15 127  4
  [15] .strtab         STRTAB      00000000 05cfe0 0012d5 00      0   0  1
Key to Flags:
  W (write), A (alloc), X (execute), M (merge), S (strings)
  I (info), L (link order), G (group), x (unknown)
  O (extra OS processing required) o (OS specific), p (processor specific)
```

图 A-1 目标文件典型组织图

其中第二栏开始分别展示了该文件各个段(Sections)的属性:名称(Name)、类型(Type)、地址(Addr)、偏移(Offs)、大小(Size)、固定单元大小(Es)、标志(Flg)、连接依赖(Lk)、附加属性(Inf)、字节对其宽度(Al)。

地址部分(Addr)描述了这一段在目标系统中的地址,而偏移(Offs)则记载了该段在目标文件中的偏移,大小(size)表示该段的实际长度;比如上图中".Text"段的地址为 0x0c700000,偏移为 0x008000,大小为 0x00d950,说明该段位于文件的偏移 0x008000 处,它将被下载到目标板 0x0c700000 处。

从段的分类来看,第 7 段以后的内容仅仅与调试有关,涉及到定位的也就是前面几段:".text"、".data"、".rodata"、".bss",下面是一个具体的链接定位脚本文件。

```
SECTIONS {
    .= 0x0c200000;         /*赋当前地址,后续的代码将从该地址开始存放*/
    .text:{(.text)}        /*.text 段表示代码段,从 0x0c200000 开始放置代码*/
    Image_RW_Base=.;       /*RW(可写数据)基址,实际上是在这里声明了一个全局符号,
我们可以在程序中使用该符号,它等同于在代码中声明一个全局变量,但它的值由链接器指定,在这里"=."表示该符号的值等于当前地址;下面的定义类似*/
    .data:{(.data)}        /*数据段,保存已经初始化的全局数据    */
    .rodata:{*(.rodata)}   /*只读数据段,保存已经初始化的全局只读数据*/
    Image_ZI_Base=.;       /*ZI 基地址,需要清零的区域 zero init*/
    .bss:{*(.bss)}         /*堆栈段,未初始化的全局变量也保存在此*/
    __bss_start__=.;       /*bss 的基地址*/
    __bss_end__=.;         /*bss 的结束地址*/
    __EH_FRAME_BEGIN__=.;  /*FRAME 开始地址(基地址)*/
    __EH_FRAME_END__=.;    /*FRAME 结束地址,gcc 编译器使用*/
    PROVIDE(__stack=.);    /*当前地址赋给栈,栈地址一般是可读写区最高处*/
    end=.;                 /*结束地址*/
    _end=.;                /*结束地址*/
    .debug_info     0:{*(.debug_info)   }    /*调试信息*/
    .debug_line     0:{*(.debug_line)   }    /*调试信息*/
    .debug_abbrev   0:{*(.debug_abbrev) }    /*调试信息*/
    .debug_frame    0:{*(.debug_frame)  }    /*调试信息*/
}
```

text 段是程序代码段,紧随其后的是几个符号定义,它们是由编译器在编译连接时自动计算的,当我们在链接定位文件中申明这些符号后,编译连接时,该符号的值会自动代入到源程序的引用中,如果你想进一步了解链接定位的一些含义,可以参考编程手册中的 ld 一章。

data 段的起始位置也是由链接定位文件所确定,大小在编译连接时自动分配,它和我们的程序大小没有关系,但和程序使用到的全局变量、常量数量相关。

bss 的初始值也是由我们自己定义的链接定位文件所确定,我们应该将它定义在可读写的 RAM 区内,STACK 的顶部在可读写的 RAM 区的最后,我们可以非常灵活地定义其起点和大小,但对大部分情况来说,程序区在 ROM 或 Flash 中,可读写区域在 SRAM 或 DRAM 中,我们可以考虑一下自己程序规模,函数调用规模,存储器组织,然后参照一个链接定位文件稍加修改就可以了。

2. 链接定位脚本修改实例

```
SECTIONS {
    .= 0x00000000;                  /*将代码段起始地址修改到 0*/
    .text:{*(.text)}
    Image_RW_Base=.;
    .= 0xc0000000                   /*设置数据段从 0xc0000000 开始存放*/
    .data:{*(.data)}
    .= 0xd0000000                   /*设置只读数据段从 0xd0000000 开始存放*/
    .rodata:{*(.rodata)}
    Image_ZI_Base=.;
    .bss:{*(.bss)}

    Image_ZI_Limit=.;               /*申明一个符号 download_size*/
    download_size=SIZEOF(.text)+SIZEOF(.data)+SIZEOF(.rodata)+SIZEOF(.bss);
    __bss_start__=.;
    __bss_end__=.;
    __EH_FRAME_BEGIN__=.;
    __EH_FRAME_END__=.;
    PROVIDE(__stack=.);
    end=.;
    _end=.;
    .debug_info      0:{*(.debug_info)  }
    .debug_line      0:{*(.debug_line)  }
    .debug_abbrev    0:{*(.debug_abbrev)}
    .debug_frame     0:{*(.debug_frame) }
}
```

附录 B ANSI C 和 GCC 库文件的使用及设置

1. 运用 GNU 运行库

我们可以通过在连接字符串中添加-lm、-lc、-lgcc 来分别加入 3 个 GNU 的运行库,每个参数的具体说明如下：

-lm 代表链接器将连接 GCC 的数学库 libm.a；

-lc 代表链接器将连接 GCC 的标准 C 库 libc.a；

-lgcc 代表链接器将连接 GCC 的支持库 libgcc.a；

在连接时,这些库的排列顺序一般为：-lm、-lc、-lgcc；我们可以根据各自的需要选择添加这些库。这些库都有不同版本,根据 Endian 模式、ARM/THUMB/Interwork 模式等进行区分,下面具体介绍以下这些不同版本库的组织。

2. 文件的组织

可以在程序中使用标准 C 库函数以及 GCC 提供的库函数,那样可以很方便地实现 strcmp、memcpy 等操作,这时我们需要将 ANSI C 库和 GCC 库连接到目标码中。而这些只需要简单的进行一些设置,即可将实现目标。

下面以 ADS 为例简要介绍一下 ANSI C 库和 GCC 库的设置。在 ADS 安装目录下有一个目录 gnutools,它的子目录结构如图 B-1 所示。

在图 B-1 所示的目录结构中包括了 ANSI C 和 GCC 库。ANSI C 库位于 gnutools\arm-elf\lib 目录下,GCC 库位于 gnutools\lib 目录下,同时在每一套库下包含了不同的版本:BIG-ENDIAN、LITTLE-ENDIAN、THUMB、ARM 以及 INTERWORK。各自的版本位置如下。

(1)ANSI C 库。

▼ ARM LITTLT-ENDIAN 版本:gnutools\lib

▼ ARM INTERWORK LITTLT-ENDIAN 版本:gnutools\lib\arm-inter

▼ ARM BIG-ENDIAN 版本:gnutools\lib\arm-big

▼ ARM INTERWORK BIG-ENDIAN 版本:gnutools\lib\arm-inter-big

▼ THUMB LITTLT-ENDIAN 版本:gnutools\lib\thumb

▼ THUMB INTERWORK LITTLT-ENDIAN 版本:gnutools\lib\thumb-inter

▼ THUMB BIG-ENDIAN 版本:gnutools\lib\thumb-big

▼ THUMB INTERWORK BIG-ENDIAN 版本:gnutools\lib\thumb-inter-big

(2)GCC 库。

▼ ARM LITTLT-ENDIAN 版本:gnutools\lib\gcclib\arm-elf\3.0.4\

▼ ARM INTERWORK LITTLT-ENDIAN 版本:gnutools\lib\gcc-lib\arm-elf\3.0.4\arm-inter

▼ ARM BIG-ENDIAN 版本:gnutools\lib\gcc-lib\arm-elf\3.0.4\arm-big

▼ THUMB LITTLT-ENDIAN 版本:gnutools\lib\gcc-lib\arm-elf\3.0.4\thumb

▼ THUMB INTERWORK LITTLT-ENDIAN 版本:gnutools\lib\gcc-lib\arm-elf\3.0.4\thumb-inter

▼ THUMB BIG-ENDIAN 版本:gnutools\lib\gcc-lib\arm-elf\3.0.4\thumb-big

3. 配置实例

在设置库文件的搜索路径时,需要考虑目标板的具体配置,主要指大小端模式(BIG ENDIAN/LITTLE ENDIAN),以及使用的指令集(ARM/ARM INTERWORK/THUMB/THUMB INTERWORK),为了方便起见,下面给出了一些库文件的设置例子。

(1)配置实例一。

使用 ANSI C 库和 GCC 库,目标机采用 LITTLE-ENDIAN,代码使用 ARM 指令集。

① 在项目设置的 Link 页设置项目所包含的库(Include Objects and Library Modules):添加-lc 和-lgcc,以便连接时连接 ANSI C 库和 GCC 库(图 B-2)。

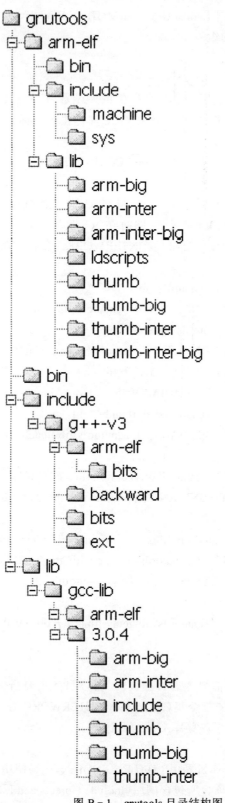

图 B-1　gnutools 目录结构图

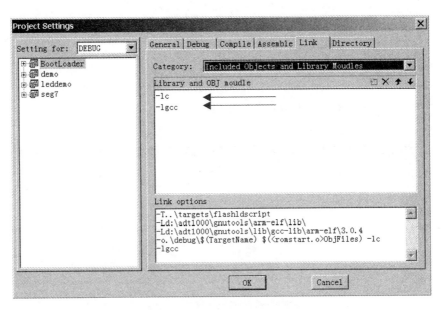

图 B-2 设置项目所包含的库

② 在项目设置的 Link 页设置库的搜索路径（Library search path）：在图 B-3 中添加了 d:\adt1000\gnutools\arm-elf\lib 和 d:\adt1000\gnutools\lib\gcc-lib\arm-elf\3.0.4，分别设置了 ANSI 库和 GCC 库的路径，但我们需要根据自己的安装路径修改这两个路径，即将 d:\adt1000 更改为我们的实际安装目录，以下涉及到库搜索路径也需要做相同处理。

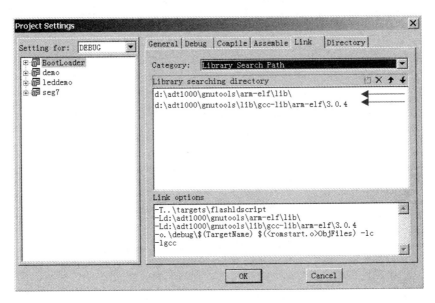

图 B-3 设置项目包含的库的搜索路径

注意事项：

我们系统默认使用 LITTLE－ENDIAN 模式，如果我们修改过编译器和汇编器的有关大小端设置，请确认并将各自设置回 LITTLE－ENDIAN 模式。

(2)配置实例二。

使用 ANSI C 库和 GCC 库，目标机采用 BIG－ENDIAN，代码使用 ARM 指令集。

①设置编译器产生 BIG－ENDIAN 代码（图 B-4）。

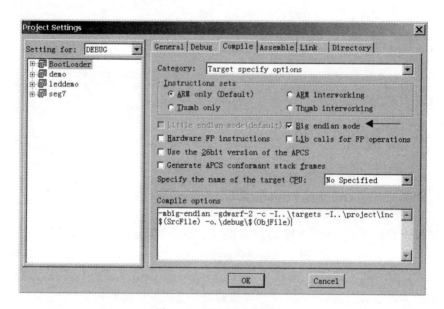

图 B-4　编译器大端设置

②设置汇编器产生 BIG－ENDIAN 代码（图 B-5）。

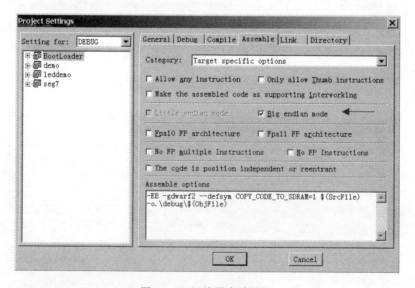

图 B-5　汇编器大端设置

③在项目设置的 Link 页设置项目所包含的库(Include Objects and Library Modules)(图 B-6)。

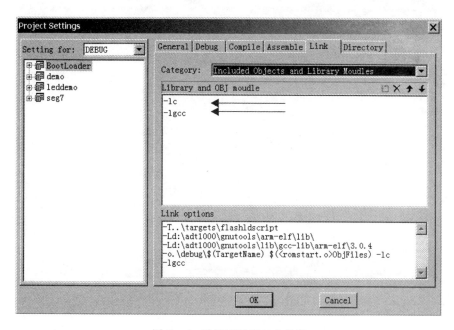

图 B-6 设置项目所包含的库

④在项目设置的 Link 页设置库的搜索路径(Library search path)(图 B-7)。

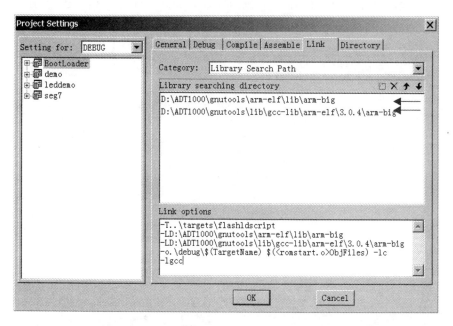

图 B-7 设置项目包含的库的搜索路径

⑤设置链接器使用 BIG-ENDIAN 模式(图 B-8)。

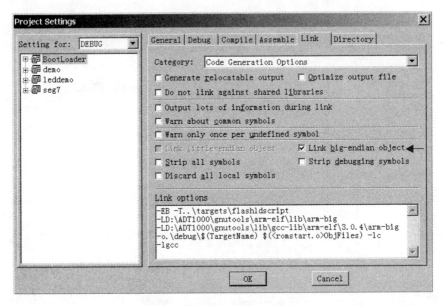

图 B-8 设置链接器大端模式

(3)配置实例三。

使用 ANSI C 库和 GCC 库,目标机采用 LITTLE-ENDIAN,代码使用 ARM 指令集并且调用 THUMB 代码。

①设置编译器产生 LITTLE-ENDIAN 代码,并且使用允许调用 THUMB 代码(图 B-9)。

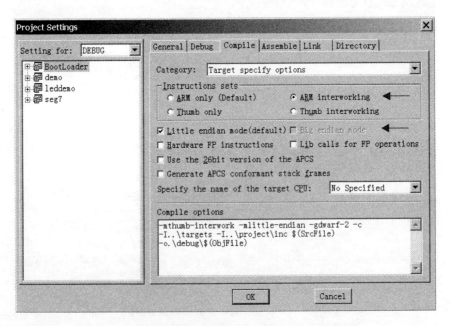

图 B-9 编译器设置:Little endian 模式、THUMB 支持

②设置汇编器产生 LITTLE－ENDIAN 代码(图 B－10)。

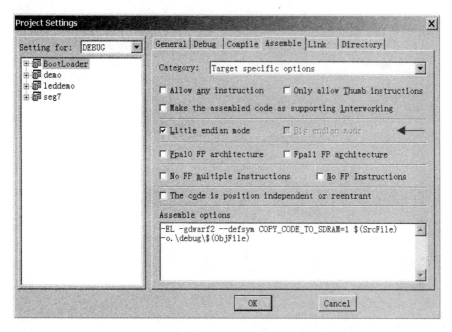

图 B-10　汇编器设置:Little endian 模式、THUMB 支持

③在项目设置的 Link 页设置项目所包含的库(Include Objects and Library Modules)(图 B－11)。

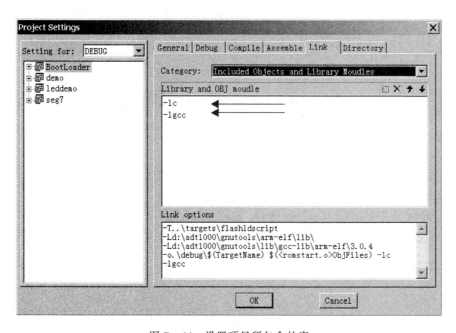

图 B-11　设置项目所包含的库

④在项目设置的 Link 页设置库的搜索路径(Library search path)(图 B-12)。

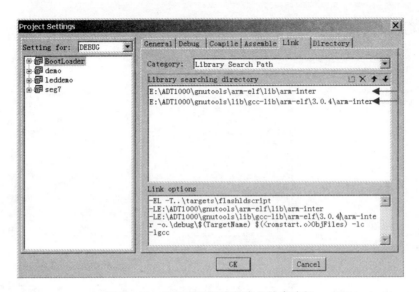

图 B-12　设置项目包含的库的搜索路径

⑤设置链接器使用 LITTLE－ENDIAN 模式(图 B-13)。

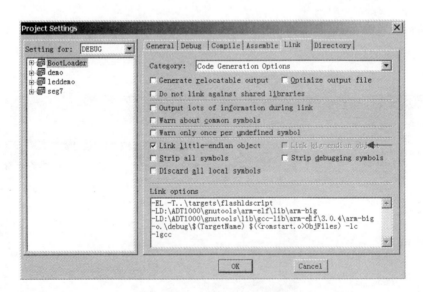

图 B-13　设置链接器使用小端模式

(4)配置实例四。

使用用户自定义的库文件。

若我们需要使用自己的库,可以简单的在项目设置的 Link 页设置 Include Objects and Library Modules,如图 B-14 所示,添加了一个用户库 c:\S3C2410x\lib\common.a。

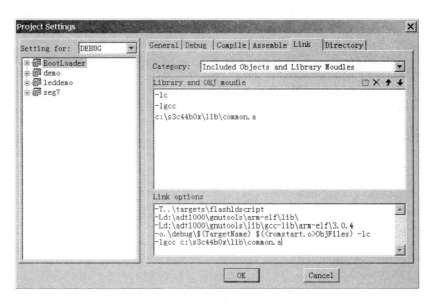

图 B-14 设置项目包含自定义的库

附录 C Linux 基本命令

Linux 系统信息存放在文件里,文件与普通的公务文件类似。每个文件都有自己的名字、内容、存放地址及其他一些管理信息,如文件的用户、文件的大小等。文件可以是一封信、一个通信录,或者是程序的源语句、程序的数据,甚至可以包括可执行的程序和其他非正文内容。Linux 文件系统具有良好的结构,系统提供了很多文件处理程序。这里主要介绍常用的文件处理命令。

1. file

(1)作用:file 通过探测文件内容判断文件类型,使用权限是所有用户。
(2)格式:**file** ［**options**］ 文件名。
(3)[options]主要参数。
—v:在标准输出后显示版本信息,并且退出。
—z:探测压缩过的文件类型。
—L:允许符合连接。
—fname:从文件 namefile 中读取要分析的文件名列表。
(4)简单说明。使用 file 命令可以知道某个文件究竟是二进制(ELF 格式)的可执行文件,还是 Shell script 文件,或者是其他的什么格式。file 能识别的文件类型有目录、Shell 脚本、英文文本、二进制可执行文件、C 语言源文件、文本文件、DOS 的可执行文件。
(5)应用实例。如果我们看到一个没有后缀的文件"grap",可以使用如下命令。
 $file grap

grap: English text

此时系统显示这是一个英文文本文件。需要说明的是,file 命令不能探测包括图形、音频、视频等多媒体文件类型。

2. mkdir

(1)作用:mkdir 命令的作用是建立名称为 dirname 的子目录,与 MS DOS 下的 md 命令类似,它的使用权限是所有用户。

(2)格式:**mkdir** [**options**] 目录名。

(3)[options]主要参数。

-m,--mode=模式:设定权限<模式>,与 chmod 类似。

-p,--parents:需要时创建上层目录;如果目录早已存在,则不当作错误。

-v,--verbose:每次创建新目录都显示信息。

--version:显示版本信息后离开。

(4)应用实例。在进行目录创建时可以设置目录的权限,此时使用的参数是-m。假设要创建的目录名是 tsk,让所有用户都有 rwx(即读、写、执行的权限),那么可以使用以下命令:

$mkdir -m 777 tsk

3. grep

(1)作用:grep 命令可以指定文件中搜索特定的内容,并将含有这些内容的行标准输出。grep 全称是 Global Regular Expression Print,表示全局正则表达式版本,它的使用权限是所有用户。

(2)格式:**grep** [**options**]。

(3)[options]主要参数:

-c:只输出匹配行的计数。

-I:不区分大小写(只适用于单字符)。

-h:查询多文件时不显示文件名。

-l:查询多文件时只输出包含匹配字符的文件名。

-n:显示匹配行及行号。

-s:不显示不存在或无匹配文本的错误信息。

-v:显示不包含匹配文本的所有行。

pattern 正则表达式主要参数:

\:忽略正则表达式中特殊字符的原有含义。

^:匹配正则表达式的开始行。

$:匹配正则表达式的结束行。

\<:从匹配正则表达式的行开始。

\>:到匹配正则表达式的行结束。

[ ]:单个字符,如[A]即 A 符合要求 。

[-]:范围,如[A~Z],即 A、B、C 一直到 Z 都符合要求 。

。:所有的单个字符。

*:有字符,长度可以为 0。

正则表达式是 Linux/Unix 系统中非常重要的概念。正则表达式(也称为 regex 或 regexp)是一个可以描述一类字符串的模式(Pattern)。如果一个字符串可以用某个正则表达式来描述,我们就说这个字符和该正则表达式匹配(Match)。这和 DOS 中用户可以使用通配符"*"代表任意字符类似。在 Linux 系统上,正则表达式通常被用来查找文本的模式,以及对文本执行"搜索-替换"操作和其他功能。

(4)应用实例。查询 DNS 服务是日常工作之一,这意味着要维护覆盖不同网络的大量 IP 地址。有时 IP 地址会超过 2 000 个。如果要查看 nnn.nnn 网络地址,但是却忘了第二部分中的其余部分,只知道有两个句点,例如 nnn nn..。要抽取其中所有 nnn.nnn IP 地址,使用[0 - 9]\{3\}\.[0 - 0\{3\}\。含义是任意数字出现三次,后跟句点,接着是任意数字出现三次,后跟句点。

$grep '[0 - 9]\{3\}\.[0 - 0\{3\}\' ipfile

补充说明,grep 家族还包括 fgrep 和 egrep。fgrep 是 fix grep,允许查找字符串而不是一个模式;egrep 是扩展 grep,支持基本及扩展的正则表达式,但不支持\q 模式范围的应用及与之相对应的一些更加规范的模式。

4. find

(1)作用:find 命令的作用是在目录中搜索文件,它的使用权限是所有用户。

(2)格式:**find** ［**path**］ ［**options**］ ［**expression**］。path 指定目录路径,系统从这里开始沿着目录树向下查找文件。它是一个路径列表,相互用空格分离,如果不写 path,那么默认为当前目录。

(3)[options]参数:

- depth:使用深度级别的查找过程方式,在某层指定目录中优先查找文件内容。

- maxdepth levels:表示至多查找到开始目录的第 level 层子目录。level 是一个非负数,如果 level 是 0 的话表示仅在当前目录中查找。

- mindepth levels:表示至少查找到开始目录的第 level 层子目录。

- mount:不在其他文件系统(如 Msdos、Vfat 等)的目录和文件中查找。

- version:打印版本。

[expression]是匹配表达式,是 find 命令接受的表达式,find 命令的所有操作都是针对表达式的。它的参数非常多,这里只介绍一些常用的参数。

—name:支持统配符*和?。

- atime n:搜索在过去 n 天读取过的文件。

- ctime n:搜索在过去 n 天修改过的文件。

- group grpoupname:搜索所有组为 grpoupname 的文件。

- user 用户名:搜索所有文件属主为用户名(ID 或名称)的文件。

- size n:搜索文件大小是 n 个 block 的文件。

- print:输出搜索结果,并且打印。

(4)应用技巧:find 命令查找文件的几种方法。

▼ 根据文件名查找。

例如,我们想要查找一个文件名是 lilo.conf 的文件,可以使用如下命令:

find/- name lilo. conf

find 命令后的"/"表示搜索整个硬盘。

▼ 快速查找文件。

根据文件名查找文件会遇到一个实际问题,就是要花费相当长的一段时间,特别是大型 Linux 文件系统和大容量硬盘文件放在很深的子目录中时。如果我们知道了这个文件存放在某个目录中,那么只要在这个目录中往下寻找就能节省很多时间。比如 smb.conf 文件,从它的文件后缀.conf 可以判断这是一个配置文件,那么它应该在/etc 目录内,此时可以使用如下命令:

find/etc - name smb. conf

这样,使用"快速查找文件"方式可以缩短时间。

▼ 根据部分文件名查找方法。

有时我们知道只某个文件包含有 abvd 这 4 个字,那么要查找系统中所有包含有这 4 个字符的文件可以输入如下命令:

find/- name '*abvd*'

输入这个命令以后,Linux 系统会将在/目录中查找所有的包含有 abvd 这 4 个字符的文件(其中*是通配符),比如 abvdrmyz 等符合条件的文件都能显示出来。

▼ 使用混合查找方式查找文件。

find 命令可以使用混合查找的方法,例如,我们想在/etc 目录中查找大于 500 000 字节,并且在 24 小时内修改的某个文件,则可以使用- and(与)把两个查找参数链接起来组合成一个混合的查找方式。

find/etc - size＋500000c - and - mtime＋1

5. mv

(1)作用:mv 命令用来为文件或目录改名,或者将文件由一个目录移入另一个目录中,它的使用权限是所有用户。该命令如同 DOS 命令中的 ren 和 move 的组合。

(2)格式:**mv[options]源文件或目录、目标文件或目录。**

(3)[options]主要参数:

- i:交互方式操作。如果 mv 操作将导致对已存在的目标文件的覆盖,此时系统询问是否重写,要求用户回答 y 或 n,这样可以避免误覆盖文件。

- f:禁止交互操作。mv 操作要覆盖某个已有的文件时不给任何指示,指定此参数后 i 参数将不再起作用。

(4)应用实例。

▼ 将/usr/cbu 中的所有文件移到当前目录(用"."表示)中:

$mv/usr/cbu/*.

▼ 将文件 cjh.txt 重命名为 wjz.txt:

$mv cjh. txt wjz. txt

6. ls

(1)作用:ls 命令用于显示目录内容,类似 DOS 下的 dir 命令,它的使用权限是所有用户。

（2）格式：ls［options］［filename］。
（3）options 主要参数：
-a,--all:不隐藏任何以"."字符开始的项目。
-A,--almost-all:列出除了"."及".."以外的任何项目。
--author:印出每个文件著作者。
-b,--escape:以八进制溢出序列表示不可打印的字符。
--block-size=大小:块以指定<大小>的字节为单位。
-B,--ignore-backups:不列出任何以 ~ 字符结束的项目。
-f:不进行排序,-aU 参数生效,-lst 参数失效。
-F,--classify:加上文件类型的指示符号(*/=@|其中一个)。
-g:like -l,but do not list owner。
-G,--no-group:inhibit display of group information。
-i,--inode:列出每个文件的 inode 号。
-I,--ignore=样式:不印出任何符合 Shell 万用字符<样式>的项目。
-k:即--block-size=1K。
-l:使用较长格式列出信息。
-L,--dereference:当显示符号链接的文件信息时,显示符号链接所指示的对象,而并非符号链接本身的信息。
-m:所有项目以逗号分隔,并填满整行行宽。
-n,--numeric-uid-gid:类似-l,但列出 UID 及 GID 号。
-N,--literal:列出未经处理的项目名称,例如不特别处理控制字符。
-p,--file-type:加上文件类型的指示符号(/=@|其中一个)。
-Q,--quote-name:将项目名称括上双引号。
-r,--reverse:依相反次序排列。
-R,--recursive:同时列出所有子目录层。
-s,--size:以块大小为序。

（4）应用举例。ls 命令是 Linux 系统使用频率最多的命令,它的参数也是 Linux 命令中最多的。使用 ls 命令时会有几种不同的颜色,其中蓝色表示是目录,绿色表示是可执行文件,红色表示是压缩文件,浅蓝色表示是链接文件,加粗的黑色表示符号链接,灰色表示是其他格式文件。ls 最常使用的是 ls -l,如下所示。

```
$ls -l
total 100
-rwxr--r--    1 root      root        28972 Apr 21 14:02 leddemo
-rwxr-xr-x    1 cvtech    cvtech        762 Mar 23 14:26 leddemo.c
-rwxr-xr-x    1 root      root        79024 Apr 21 14:02 leddemo.gdb
-rw-r--r--    1 root      root         1292 Apr 21 14:02 leddemo.o
-rwxr-xr-x    1 cvtech    cvtech        463 Apr 21 12:29 Makefile
```

文件类型开头是由 10 个字符构成的字符串。其中第一个字符表示文件类型,它可以是下述类型之一:-(普通文件)、d(目录)、l(符号链接)、b(块设备文件)、c(字符设备文件)。后面的

9个字符表示文件的访问权限,分为3组,每组3位。第一组表示文件属主的权限,第二组表示同组用户的权限,第三组表示其他用户的权限。每一组的3个字符分别表示对文件的读(r)、写(w)和执行权限(x)。对于目录,表示进入权限。s表示当文件被执行时,把该文件的UID或GID赋予执行进程的UID(用户ID)或GID(组ID)。t表示设置标志位(留在内存,不被换出)。如果该文件是目录,那么在该目录中的文件只能被超级用户、目录拥有者或文件属主删除。如果它是可执行文件,那么在该文件执行后,指向其正文段的指针仍留在内存。这样再次执行它时,系统就能更快地装入该文件。接着显示的是文件大小、生成时间、文件或命令名称。

附录 D minicom 使用指南

minicom 是 Linux 下的一个友好易用的串口通信程序,类似于 Windows 操作系统上的超级终端工具。

1. 语法

minicom[-somlz8][-c on|off][-S script][-d entry][-a on|off][-t term][-p pty][-C capturefile][configuration]

2. 命令行参数

-s 设置。root 使用此选项在/etc/minirc.dfl 中编辑系统范围的缺省值。使用此参数后,minicom 将不进行初始化,而是直接进入配置菜单。如果因为你的系统被改变,或者第一次运行 minicom 时,minicom 不能启动,这个参数就会很有用。对于多数系统,已经内定了比较合适的缺省值。

-o 不进行初始化。minicom 将跳过初始化代码。如果你未复位(reset)就退出了 minicom,又想重启一次会话(session),那么用这个选项就比较方便(不会再有错误提示:modem is locked)。但是也有潜在的危险:由于未对 lock 文件等进行检查,因此一般用户可能会与 uucp 之类的东西发生冲突……也许以后这个参数会被去掉。

-m 用 Meta 或 Alt 键重载命令键。在 1.80 版中这是缺省值,也可以在 minicom 菜单中配置这个选项。不过若你一直使用不同的终端,其中有些没有 Meta 或 Alt 键,那么方便的做法还是把缺省的命令键设置为 Ctrl-A,当你有了支持 Meta 或 Alt 键的键盘时再使用此选项。Minicom 假定你的 Meta 键发送 ESC 前缀,而不是设置字符最高位的那一种(见下)。

-M 跟-m 一样,但是假定你的 Meta 键设置字符高端的第八位(发送 128+字符代码)。

-z 使用终端状态行。仅当终端支持,并且在其 termcap 或 terminfo 数据库入口中有相关信息时才可用。

-l 逐字翻译高位被置位的字符。使用此标志,minicom 将不再尝试将 IBM 行字符翻译为 ASCII 码,而是将其直接传送。许多 PC-Unix 克隆不经翻译也能正确显示它们(Linux 使用专门的模式:Coherent 和 Sco)。

-a 特性使用。有些终端,特别是 televideo 终端,有个很讨厌的特性处理(串行而非并行)。minicom 缺省使用-a on,但若你在用这样的终端,你就可以(必须!)加上选项-a off。尾字 on

或 off 需要加上。

-t 终端类型。使用此标志,你可以重载环境变量 TERM,这在环境变量 MINICOM 中使用很方便;你可以创建一个专门的 termcap 入口以备 minicom 在控制台上使用,它将屏幕初始化为 raw 模式,这样,连同-f 标志一起,就可以不经翻译而显示 IBM 行字符。

-c 颜色使用。有些终端(如 Linux 控制台)支持标准 ANSI 转义序列色彩。由于 termcap 显然没有对于色彩的支持,因而 minicom 硬性内置了这些转义序列的代码。所以此选项缺省为 off。使用-c on 可以打开此项。把这个标志,还有-m 放入 MINICOM 环境变量中是个不错的选择。

-S 脚本。启动时执行给定名字的脚本。到目前为止,还不支持将用户名和口令传送给启动脚本。如果你还使用了-d 选项,以在启动时开始拨号,此脚本将在拨号之前运行,拨号项目入口由-d 指明。

-d 启动时拨打拨号目录中的一项。可以用索引号指明,也可以使用入口项的一个子串。所有其他程序初始化过程结束后,拨号将会开始。

-p 要使用的伪终端。它超载配置文件中定义的终端端口,但仅当其为伪 tty 设备。提供的文件名必须采用这样的形式:(/dev/)tty[p-z][0-f]。

-C 文件名。启动时打开捕获文件。

-8 不经修改地传送 8 位字符。"连续"意指未对地点/特性进行真正改变,就不插入地点/特性控制序列。此模式用于显示 8 位多字节字符。不是 8 位字符的语言都需要(例如显示芬兰文字就不需要这个)。minicom 启动时,它首先搜索用于命令行参数的 MINICOM 环境变量——这些参数可在命令行上超载。例如:若你进行了如下设置。

MINICOM='-m -c on'
export MINICOM

或者其他等效的设置,然后启动 minicom,minicom 会假定你的终端有 Meat 键或 Alt 键,并且支持彩色。如果你从一个不支持彩色的终端登录,并在你的启动文件(.profile 或等效文件)中设置了 MINICOM,而且你又不想重置你的环境变量,那么你就可以键入:

minicom -c off

来运行这次没有色彩支持的会话。

3. 使用

minicom 是基于窗口的。要弹出所需功能的窗口,可按下 Ctrl-A(以下使用 C-A 来表示 Ctrl-A),然后再按各功能键(a-z 或 A-Z)。先按 C-A,再按"z",将出现一个帮助窗口,提供了所有命令的简述。配置 minicom(-s 选项,或者 C-A、O)时,可以改变这个转义键,不过现在我们还是用 Ctrl-A。

以下键在所有菜单中都可用:
UP arrow-up 或 'k'
DOWN arrow-down 或 'j'
LEFT arrow-left 或 'h'
RIGHT arrow-right 或 'l'
CHOOSE Enter

CANCEL ESCape。

屏幕分为两部分:上部 24 行为终端模拟器的屏幕。ANSI 或 VT100 转义序列在此窗口中被解释。若底部还剩有一行,那么状态行就放在这儿;否则,每次按 C-A 时状态行出现。在那些有专门状态行的终端上将会使用这一行(如果 termcap 信息完整且加了-k 标志的话)。

下面按字母顺序列出可用的命令。

C-A 两次按下 C-A 将发送一个 C-A 命令到远程系统。如果你把"转义字符"换成了 C-A 以外的什么字符,则对该字符的工作方式也类似。

A 切换 Add Linefeed 为 on/off。若为 on,则每上回车键在屏幕上显示之前,都要加上一个 linefeed。

B 为你提供一个回卷(scroll back)的缓冲区。可以按 u 上卷,按 d 下卷,按 b 上翻一页,按 f 下翻一页。也可用箭头键和翻页键。可用 s 或 S 键(大小写敏感)在缓冲区中查找文字串,按 N 键查找该串的下一次出现。

按 c 进入引用模式,出现文字光标,你就可以按 Enter 键指定起始行。然后回卷模式将会结束,带有前缀">"的内容将被发送。

C 清屏。

D 拨一个号,或转向拨号目录。

E 切换本地回显为 on/off(若你的 minicom 版本支持)。

F 将 break 信号送 modem。

G 运行脚本(Go)。运行一个登录脚本。

H 挂断。

I 切换光标键在普通和应用模式间发送的转义序列的类型(另参下面关于状态行的注释)。

J 跳至 shell。返回时,整个屏幕将被刷新(redrawn)。

K 清屏,运行 kermit,返回时刷新屏幕。

L 文件捕获开关。打开时,所有到屏幕的输出也将被捕获到文件中。

M 发送 modem 初始化串。若你 online,且 DCD 线设为 on,则 modem 被初始化前将要求你进行确认。

O 配置 minicom。转到配置菜单。

P 通信参数。允许你改变 bps 速率,奇偶校验和位数。

Q 不复位 modem 就退出 minicom。如果改变了 macros,而且未存盘,会提供你一个 save 的机会。

R 接收文件。从各种协议(外部)中进行选择。若 filename 选择窗口和下载目录提示可用,会出现一个要求选择下载目录的窗口。否则将使用 Filenames and Paths 菜单中定义的下载目录。

S 发送文件。选择你在接收命令中使用的协议。如果你未使文件名选择窗口可用(在 File Transfer Protocols 菜单中设置),你将只能在一个对话框窗口中写文件名。若将其设为可用,将弹出一个窗口,显示你的上传目录中的文件名。可用空格键为文件名加上或取消标记,用光标键或 j/k 键上下移动光标。被选的文件名将高亮显示。目录名在方括号中显示,两次按下空格键可以在目录树中上下移动。最后,按 Enter 发送文件,或按 ESC 键退出。

T 选择终端模拟：ANSI（彩色）或 VT100。此处还可改变退格键，打开或关闭状态行。
W 切换 linewrap 为 on/off。
X 退出 minicom，复位 modem。如果改变了 macros，而且未存盘，会提供你一个 save 的机会。
Z 弹出 help 屏幕。

4. 配置

通常，minicom 从文件 minirc.dfl 中获取其缺省值。不过，若你给 minicom 一个参数，它将尝试从文件 minirc.configuration 中获取缺省值。因此，为不同端口、不同用户等创建多个配置文件是可能的。最好使用设备名，如：tty1、tty64、sio2 等。如果用户创建了自己的配置文件，那么该文件将以.minirc.dfl 为名出现在他的 home 目录中。

按 Ctrl‑A、O，进入 setup 菜单。人人都可以改变其中的多数设置，但有些仅限于 root。在此，那些特权设置用星号（*）标记。

Filenames and paths
此菜单定义你的缺省目录。
A‑download 下载的文件的存放位置
B‑upload 从此处读取上传的文件
C‑script 存放 login 脚本的位置
D‑Script program
作为脚本解释器的程序。缺省是 runscript，也可用其他的东西（如:/bin/sh 或 expect）。Stdin 和 Stdout 连接到 modem，Stderr 连接到屏幕。若用相对路径（即不以'/'开头），则是相对于你的 home 目录，除了脚本解释器以外。

E‑Kermit program 为 Kermit 寻找可执行程序和参数的位置。命令行上可用一些简单的宏："%l"扩展为拨出设备的完整文件名，"%b"扩展为当前波特率。

附录 E vi 编辑器

vi 编辑器是 RedHat 系统的缺省文本编辑器。vi 编辑器是一种功能强大、应用广泛的编辑工具。它易学易用。本章将介绍它的基本操作方法。

1. 启动 vi 编辑器

在提示符后输入以下命令，启动 vi：
$vi filename

如果名为 filename 的文件存在，屏幕上将显示该文件的第一页。如果该文件不存在，将进行创建，同时将出现黑屏。

对于没有耐心阅读以下 8 页内容的读者，学习操作之前，要先了解如何退出 vi。其秘诀在于顺序按下 Esc:q! 4 个键即可退出 vi 并放弃所做的编辑。

vi 编辑器有两种处理文本的基本模式：命令模式和文本输入模式。

进入 vi 以后，将处于命令模式，直至输入一个文本输入代码（如本部分说明的 i 或 a）。

在文本输入模式中,可以删除刚才输入的文本并重新键入(按 CTRL-H 键或 Backspace 键)。但是,如果要在文本周围移动并执行其他文本处理命令,必须按 ESC 键返回命令模式。

当编辑过程出现错误时使用以下步骤更正错误。

如果输入文本时出现键入错误,请按 Backspace 键删除错误的文本,然后重新键入正确的文本。

U 撤消命令撤消对文本所做的最后更改。U 撤消命令(大写的 U)撤消自开始编辑某一行时对该行所做的全部更改。

如果键入时出现多处错误且不能恢复,请不要保存文件,然后退出 vi 并重新启动。要执行此操作,请按 Esc 键。然后键入 q!Enter。

2. 输入和删除文本

请按 ESC 键,确保 vi 处于命令模式。然后,可以执行以下任何一个命令。文本输入命令将 vi 置于文本模式下;删除命令却无此作用。

输入文本:

i	在光标之前输入文本。光标后的所有内容都向右移。
I	在一行的第一个字符之前输入文本。
a	在当前光标位置之后输入文本。光标向右移,然后插入文本,如同使用 i。
A	在一行的结尾处输入文本。
o	在光标下方另起一行以输入文本。
O	在光标上方另起一行以输入文本。

删除文本:

x	删除用光标突出显示的字符。但不会将文档置于文本模式下。
nx	自光标所在处开始的 n 个字符。
dw	自光标所在处开始到下一个词或第一个标点前的字符。
dd	删除当前行。
dG	删除文件结束前的所有行,包括当前行。

注意:

在 vi 中输入命令时,字母形式(大写或小写字母)是有所区别的。例如,小写的 i 和大写的 I 表示两个不同的命令。因此,如果光标未正常移动,请确定 Caps 键是否处于锁定状态,或向您的系统管理员咨询。

3. 定位光标

下列各键按如下方式移动光标(首先按 ESC 键进入命令模式):

移动光标

l 或右箭头键	向右移动光标。
h 或左箭头键	向左移动光标。
k 或上箭头键	向上移动光标。
j 或下箭头键	向下移动光标。

使用行号

要移动到指定的行,请使用 G("转至"命令)。例如,假定您正在编辑文件并希望转至第 799 行。请键入 799G,这样光标就会移到第 799 行。同样,要转至文件的第 1 行,请键入 1G。要将光标移动到最后一行,请键入 G。

要查找当前行的行号,请按 CTRL - G 键;要沿文件左边距显示行号,请键入:set number。

4. 滚动查看文本

要滚动查看文本,请按 ESC 键,确定您是否处于命令模式,然后按住 CTRL 键和适当的键。

CTRL - B	滚动到上一屏。
CTRL - U	向上滚动半屏。
CTRL - Y	向上滚动一行。
CTRL - F	滚动到下一屏。
CTRL - D	向下滚动半屏。
CTRL - E	向下滚动一行。

5. 查找文本"Pattern"

要自当前光标位置向上搜索,请使用以下命令:
/pattern Enter
其中,pattern 表示要搜索的特定字符序列。
要自当前光标位置向下搜索,请使用以下命令:
/pattern Enter
按下 Enter 键后,vi 将搜索指定的 pattern,并将光标定位在 pattern 的第一个字符处。例如,要向上搜索 place 一词,请键入:
/place Enter
如果 vi 找到了 place,它将把光标定位在 p 处。要搜索 place 的其他匹配,请按 n 或 N:
n,继续朝同一方向搜索 place。
N,反方向进行搜索。
如果 vi 未找到指定的 pattern,光标位置将不变,屏幕底部显示以下消息:
Pattern: 未找到

搜索特殊匹配

在上面的示例中,vi 查找到包含 place 的任何序列,其中包括 displace、placement 和 replaced。
要查找单个的 place,请键入该单词,并在其前后各加一个空格:
/place Enter
要查找仅出现在行首的 place,请在该单词前加一个插字符号(^):
/^place Enter
要查找仅出现在行尾的 place,请在该单词后加一个货币符号($):
/place $Enter
使用 ^

要逐字搜索这种带有插字符号（^）或货币符号（$）的字符，请在字符前加一个反斜线（\）。反斜线命令 vi 搜索特殊字符。

使用$

特殊字符是指在 vi 中具有特殊功能的字符（例如 ^、$、*、/和 .）。例如，$通常表示"转至行尾"，但是，如果 $ 前紧跟一个\，则 $ 只是一个普通的字符。

使用

例如，/(No\$ money)向上搜索字符序列(No $ money)。紧跟在 $ 之前的转义字符(\)命令 vi 逐字搜索货币符号。

6. 取代字符

要取代文本中的单个字符，请按 ESC 键进入命令模式，将光标定位在您希望取代的字符处，并在命令模式下键入 r。然后键入取代字符。r 命令仅允许替换一个字符。取代了字符以后，即返回命令模式。

要用一个或多个字符替换单个字符，请在命令模式下键入 s。与 r 命令不同的是，s 命令将您置于插入模式下，并允许用多个字符替换单个字符。

键入 s 命令后，该字符处将出现一个货币符号（$）。键入所需的一个或多个字符以后，请按 ESC 键。

要替换多个原始字符，请在 s 命令前加一个表示字符数目的数字。

7. 保存工作并退出 vi

无论是否退出 vi，均可保存所做的工作。按 ESC 键，确定 vi 是否处于命令模式。

:w	保存，但不退出 vi
:wq	保存并退出 vi
:q!	退出 vi，但不保存更改
:w filename	用其他文件名保存
:w!filename	在现有文件中保存并覆盖该文件

附录 F Linux 配置系统

本书分析了 Linux 内核的配置系统结构，解释了 Makefile 和配置文件的格式以及配置语句的含义。注意：本书是以标准 Linux 内核的配置为例进行说明的，与 uClinux 的配置系统存在一些差别，请读者注意区分。

1. 配置系统的基本结构

Linux 内核的配置系统由如下 3 个部分组成。
（1）Makefile：分布在 Linux 内核源代码中的 Makefile，定义 Linux 内核的编译规则。
（2）配置文件（config.in）：给用户提供配置选择的功能。
（3）配置工具：包括配置命令解释器（对配置脚本中使用的配置命令进行解释）和配置用户界面（提供基于字符界面、基于 Ncurses 图形界面以及基于 Xwindows 图形界面的用户配置界面,各自对应于 Make config、Make menuconfig 和 Make xconfig)。

这些配置工具都是使用脚本语言,如 Tcl/TK、Perl 编写的(也包含一些用 C 编写的代码)。在文中,我们只对 Makefile 和配置文件进行讨论。另外,凡是涉及到与具体 CPU 体系结构相关的内容,我们都以 ARM 为例,这样不仅可以将讨论的问题明确化,而且对内容本身不产生影响。

2. Makefile

1) Makefile 概述

Makefile 的作用是根据配置的情况,构造出需要编译的源文件列表,然后分别编译,并把目标代码链接到一起,最终形成 Linux 内核二进制文件。由于 Linux 内核源代码是按照树形结构组织的,所以 Makefile 也被分布在目录树中。Linux 内核中的 Makefile 以及与 Makefile 直接相关的文件有如下几种。

(1) Makefile:顶层 Makefile,是整个内核配置、编译的总体控制文件。

(2) .config:内核配置文件,包含由用户选择的配置选项,用来存放内核配置后的结果(如 make config)。

(3) arch/*/Makefile:位于各种 CPU 体系目录下的 Makefile,如 arch/armnommu/Makefile。

(4) 各个子目录下的 Makefile:比如 drivers/Makefile,负责所在子目录下源代码的管理。

(5) Rules.make:规则文件,被所有的 Makefile 使用。

用户通过 make config 配置后,产生了 .config。顶层 Makefile 读入 .config 中的配置选择。顶层 Makefile 有两个主要的任务:产生 vmlinux 文件和内核模块(module)。为了达到此目的,顶层 Makefile 递归的进入到内核的各个子目录中,分别调用位于这些目录中的 Makefile。至于到底进入哪些子目录,取决于内核的配置。在顶层 Makefile 中,有一句:include arch/$(ARCH)/Makefile,包含了特定 CPU 体系结构下的 Makefile,这个 Makefile 中包含了平台相关的信息。

位于各个子目录下的 Makefile 同样也根据 .config 给出的配置信息,构造出当前配置下需要的源文件列表,并在文件的最后有 include $(TOPDIR)/Rules.make。

Rules.make 文件起着非常重要的作用,它定义了所有 Makefile 共用的编译规则。比如,如果需要将本目录下所有的 c 程序编译成汇编代码,需要在 Makefile 中有以下的编译规则:

%.s: %.c

(CC)(CFLAGS)-S $<-o $@

很多子目录下都有同样的要求,需要在各自的 Makefile 中包含此编译规则,这会比较麻烦。而 Linux 内核中则把此类的编译规则统一放置到 Rules.make 中,并在各自的 Makefile 中包含 Rules.make,这样就避免了在多个 Makefile 中重复同样的规则。对于上面的例子,在 Rules.make 中对应的规则为:

%.s: %.c

(CC)(CFLAGS)$(EXTRA_CFLAGS)$(CFLAGS_$(*F))$(CFLAGS_$@)-S $<-o$@

2) Makefile 中的变量

顶层 Makefile 定义并向环境中输出了许多变量,为各个子目录下的 Makefile 传递一些信息。有些变量，比如 SUBDIRS，不仅在顶层 Makefile 中定义并赋初值，而且在 arch/*/Makefile 作了扩充。常用的变量如下所示。

（1）版本信息。版本信息有：VERSION，PATCHLEVEL，SUBLEVEL，EXTRAVERSION，KERNELRELEASE。版本信息定义了当前内核的版本，比如 VERSION=2，PATCHLEVEL=4，SUBLEVEL=18，EXATAVERSION=-rmk7，它们共同构成内核的发行版本 KERNELRELEASE：2.4.18-rmk7

（2）CPU 体系结构：ARCH。在顶层 Makefile 的开头，用 ARCH 定义目标 CPU 的体系结构，比如 ARCH:=arm 等。许多子目录的 Makefile 中，要根据 ARCH 的定义选择编译源文件的列表。

（3）路径信息：TOPDIR，SUBDIRS。TOPDIR 定义了 Linux 内核源代码所在的根目录。例如，各个子目录下的 Makefile 通过 $(TOPDIR)/Rules.make 就可以找到 Rules.make 的位置。SUBDIRS 定义了一个目录列表，在编译内核或模块时，顶层 Makefile 就是根据 SUBDIRS 来决定进入哪些子目录。SUBDIRS 的值取决于内核的配置，在顶层 Makefile 中 SUBDIRS 赋值为 kernel drivers mm fs net ipc lib；根据内核的配置情况，在 arch/*/Makefile 中扩充了 SUBDIRS 的值，参见（4）中的例子。

（4）内核组成信息：HEAD，CORE_FILES，NETWORKS，DRIVERS，LIBS。Linux 内核文件 vmlinux 是由以下规则产生的：

vmlinux: $(CONFIGURATION) init/main.o init/version.o linuxsubdirs
  (LD)(LINKFLAGS)$(HEAD) init/main.o init/version.o\
  --start-group\
  $(CORE_FILES)\
  $(DRIVERS)\
  $(NETWORKS)\
  $(LIBS)\
  --end-group\
  -o vmlinux

可以看出，vmlinux 是由 HEAD、main.o、version.o、CORE_FILES、DRIVERS、NETWORKS 和 LIBS 组成的。这些变量（如 HEAD）都是用来定义链接生成 vmlinux 的目标文件和库文件列表。其中，HEAD 在 arch/*/Makefile 中定义，用来确定被最先链接进 vmlinux 的文件列表。比如，对于 ARM 系列的 CPU，HEAD 定义为：

  HEAD   := arch/arm/kernel/head-$(PROCESSOR).o\
         arch/arm/kernel/init_task.o

表明 head-$(PROCESSOR).o 和 init_task.o 需要最先被链接到 vmlinux 中。PROCESSOR 为 armv 或 armo，取决于目标 CPU。CORE_FILES，NETWORK，DRIVERS 和 LIBS 在顶层 Makefile 中定义，并且由 arch/*/Makefile 根据需要进行扩充。CORE_FILES 对应着内核的核心文件，有 kernel/kernel.o，mm/mm.o，fs/fs.o，ipc/ipc.o，可以看出，这些是组成内核最为重要的文件。同时，arch/arm/Makefile 对 CORE_FILES 进行了扩充：

  # arch/arm/Makefile
  # If we have a machine-specific directory, then include it in the build.

```
MACHDIR         :=arch/arm/mach-$(MACHINE)
ifeq($(MACHDIR),$(wildcard $(MACHDIR)))
SUBDIRS         +=$(MACHDIR)
CORE_FILES      :=$(MACHDIR)/$(MACHINE).o $(CORE_FILES)
endif
HEAD            :=arch/arm/kernel/head-$(PROCESSOR).o\
                  arch/arm/kernel/init_task.o
SUBDIRS         +=arch/arm/kernel arch/arm/mm arch/arm/lib arch/arm/nwfpe
CORE_FILES      :=arch/arm/kernel/kernel.o arch/arm/mm/mm.o $(CORE_FILES)
LIBS            :=arch/arm/lib/lib.a $(LIBS)
```

(5) 编译信息：CPP,CC,AS,LD,AR,CFLAGS,LINKFLAGS。在 Rules.make 中定义的是编译的通用规则,具体到特定的场合,需要明确给出编译环境,编译环境就是在以上的变量中定义的。针对交叉编译的要求,定义了 CROSS_COMPILE。比如：

```
CROSS_COMPILE   =arm-linux-
CC              =$(CROSS_COMPILE)gcc
LD              =$(CROSS_COMPILE)ld
......
```

CROSS_COMPILE 定义了交叉编译器前缀 arm-linux-,表明所有的交叉编译工具都是以 arm-linux-开头的,所以在各个交叉编译器工具之前,都加入了$(CROSS_COMPILE),以组成一个完整的交叉编译工具文件名,比如 arm-linux-gcc。

CFLAGS 定义了传递给 C 编译器的参数。

LINKFLAGS 是链接生成 vmlinux 时由链接器使用的参数。LINKFLAGS 在 arm/*/Makefile 中定义,比如：

```
# arch/arm/Makefile
LINKFLAGS       :=-p-X-T arch/arm/vmlinux.lds
```

(6) 配置变量 CONFIG_*。.config 文件中有许多的配置变量等式,用来说明用户配置的结果。例如 CONFIG_MODULES=y 表明用户选择了 Linux 内核的模块功能。

.config 被顶层 Makefile 包含后,就形成许多的配置变量,每个配置变量具有确定的值：y 表示本编译选项对应的内核代码被静态编译进 Linux 内核；m 表示本编译选项对应的内核代码被编译成模块；n 表示不选择此编译选项；如果根本就没有选择,那么配置变量的值为空。

(7) Rules.make 变量。前面讲过,Rules.make 是编译规则文件,所有的 Makefile 中都会包括 Rules.make。Rules.make 文件定义了许多变量,最为重要是那些编译、链接列表变量。

O_OBJS,L_OBJS,OX_OBJS,LX_OBJS：本目录下需要编译进 Linux 内核 vmlinux 的目标文件列表,其中 OX_OBJS 和 LX_OBJS 中的"X"表明目标文件使用了 EXPORT_SYMBOL 输出符号。

M_OBJS,MX_OBJS：本目录下需要被编译成可装载模块的目标文件列表。同样,MX_OBJS 中的 "X" 表明目标文件使用了 EXPORT_SYMBOL 输出符号。

O_TARGET,L_TARGET：每个子目录下都有一个 O_TARGET 或 L_TARGET,Rules.make 首先从源代码编译生成 O_OBJS 和 OX_OBJS 中所有的目标文件,然后使用$(LD)-r 把它们链接成一个 O_TARGET 或 L_TARGET。O_TARGET 以 .o 结尾,而L_TARGET以.a 结尾。

3)子目录 Makefile

子目录 Makefile 用来控制本级目录以下源代码的编译规则。我们通过一个例子来讲解 Makefile 子目录的组成。

```
#
# Makefile for the linux kernel.
#
# All of the(potential)objects that export symbols.
# This list comes from 'grep -l EXPORT_SYMBOL*.[hc]'.
export-objs    :=tc.o


# Object file lists.
obj-y          :=
obj-m          :=
obj-n          :=
obj-           :=

obj-$(CONFIG_TC)+=tc.o
obj-$(CONFIG_ZS)+=zs.o
obj-$(CONFIG_VT)+=lk201.o lk201-map.o lk201-remap.o
# Files that are both resident and modular: remove from modular.
obj-m   :=$(filter-out $(obj-y),$(obj-m))


# Translate to Rules.make lists.
L_TARGET   :=tc.a


L_OBJS     :=$(sort $(filter-out $(export-objs),$(obj-y)))
LX_OBJS    :=$(sort $(filter     $(export-objs),$(obj-y)))
M_OBJS     :=$(sort $(filter-out $(export-objs),$(obj-m)))
MX_OBJS    :=$(sort $(filter     $(export-objs),$(obj-m)))
include $(TOPDIR)/Rules.make
```

(1)注释。对 Makefile 的说明和解释,由#开始。

(2)编译目标定义。类似于 obj-$(CONFIG_TC)+=tc.o 的语句是用来定义编译的目标,是子目录"Makefile"中最重要的部分。编译目标定义那些在本子目录下,需要编译到 Linux 内核中的目标文件列表。为了只在用户选择了此功能后才编译,所有的目标定义都融合了对配置变量的判断。前面说过,每个配置变量取值范围是:y,n,m 和空,obj-$(CONFIG_TC)分别对应着 obj-y,obj-n,obj-m,obj-。如果 CONFIG_TC 配置为 y,那么 tc.o 就进入了 obj-y 列表。obj-y 为包含到 Linux 内核 vmlinux 中的目标文件列表;obj-m 为编译成模块的目标文件列表;obj-n 和 obj-中的文件列表被忽略。配置系统就根据这些列表的属性进行编译和链接。export-objs 中的目标文件都使用了 EXPORT_SYMBOL()定义了公共的符号,以便可装载模块使用。在 tc.c 文件的最后部分,有 "EXPORT_SYMBOL(search_tc_card);",表明 tc.o 有符号输出。

这里需要指出的是,对于编译目标的定义,存在着两种格式,分别是老式定义和新式定义。老式定义就是前面 Rules.make 使用的那些变量,新式定义就是 obj-y,obj-m,obj-n 和 obj-。Linux 内核推荐使用新式定义,不过由于 Rules.make 不理解新式定义,需要在 Makefile 中的适配段将其转换成老式定义。

(3)适配段。适配段的作用是将新式定义转换成老式定义。在上面的例子中,适配段就是将 obj-y 和 obj-m 转换成 Rules.make 能够理解的 L_TARGET,L_OBJS,LX_OBJS,M_OBJS,MX_OBJS。

L_OBJS:=$(sort $(filter-out $(export-objs),$(obj-y)))定义了 L_OBJS 的生成方式:在 obj-y 的列表中过滤掉 export-objs(tc.o),然后排序并去除重复的文件名。这里使用到了 GNU Make 的一些特殊功能,具体的含义可参考 Make 的文档(info make)。

3. 配置文件

1)配置功能概述

除了 Makefile 的编写,另外一个重要的工作就是把新功能加入到 Linux 的配置选项中,提供此项功能的说明,让用户有机会选择此项功能。所有的这些都需要在 config.in 文件中用配置语言来编写配置脚本。

在 Linux 内核中,配置命令有多种方式,如表 F-1 所示。

表 F-1 Linux 内核配置命令表

配置命令	解释脚本
Make config,make oldconfig	scripts/Configure
Make menuconfig	scripts/Menuconfig
Make xconfig	scripts/tkparse

以字符界面配置(make config)为例,顶层 Makefile 调用 scripts/Configure,按照 arch/arm/config.in 来进行配置。命令执行完后产生文件.config,其中保存着配置信息。下一次再做 make config 将产生新的.config 文件,原.config 被改名为.config.old。

2)配置语言

(1)顶层菜单。mainmenu_name/prompt//prompt/是用"或"包围的字符串,"与"的区别是"…"中可使用$引用变量的值。mainmenu_name 设置最高层菜单的名字,它只在 make xconfig 时才会显示。

(2)询问语句。

bool   /prompt//symbol/
hex   /prompt//symbol//word/

int	/prompt//symbol//word/
string	/prompt//symbol//word/
tristate	/prompt//symbol/

询问语句首先显示一串提示符/prompt/,等待用户输入,并把输入的结果赋给/symbol/所代表的配置变量。不同的询问语句的区别在于它们接受的输入数据类型不同,如 bool 接受布尔类型(y 或 n),hex 接受十六进制数据。有些询问语句还有第三个参数/word/,用来给出缺省值。

(3)定义语句。

define_bool	/symbol//word/
define_hex	/symbol//word/
define_int	/symbol//word/
define_string	/symbol//word/
define_tristate	/symbol//word/

不同于询问语句等待用户输入,定义语句显式的给配置变量/symbol/赋值/word/。

(4)依赖语句。

dep_bool	/prompt//symbol//dep/...
dep_mbool	/prompt//symbol//dep/...
dep_hex	/prompt//symbol//word//dep/...
dep_int	/prompt//symbol//word//dep/...
dep_string	/prompt//symbol//word//dep/...
dep_tristate	/prompt//symbol//dep/...

与询问语句类似,依赖语句也是定义新的配置变量。不同的是,配置变量/symbol/的取值范围将依赖于配置变量列表/dep/…。这就意味着:被定义的配置变量所对应功能的取舍取决于依赖列表所对应功能的选择。以 dep_bool 为例,如果/dep/…列表的所有配置变量都取值 y,则显示/prompt/,用户可输入任意的值给配置变量/symbol/,但是只要有一个配置变量的取值为 n,则/symbol/被强制成 n。不同依赖语句的区别在于它们由依赖条件所产生的取值范围不同。

(5)选择语句。

choice	/prompt//word//word/

choice 语句首先给出一串选择列表,供用户选择其中一种。比如 Linux for ARM 支持多种基于 ARM core 的 CPU,Linux 使用 choice 语句提供一个 CPU 列表,供用户选择。

```
choice 'ARM system type'\
  "Anakin                CONFIG_ARCH_ANAKIN\
  Archimedes/A5000       CONFIG_ARCH_ARCA5K\
  Cirrus-CL-PS7500FE     CONFIG_ARCH_CLPS7500\
  ……
  SA1100-based           CONFIG_ARCH_SA1100\
  Shark                  CONFIG_ARCH_SHARK" RiscPC
```

Choice 首先显示/prompt/,然后将/word/分解成前后两个部分,前部分为对应选择的提示符,后部分是对应选择的配置变量。用户选择的配置变量为 y,其余的都为 n。

(6) if 语句。

if[/expr/]; then

  /statement/

  ...

fi

if[/expr/]; then

  /statement/

  ...

else

  /statement/

  ...

fi

if 语句对配置变量(或配置变量的组合)进行判断,并作出不同的处理。判断条件"/expr/"可以是单个配置变量或字符串,也可以是带操作符的表达式。操作符有:"=""!=""-o""-a"等。

(7) 菜单块(menu block)语句。

mainmenu_option next_comment

comment '……'

…

endmenu

引入新的菜单。在向内核增加新的功能后,需要相应的增加新的菜单,并在新菜单下给出此项功能的配置选项。Comment 后带的注释就是新菜单的名称。所有归属于此菜单的配置选项语句都写在 comment 和 endmenu 之间。

(8) Source 语句。

source/word/

/word/是文件名,source 的作用是调入新的文件。

3) 缺省配置

Linux 内核支持非常多的硬件平台,对于具体的硬件平台而言,有些配置就是必需的,有些配置就不是必需的。另外,新增加功能的正常运行往往也需要一定的先决条件,针对新功能,必须作相应的配置。因此,特定硬件平台能够正常运行对应着一个最小的基本配置,这就是缺省配置。Linux 内核中针对每个 ARCH 都会有一个缺省配置。在向内核代码增加了新的功能后,如果新功能对于这个 ARCH 是必需的,就要修改此 ARCH 的缺省配置。修改方法如下(在 Linux 内核根目录下)。

备份.config 文件:

cp arch/arm/deconfig .config

修改.config 文件:

cp .config arch/arm/deconfig

恢复.config 文件:

如果新增的功能适用于许多 ARCH,只要针对具体的 ARCH,重复上面的步骤就可。

help file：

大家都有这样的经验,在配置 Linux 内核时,遇到不懂含义的配置选项,可以查看它的帮助,从中可得到选择的建议。下面我们就看看如何给给一个配置选项增加帮助信息。所有配置选项的帮助信息都在"Documentation/Configure.help"中,它的格式为：

<description>

<variable name>

<help file>

<description>给出本配置选项的名称,<variable name>对应配置变量,<help file>对应配置帮助信息。在帮助信息中,首先简单描述此功能,其次说明选择了此功能后会有什么效果,不选择又有什么效果,最后,不要忘了写上"如果不清楚,选择 N(或者)Y",给不知所措的用户以提示。

参考文献

马忠梅,徐英慧,马广云,等.ARM 嵌入式处理器结构与应用基础[M].北京:北京航空航天大学出版社,2002.

S.Furber.ARM SOC 体系结构[M].田泽,于敦山,盛世敏,译.北京:北京航空航天大学出版社,2002.

桑楠.嵌入式系统原理及应用开发技术[M].北京:高等教育出版社,2008.

ARM Limited. ARM Architecture Reference Manual,ARM DDI 0100E[R].Cambridge,Britain: 2001.

ARM Limited. ARM7TDMI(Rev4) Technical Reference Manual,ARM DDI 0210A[R].Cambridge,Britain: 2001.

Samsung Electronics Co., Ltd. S3C2410X 32－bit RISC Microprocessor User'S Manual Revision 1.2,21.2－S3－C2410X－052003[R].Giheung－EupYongin－City,Gyeonggi－Do,Korea: 2003.

Atmel Corporation. 24C08 data sheet,AT24C08[R]. San Jose,California,USA:2004.